U0386751

面向新工科的电工电子信息基础课程系列教材

教育部高等学校电工电子基础课程教学指导分委员会推荐教材

"十一五"普通高等教育本科国家级规划教材

国家精品课程、国家级一流本科课程配套教材

逻辑与数字系统设计

（第 2 版·Verilog 版）

李晶皎 王爱侠 闫爱云 李景宏 编著

清华大学出版社

北京

内 容 简 介

本书围绕数字系统设计，全面介绍数字逻辑电路的基本概念和基本原理。在介绍传统分析、设计方法的同时，详细介绍在数字电路设计中普遍使用的硬件描述语言 Verilog HDL，系统介绍使用 Verilog HDL 设计组合逻辑电路、触发器、时序逻辑电路、数字系统等的方法，并将 Verilog HDL 渗透到各个章节以及应用实例中。主要内容包括数字逻辑基础、可编程逻辑器件、Verilog HDL 基础、组合逻辑电路、触发器、时序逻辑电路、半导体存储器、数字系统设计等。

本书可作为高等院校计算机类、电子信息类、自动化类等相关专业的教材或教学参考书，也可供相关领域的工程技术人员参考。

图书在版编目（CIP）数据

逻辑与数字系统设计：Verilog 版/李晶皎等编著. —2 版. —北京：清华大学出版社，2023.10

面向新工科的电工电子信息基础课程系列教材

ISBN 978-7-302-64196-4

Ⅰ. ①逻…　Ⅱ. ①李…　Ⅲ. ①VHDL 语言－程序设计－高等学校－教材　Ⅳ. ①TP312

中国国家版本馆 CIP 数据核字（2023）第 133625 号

责任编辑：文　怡
封面设计：王昭红
责任校对：韩天竹
责任印制：沈　露

出版发行：清华大学出版社
　　　网　　　址：https://www.tup.com.cn，https://www.wqxuetang.com
　　　地　　　址：北京清华大学学研大厦 A 座　　　邮　　编：100084
　　　社 总 机：010-83470000　　　　　　　　邮　　购：010-62786544
　　　投稿与读者服务：010-62776969，c-service@tup.tsinghua.edu.cn
　　　质量反馈：010-62772015，zhiliang@tup.tsinghua.edu.cn
　　　课件下载：https://www.tup.com.cn，010-83470236
印 装 者：三河市龙大印装有限公司
经　　销：全国新华书店
开　　本：185mm×260mm　　印　张：20.75　　　　字　　数：457 千字
版　　次：2008 年 5 月第 1 版　2023 年 11 月第 2 版　印　　次：2023 年 11 月第1次印刷
印　　数：1～1500
定　　价：69.00 元

产品编号：101365-01

　　本书是普通高等教育"十一五"国家级规划教材,是在 2008 年 VHDL 版的基础上,基于"新工科"教育理念进行再版的。目的是培养计算机类、电子信息类等专业学生具有工程教育理念以及应用技术型工程能力,具备工程思维、自主创新及实践能力。配合课程体系改革,考虑课程内部和构成要素之间的关系,将课程有机地结合起来,增加融合度,减少内容重复或断裂,使学生能够系统学习专业知识,降低知识的不连续性。配合贯穿专业课程,将课程开设内容和顺序加以调整,例如,在 2019 年东北大学计算机专业取消"电路"和"电子线路"课程,在大学二年级下学期开设"数字逻辑与数字系统"课程。基于近几年的新教学体系的教学实践,以及本书主编 35 年的教学和科研经验,本书具有如下特色:

　　(1) 由于数字电子产品基本不再使用中规模集成芯片,大多采用一片微控制器(MCU)加一片 CPLD(或者 FPGA)。因此,本书不再关注中规模集成芯片的使用,而是从电路原理或功能入手,用 Verilog HDL 构建逻辑电路模块,给出使用 Verilog HDL 构建组合和时序逻辑电路模块的多种方法。例如,加法器模块有门电路、真值表两种方法,六进制计数器有二进制编码、循环码、独热码三种方法。

　　(2) 在专业课程的后继课程"计算机组成原理"中,将详细讨论编码、无符号和有符号数值运算等,因此本书不再重点描述这些内容。在模型计算机设计中"控制部件"需要使用状态机,增加了米利(Mealy)型和摩尔(Moore)型状态机设计。

　　(3) 二进制码、循环码的特点是需要较少触发器和较多组合逻辑;独热码的优点是状态比较时仅需要比较一位,不需要译码,减少了毛刺产生的概率,但需要较多的触发器。现在常用的 CPLD 和 FPGA 芯片价格便宜,片内资源丰富,独热码的使用不再受到限制。由于独热码性能更好,本书增加了独热码的介绍,并在时序电路设计中增加了独热码设计实例。

　　(4) 在数字系统中,广泛使用多位动态 7 段数码管,需要多位动态显示译码器。因此,本书在介绍静态显示译码器的同时增加了 4 位动态 7 段显示译码器。

　　(5) 在交通信号灯控制系统设计中,本书给出了基于逻辑部件和基于功能描述的两种设计与实现方法。

　　(6) 将硬件描述语言 Verilog HDL 贯穿全书,并给出大量实例。

　　(7) 采用国际上流行的图形逻辑符号(美国国家标准),这是 EDA 软件中普遍使用的符号,方便后续课程的教学。

　　本书在编写时强调数字逻辑,弱化电子电路,重点描述集成电路功能;着重于用

前言

Verilog HDL 设计计算机的部件和数字系统,而不是用中小规模集成电路构成数字系统。

本书可用于 56～64 学时理论教学,以及 1 周的课程设计。若采用本书作为计算机类专业的"数字逻辑"课程教材,建议实验教学放弃传统的实验箱,改用 FPGA 实验板,用 Verilog HDL 设计和仿真以及下载测试,实现与后续课程计算机组成原理和计算机体系结构的教学和实验的最优对接。

参加本书编著的教师有东北大学的李晶皎、王爱侠、闫爱云、李景宏。

由于编者水平有限,书中难免存在不当之处,恳请读者批评指正。

本书配有教学大纲、课件,授课教师可联系 tupwenyi@163.com 获取,源代码已在书中给出,仿真结果可扫描二维码查看。

李晶皎

2023 年 8 月于沈阳

目录

目录

目录

目录

目录

第 1 章

数字逻辑基础

1.1 数制

数制是指用一组固定的符号和统一的规则来表示数值的方法。如果按照进位的方法进行计数,则称为进位计数制。在进位计数制中,数的表示涉及权和基数两个基本问题。权是一个与相应数位有关的常数,它与该数位的数码相乘后,可得到该数位的数码代表的数值。一个数码处于不同的数位时,代表的数值不相同,因为它拥有的权不同。基数是一个正整数,它等于相邻数位上权的比。

对任何一种进制的数,基数与能选用的数码个数相等,能选用的最大数码要比基数小1,每个数位能表示的最大数值是最大数码乘以该位具有的权,当超过这个数值时要向高位进位。

在日常生活中,人们使用十进制计数制,而计算机使用二进制计数制。为了阅读和书写方便,计算机技术中还使用八进制和十六进制计数制。

1.1.1 十进制数

采用十进制计数制的数称为十进制数,计数是"逢十进一"。十进制数的基数是10,每一个数位可选用的数码有10个,即0~9。对十进制数来说,其整数部分每一位的权,从右到左依次为 $10^0, 10^1, 10^2, 10^3, 10^4, \cdots$;对小数部分每一位的权,从左到右依次为 $10^{-1}, 10^{-2}, 10^{-3}, 10^{-4}, \cdots$。

任意一个十进制数都可以用一个多项式形式表示,其中每一项表示相应数位代表的数值。例如,十进制数 1234.56 可表示成

$$(1234.56)_{10} = 1 \times 10^3 + 2 \times 10^2 + 3 \times 10^1 + 4 \times 10^0 + 5 \times 10^{-1} + 6 \times 10^{-2}$$

所以任意一个十进制数 D 都可以表示为

$$D = \sum k_i \times 10^i \tag{1.1}$$

式中: k_i 为第 i 位的系数,它可以是0~9这十个数码中的任何一个。如果整数部分的位数是 n,小数部分的位数为 m,则 i 包含 $n-1 \sim 0$ 的所有正整数和 $-1 \sim -m$ 的所有负整数。

若将式(1.1)中的10用正整数 R 替代,则可得到任意进制(R 进制)按十进制展开的一般形式,即

$$D = \sum k_i \times R^i \tag{1.2}$$

式中: i 的取值与式(1.1)的规定相同; R 为计数的基数; k_i 为第 i 位的系数; R^i 为第 i 位的权。

1.1.2 二进制数

在数字电路中广泛使用二进制计数,计数时"逢二进一"。二进制数的基数是2,每个数位可选用的数码有2个,即0和1。对二进制数来说,其整数部分每一位的权,从右到左依次为 $2^0, 2^1, 2^2, 2^3, 2^4, \cdots$;小数部分每一位的权,从左到右依次为 $2^{-1}, 2^{-2}, 2^{-3}, 2^{-4}, \cdots$。可以看出,二进制数相邻两数位权比是2。

对任意一个二进制数,可以用一个多项式形式表示,并可计算出它所表示的十进制数的大小,即

$$D = \sum k_i \times 2^i \qquad (1.3)$$

其中每一项表示相应数位代表的数值。

例如,二进制数 1101.01 可表示成

$$(1101.01)_2 = (1 \times 2^3 + 1 \times 2^2 + 0 \times 2^1 + 1 \times 2^0 + 0 \times 2^{-1} + 1 \times 2^{-2})_{10}$$

1.1.3 八进制数和十六进制数

采用八进制计数制的数称为八进制数,计数时"逢八进一"。八进制数的基数是 8,每个数位可选用的数码有 8 个,即 0~7。对八进制数来说,其整数部分每一位的权,从右到左依次为 $8^0, 8^1, 8^2, 8^3, 8^4, \cdots$;小数部分每一位的权,从左到右依次为 $8^{-1}, 8^{-2}, 8^{-3}, 8^{-4}, \cdots$。可以看出,八进制数相邻两数位权比是 8。

对任意一个八进制数,也可以用一个多项式形式表示,并可计算出它所表示的十进制数的大小,即

$$D = \sum k_i \times 8^i \qquad (1.4)$$

其中每一项表示相应数位代表的数值。

例如,八进制数 3456.12 可表示成

$$(3456.12)_8 = (3 \times 8^3 + 4 \times 8^2 + 5 \times 8^1 + 6 \times 8^0 + 1 \times 8^{-1} + 2 \times 8^{-2})_{10}$$

采用十六进制计数制的数称为十六进制数,计数时"逢十六进一"。十六进制数的基数是 16,每个数位可选用的数码有 16 个,其中前 10 个数码和十进制一样,后 6 个采用英文字符表示,即 0、1、2、3、4、5、6、7、8、9、A、B、C、D、E 和 F。对十六进制数来说,其整数部分每一位的权,从右到左依次为 $16^0, 16^1, 16^2, 16^3, 16^4, \cdots$;小数部分每一位的权,从左到右依次为 $16^{-1}, 16^{-2}, 16^{-3}, 16^{-4}, \cdots$。可以看出,十六进制数相邻两数位权比是 16。

对任意一个十六进制数,也可以用一个多项式形式表示,并可计算出它所表示的十进制数的大小,即

$$D = \sum k_i \times 16^i \qquad (1.5)$$

其中每一项表示相应数位代表的数值。

例如,十六进制数 ABCD.EF 可表示成

$$(ABCD.EF)_{16} = (10 \times 16^3 + 11 \times 16^2 + 12 \times 16^1 + 13 \times 16^0 + 14 \times 16^{-1} + 15 \times 16^{-2})_{10}$$

对以上几种进位计数制进行归纳,可对 R(R 为正整数)进位计数制的特点总结如下:

(1) R 进位计数制的基数是 R,各数位能选用的数码个数为 R,最大的数码应比基数 R 小 1。

(2) 每一数位都有一个权,权是基数 R 的整次幂,幂大小取决于该数码所在的位置,而相邻两数位权的比正好为基数 R。

(3) 每一个数位的数码代表的数值,等于该数码乘以该数位的权。

(4) 计数规则是"逢 R 进一"。

因此,任意一个 R 进制数 N 都可表示成下面的形式:

$$(N)_R = A_n \times R^n + A_{n-1} \times R^{n-1} + \cdots + A_0 \times R^0 + A_{-1} \times R^{-1} + \cdots + A_{-m} \times R^{-m}$$

式中:A_i 的取值只能是在允许的范围内;第 i 位的权是 R^i。等式左边右括号下角的数表示进制。

1.1.4 数制间的转换

计算机中存储数据和对数据进行运算采用二进制数,当把数据输入到计算机中,或者从计算机中输出数据时,要进行不同计数制之间的转换。数制转换的实质是基数之间的转换,转换的原则是:如果两个有理数相等,则两个数的整数部分和小数部分分别相等。

1. 非十进制数到十进制数的转换

非十进制数转换成十进制数一般采用的方法是按权相加。这种方法是按照十进制数的运算规则,将非十进制数各位的数码乘以对应的权再累加起来。根据 $D = \sum k_i \times R^i$ 可知,一个 R 进制数转换成十进制数的过程可用下式表示:

$$(A_n \cdots A_0 A_{-1} \cdots A_{-m})_R = (A_n \times R^n + \cdots + A_0 \times R^0 + A_{-1} \times R^{-1} + \cdots + A_{-m} \times R^{-m})_{10}$$

【例 1-1-1】 将 $(10011.101)_2$ 转换成十进制数。

解:$(10011.101)_2 = (2^4 + 2^1 + 2^0 + 2^{-1} + 2^{-3})_{10}$
$$= (16 + 2 + 1 + 0.5 + 0.125)_{10}$$
$$= (19.625)_{10}$$

在将二进制数转换成十进制数时,若 $A_i = 1$,则该位代表的十进制数值是 2^i;若 $A_i = 0$,则该位代表的十进制数值为 0,计算时,这一项可以省略,不必参加累加。

【例 1-1-2】 将 $(24.2)_8$ 转换成十进制数。

解:$(24.2)_8 = (2 \times 8^1 + 4 \times 8^0 + 2 \times 8^{-1})_{10}$
$$= (16 + 4 + 0.25)_{10}$$
$$= (20.25)_{10}$$

【例 1-1-3】 将 $(A3.4)_{16}$ 转换成十进制数。

解:$(A3.4)_{16} = (10 \times 16^1 + 3 \times 16^0 + 4 \times 16^{-1})_{10}$
$$= (160 + 3 + 0.25)_{10}$$
$$= (163.25)_{10}$$

2. 十进制数到非十进制数的转换

将十进制数转换成非十进制数时,整数部分和小数部分要分别进行转换,整数部分的转换一般采用除基取余法,小数部分的转换一般采用乘基取整法。

1) 十进制整数转换成非十进制整数

设十进制整数 N 转换成 R 进制整数的表示形式为 $(A_n A_{n-1} \cdots A_1 A_0)_R$,由于每个 R 进制整数都可写成按权展开的多项式,所以有下式成立:

$$(N)_{10} = (A_n \times R^n + A_{n-1} \times R^{n-1} + \cdots + A_1 \times R^1 + A_0 \times R^0)_R$$

那么,转换的关键是寻找多项式每一项的系数 $A_n, A_{n-1}, \cdots, A_1, A_0$,如果对上式两边同除以基数 R,则可得

$$(N/R)_{10} = (A_n \times R^{n-1} + A_{n-1} \times R^{n-2} + \cdots + A_1 \times R^0)_R + A_0/R$$

等号右边括号中为商的整数部分,A_0/R 为小数部分。由于上式两边整数和小数应分别相等,所以 N/R 的余数就是 A_0,同理,再用 N/R 的整数部分除以 R,余数就是 A_1。以此类推,直到整数商为 0,求出 A_n 为止。

【例 1-1-4】 将 $(288)_{10}$ 转换成二进制数。

解:　　　$288/2 = 144$　　　余数为 0,　　　$A_0 = 0$

　　　　　$144/2 = 72$　　　余数为 0,　　　$A_1 = 0$

　　　　　$72/2 = 36$　　　余数为 0,　　　$A_2 = 0$

　　　　　$36/2 = 18$　　　余数为 0,　　　$A_3 = 0$

　　　　　$18/2 = 9$　　　余数为 0,　　　$A_4 = 0$

　　　　　$9/2 = 4$　　　余数为 1,　　　$A_5 = 1$

　　　　　$4/2 = 2$　　　余数为 0,　　　$A_6 = 0$

　　　　　$2/2 = 1$　　　余数为 0,　　　$A_7 = 0$

　　　　　$1/2 = 0$　　　余数为 1,　　　$A_8 = 1$

所以,$(288)_{10} = (100100000)_2$。

【例 1-1-5】 将 $(62)_{10}$ 转换成八进制数。

解:　　　$62/8 = 7$　　　余数为 6,　　　$A_0 = 6$

　　　　　$7/8 = 0$　　　余数为 7,　　　$A_1 = 7$

所以,$(62)_{10} = (76)_8$。

【例 1-1-6】 将 $(108)_{10}$ 转换成十六进制数。

解:　　　$108/16 = 6$　　　余数为 12,　　　$A_0 = C$

　　　　　$6/16 = 0$　　　余数为 6,　　　$A_1 = 6$

所以,$(108)_{10} = (6C)_{16}$。

2) 十进制小数转换成非十进制小数

设十进制小数 N 转换成 R 进制小数的表示形式为 $(0.A_{-1} A_{-2} \cdots A_{-(n-1)} A_{-n})_R$,也可写成按权展开的多项式,所以有下式成立:

$$(N)_{10} = (A_{-1} \times R^{-1} + A_{-2} \times R^{-2} + \cdots + A_{-(n-1)} \times R^{-(n-1)} + A_{-n} \times R^{-n})_R$$

那么,转换的关键同样是确定多项式每一项的系数 $A_{-1}, A_{-2}, \cdots, A_{-(n-1)}, A_{-n}$,如果对上式两边同乘以基数 R,则可得

$$(N \times R)_{10} = A_{-1} + (A_{-2} \times R^{-1} + \cdots + A_{-(n-1)} \times R^{-(n-2)} + A_{-n} \times R^{-(n-1)})_R$$

根据等式两边整数和小数应分别相等的原则,$N \times R$ 的整数部分就是 A_{-1};同理,再对等式两边的小数部分乘以 R,可求得 A_{-2};以此类推,直到求出 A_{-n} 为止。

【例 1-1-7】 将 $(0.625)_{10}$ 转换成二进制数

解:　　　$0.625 \times 2 = 1 + 0.25$　　　$A_{-1} = 1$

　　　　　$0.25 \times 2 = 0 + 0.5$　　　$A_{-2} = 0$

$$0.5 \times 2 = 1 + 0 \qquad A_{-3} = 1$$

所以,$(0.625)_{10} = (0.101)_2$。

【例 1-1-8】 将$(0.8125)_{10}$转换成八进制数。

解: $\quad 0.8125 \times 8 = 6 + 0.5 \qquad A_{-1} = 6$

$\qquad\qquad 0.5 \times 8 = 4 + 0 \qquad A_{-2} = 4$

所以,$(0.8125)_{10} = (0.64)_8$。

【例 1-1-9】 将$(0.8125)_{10}$转换成十六进制数。

解: $\quad 0.8125 \times 16 = 13 + 0 \qquad A_{-1} = D$

所以,$(0.8125)_{10} = (0.D)_{16}$。

由于不是所有的十进制小数都能用有限位 R 进制小数来表示,因此,在转换过程中根据精度要求取一定的位数即可。若要求误差小于 R^{-n},则转换时取小数点后 n 位就能满足要求。

3. 非十进制数之间的转换

非十进制数之间的转换主要是指二进制数、八进制数、十六进制数之间的转换。

1) 二进制数和八进制数之间的转换

二进制数的基数是 2,八进制数的基数是 8,正好有 $2^3 = 8$,因此任意一位八进制数可以转换成 3 位二进制数。当要把一个八进制数转换成二进制数时,可以直接将每位八进制数码转换成 3 位二进制数码。二进制数到八进制数的转换可按相反的过程进行,转换时,从小数点开始向两边分别将整数和小数每 3 位划分成一组,整数部分的最高一组不够 3 位时,在高位补 0,小数部分的最后一组不足 3 位时,在末位补 0,然后将每组的 3 位二进制数转换成一位八进制数即可。

【例 1-1-10】 将$(354.72)_8$转换成二进制数。

解: $\quad$ 3 $\quad$ 5 $\quad$ 4 $\quad$. $\quad$ 7 $\quad$ 2

$\qquad\downarrow\qquad\downarrow\qquad\downarrow\qquad\quad\downarrow\qquad\downarrow$

$\qquad$ 011 $\quad$ 101 $\quad$ 100 $\quad$. $\quad$ 111 $\quad$ 010

所以,$(354.72)_8 = (011101100.111010)_2$。

【例 1-1-11】 将$(1010110.0101)_2$转换成八进制数。

解: 001 $\quad$ 010 $\quad$ 110 $\quad$. $\quad$ 010 $\quad$ 100

$\qquad\downarrow\qquad\downarrow\qquad\downarrow\qquad\quad\downarrow\qquad\downarrow$

$\qquad$ 1 $\qquad$ 2 $\qquad$ 6 $\qquad$. $\qquad$ 2 $\qquad$ 4

所以,$(1010110.0101)_2 = (126.24)_8$。

2) 二进制数和十六进制数之间的转换

二进制数的基数是 2,十六进制数的基数是 16,正好有 $2^4 = 16$,因此任意一位十六进制数可以转换成 4 位二进制数。当要把一个十六进制数转换成二进制数时,可以直接将每位十六进制数码转换成 4 位二进制数码。二进制数到十六进制数的转换可按相反的过程进行,转换时,从小数点开始向两边分别将整数和小数每 4 位划分成一组,整数部分的最高一组不够 4 位时,在高位补 0,小数部分的最后一组不足 4 位时,在末位补 0,然后将每组的 4 位二进制数转换成一位十六进制数即可。

【例 1-1-12】 将 $(8E.3A)_{16}$ 转换成二进制数。

解：　8　　　E　．　3　　　A
　　　↓　　　↓　　　↓　　　↓
　　1000　1110　．　0011　1010

所以，$(8E.3A)_{16} = (10001110.00111010)_2$。

【例 1-1-13】 将 $(1011111.101101)_2$ 转换成十六进制数。

解：　0101　1111　．　1011　　0100
　　　↓　　　↓　　　↓　　　↓
　　　5　　　F　．　B　　　4

所以，$(1011111.101101)_2 = (5F.B4)_{16}$。

3）八进制数和十六进制数之间的转换

八进制数和十六进制数之间直接进行转换比较困难，可用二进制数作为转换中介，即先转换成二进制数，再转换成十六进制或八进制数。

1.2　常用编码

在计算机处理的数据中有许多是字符型数据，如英文字母、标点符号、数学运算符号、汉字字符等。这些字符型数据在计算机中也是以二进制编码形式表示的。

1.2.1　十进制编码

1. 8421 码

8421 码是最常用的一种十进制数编码，也称为 BCD（Binary Coded Decimal）码。它是用四位二进制数 0000～1001 表示一位十进制数，每一位都有固定的权，它属于恒权代码。从左到右，各位的权依次为 2^3、2^2、2^1、2^0，即 8、4、2、1。可以看出，8421 码对十进数的十个数字符号的编码表示和二进制数中表示的方法完全一样，但不允许出现 1010～1111 这六种编码，因为没有相应的十进制数字符号和其对应。

【例 1-2-1】 将十进制数 1987.35 转换成 BCD 码。

解：$1987.35 = (0001\ 1001\ 1000\ 0111\ .\ 0011\ 0101)_{\mathrm{BCD}}$

2. 余 3 码

余 3 码也是用 4 位二进制数表示一位十进制数，但对于同样的十进制数字，其表示比 8421 码多 0011，所以称为余 3 码。

余 3 码表示不像 8421 码那样直观，各位也没有固定的权。但余 3 码是一种对 9 的自补码，即将一个余 3 码按位变反，可得到其对 9 的补码，这在某些场合是十分有用的。两个余 3 码也可直接进行加法运算，如果对应位的和小于 10，结果减 3 校正；如果对应位的和大于 9，可以加 3 校正，最后结果仍是正确的余 3 码。表 1-2-1 表示了十进制数的 8421 码和余 3 码的对应关系。

表 1-2-1　十进制数的 8421 码和余 3 码的对应关系

十 进 制 数	8421 码	余 3 码
0	0000	0011
1	0001	0100
2	0010	0101
3	0011	0110
4	0100	0111
5	0101	1000
6	0110	1001
7	0111	1010
8	1000	1011
9	1001	1100

1.2.2　循环码

　　循环码又称为格雷码(Gray Code),具有多种编码形式,但都有一个共同的特点,就是任意两个相邻的循环码仅有一位编码不同。这个特点有着非常重要的意义,例如:4 位二进制计数器,在从 0101 变成 0110 时,最低两位都要发生变化;当两位不是同时变化时,如最低位先变,次低位后变,就会出现一个短暂的误码 0100。采用循环码表示时,因为只有一位发生变化,就可以避免出现这类错误。

　　循环码是一种无权码,每一位都按一定的规律循环。表 1-2-2 给出了 4 位循环码。可以看出,任意两个相邻的编码仅有一位不同,而且存在一个对称轴(在 7 和 8 之间),对称轴上边和下边的编码,除最高位是互补外,其余各个数位都是以对称轴为中线镜像对称的。

表 1-2-2　4 位循环码

十 进 制 数	二 进 制 数	循 环 码
0	0000	0000
1	0001	0001
2	0010	0011
3	0011	0010
4	0100	0110
5	0101	0111
6	0110	0101
7	0111	0100
8	1000	1100
9	1001	1101
10	1010	1111
11	1011	1110
12	1100	1010
13	1101	1011
14	1110	1001
15	1111	1000

1.2.3 ASCII 码

美国信息交换标准代码(American Standard Code for Information Interchange,ASCII)是当前计算机中使用最广泛的一种字符编码,主要用来为英文字符编码。当用户将包含英文字符的源程序、数据文件、字符文件从键盘上输入到计算机中时,计算机接收并存储的就是 ASCII 码。计算机将处理结果送给打印机和显示器时,除汉字以外的字符一般也是用 ASCII 码表示的。

ASCII 码包含 52 个大、小写英文字母,10 个十进制数字字符,32 个标点符号、运算符号、特殊符号,还有 34 个不可显示打印的控制字符编码,总共是 128 个编码,正好可以用 7 位二进制数进行编码。也有的计算机系统使用有 8 位二进制数编码的扩展 ASCII 码,其前 128 个是标准的 ASCII 码字符编码,后 128 个是扩充的字符编码。表 1-2-3 给出了标准的 7 位 ASCII 码字符表。

表 1-2-3　标准 ASCII 码字符表

低位 ＼ 高位	000	001	010	011	100	101	110	111
0000	NUL	DLE	SP	0	@	P	`	p
0001	SOH	DC1	!	1	A	Q	a	q
0010	STX	DC2	"	2	B	R	b	r
0011	ETX	DC3	#	3	C	S	c	s
0100	EOT	DC4	$	4	D	T	d	t
0101	ENQ	NAK	%	5	E	U	e	u
0110	ACK	SYN	&	6	F	V	f	v
0111	BEL	ETB	'	7	G	W	g	w
1000	BS	CAN	(	8	H	X	h	x
1001	HT	EM	)	9	I	Y	i	y
1010	LF	SUB	*	:	J	Z	j	z
1011	VT	ESC	+	;	K	[	k	{
1100	FF	PS	,	<	L	\	l	|
1101	CR	GS	—	=	M	]	m	}
1110	SO	RS	.	>	N	^	n	~
1111	SI	US	/	?	O	_	o	DEL

注:NUL—空字符(Null);　　　　SOH—标题开始;　　　　STX—正文开始;
ETX—正文结束;　　　　EOT—传输结束;　　　　ENQ—请求;
ACK—收到通知;　　　　BEL—响铃;　　　　　　BS—退格;
HT—水平制表符;　　　　LF—换行键;　　　　　　VT—垂直制表符;
FF—换页键;　　　　　　CR—回车键;　　　　　　SO—不用切换;
SI—启用切换;　　　　　DLE—数据链路转义;　　DC1—设备控制 1;
DC2—设备控制 2;　　　DC3—设备控制 3;　　　DC4—设备控制 4;
NAK—拒绝接收;　　　　SYN—同步空闲;　　　　ETB—传输块结束;
CAN—取消;　　　　　　EM—介质中断;　　　　　SUB—替补;
ESC—溢出;　　　　　　FS—文件分割符;　　　　GS—分组符;
RS—记录分离符;　　　　US—单元分隔符;　　　　DEL—删除。

从表 1-2-3 中可看出,ASCII 码分为两类:一类是字符编码,这类编码代表的字符可以显示打印,其中数字字符和英文字母是按递增顺序连续排列的,这为已知一个字符的编码去计算另一个字符的编码提供了方便;另一类是控制字符编码,每个都有特定的含义,起到控制作用,如回车和换行控制字符将控制显示器从下一行的左端开始显示,或控制打印机从下一行的左端开始打印。

1.2.4 奇偶校验码

为了提高存储和传送信息的可靠性,广泛使用一种称为校验码的编码。校验码是将有效信息位和校验位按一定的规律编成的码。校验位是为了发现和纠正错误添加的冗余信息位。在存储和传送信息时,将信息按特定的规律编码,在读出和接收信息时,按同样的规律检测,观察规律是否破坏,从而判断是否有错。

奇偶校验码是一种最简单的校验码。它的编码规律是在有效信息位上添加一位校验位,使编码中 1 的个数是奇数或偶数。编码中 1 的个数是奇数的称为奇校验码,1 的个数是偶数的称为偶校验码。

奇偶校验码在编码时可根据有效信息位中 1 的个数决定添加的校验位是 1 还是 0,校验位可添加在有效信息位的前面,也可以添加在有效信息位的后面。表 1-2-4 为数字 0~9 的 ASCII 码的奇校验码和偶校验码。

表 1-2-4 数字 0~9 的 ASCII 码的奇校验码和偶校验码

十 进 制 数	ASCII 码	奇 校 验 码	偶 校 验 码
0	0110000	10110000	00110000
1	0110001	00110001	10110001
2	0110010	00110010	10110010
3	0110011	10110011	00110011
4	0110100	00110100	10110100
5	0110101	10110101	00110101
6	0110110	10110110	00110110
7	0110111	00110111	10110111
8	0111000	00111000	10111000
9	0111001	10111001	00111001

1.3 二进制数运算

1.3.1 二进制数的表示方法

由于在计算机中具有两种状态的电子元件只能表示 0 和 1 两种数码,这就要求在表示一个数时,数的符号也要数码化,即用 0 和 1 表示。这种在计算机使用的连同符号一起数码化的数称为机器码,也称为机器数。机器码的最高位为符号位,一般用 0 表示正数,1 表示负数;数值部分则要按某种规律编码,根据编码规律的不同,分成原码、反码和补码。它们都是为了解决负数在计算机中的表示问题。相对于机器码而言,在计算机技术中将"+""−"加数的绝对值表示的数称为真值。

1. 原码

原码是一种非常直观的机器码。正数的原码是其本身,但要用 0 表示正号;负数的原码是用一个值减去这个负数,即加上这个负数的绝对值。通过进一步的分析,原码的编码规律可概括为:正数的符号位用 0 表示,负数的符号位用 1 表示,数位部分则和真值的数位部分完全一样。当字长为 n 位时,原码表示的定义分别如下:

对定点整数,有

$$[X]_原 = X, \quad 0 \leqslant X < 2^{n-1}$$

$$[X]_原 = 2^{n-1} - X, \quad -2^{n-1} < X \leqslant 0$$

对定点小数,有

$$[X]_原 = X, \quad 0 \leqslant X < 1$$

$$[X]_原 = 1 - X, \quad -1 < X \leqslant 0$$

【例 1-3-1】 已知 $X = 1101, Y = -1011$,字长 $n = 5$,求 X 和 Y 的原码。

解:$[X]_原 = 01101, [Y]_原 = 11011$。

【例 1-3-2】 已知 $X = 0.1001, Y = -0.1001$,字长 $n = 5$,求 X 和 Y 的原码。

解:$[X]_原 = 0.1001, [Y]_原 = 1.1001$。

原码表示简单直观,与真值转换容易;但符号位不能参加运算。在计算机中用原码实现算术运算时,要取绝对值参加运算,符号位单独处理,这对乘除运算是很容易实现的;但对加减运算是非常不方便的,如两个异号数相加,实际是要做减法,而两个异号数相减,实际是要做加法。在做减法时,还要判断操作数绝对值的大小,这些都会使运算器的设计变得很复杂。

2. 补码

补码具有许多特点,是计算机中使用最多的一种编码。

1) 补码表示的引出

原码加减运算十分复杂,而且运算器中不但要有加法器,还要有减法器。那么,能否找到一种机器码,使得可以化减为加,运算规则又比较简单呢?答案是肯定的。只要对负数的表示做适当的变换,就可以实现这一目的。补码正是这样一种机器码。

在日常生活中,有许多化减为加的例子。例如,时钟是逢 12 进位,12 点也可看作 0 点。当将时针从 10 点调整到 5 点时有以下两种方法;

一种方法是时针逆时针方向拨 5 格,相当于做减法:

$$10 - 5 = 5$$

另一种方法是时针顺时针方向拨 7 格,相当于做加法:

$$10 + 7 = 12 + 5 = 5 \quad (\text{MOD } 12)$$

这是由于时钟以 12 为模,在这个前提下,当和超过 12 时,可将 12 舍去。于是,减 5 相当于加 7。同理,减 4 可表示成加 8,减 3 可表示成加 9,……

在数学中,用"同余"概念描述上述关系,即两整数 A、B 用同一个正整数 M(M 称为模)去除而余数相等,则称 A、B 对 M 同余,记作

$$A = B \qquad (\text{MOD } M)$$

具有同余关系的两个数为互补关系,其中一个称为另一个的补码。当 $M = 12$ 时,-5 和 $+7$,-4 和 $+8$,-3 和 $+9$ 就是同余的,它们互为补码。

从同余的概念和上述时钟的例子不难得出结论:对于某一确定的模,用某数减去小于模的另一个数,总可以用加上"模减去该数绝对值的差"来代替。因此,在有模运算中减法就可以化作加法来做。

由于计算机的字长是一定的,表示的数的范围也是一定的,因而属于有模运算。当运算结果超出模时,超出部分会自动舍掉,保留下的部分仍能正确表示运算结果。为此,可以根据同余的概念引出计算机中补码表示的方法。

2) 补码的定义

补码具有化减为加的特点,是计算机中使用最多的一种编码。当字长为 n 位时,定点整数和定点小数补码表示的定义如下:

对定点整数,有

$$[X]_{\dot\uparrow} = X, \quad 0 \leqslant X < 2^{n-1}$$

$$[X]_{\dot\uparrow} = 2^n + X, \quad -2^{n-1} < X \leqslant 0$$

对定点小数,有

$$[X]_{\dot\uparrow} = X, \quad 0 \leqslant X < 1$$

$$[X]_{\dot\uparrow} = 2 + X, \quad -1 < X \leqslant 0$$

从定义可知:正数的补码是其本身,但要用 0 表示正号;负数的补码是用模加上这个负数,即减去这个负数的绝对值。

3) 负数补码的求法

利用定义求负数的补码要做减法,不太方便。下面以定点整数为例推出一种求负数补码的简单方法。

设

$$X = -X_{n-2}X_{n-3} \cdots X_1 X_0$$

在 MOD 2^n 的条件下,根据补码定义可推导如下:

$$[X]_{\dot\uparrow} = 2^n + X$$
$$= 2^n - X_{n-2}X_{n-3} \cdots X_1 X_0$$
$$= 2^{n-1} + 2^{n-1} - X_{n-2}X_{n-3} \cdots X_1 X_0$$
$$= 2^{n-1} + (11 \cdots 11 - X_{n-2}X_{n-3} \cdots X_1 X_0) + 1$$

因此,求一个负数的补码时,符号位用 1 表示,负数的各位按位变反,即 0 变成 1,1 变成 0,然后末位加 1。这一方法也适用于定点小数求负数的补码。

从以上所述可知,补码的编码规律是正数的符号位用 0 表示,负数的符号位用 1 表示。但对数位部分则是正数同真值一样,负数要将真值的各位按位变反,末位加 1。

【例 1-3-3】　已知 $X=1001, Y=-1001$，字长 $n=5$，求 X 和 Y 的补码。

解：$[X]_{补}=01001, [Y]_{补}=10111$

【例 1-3-4】　已知 $X=0.1011, Y=-0.1011$，字长 $n=5$，求 X 和 Y 的补码。

解：$[X]_{补}=0.1011, [Y]_{补}=1.0101$

3. 反码

反码也是计算机中一种常用的编码。当字长为 n 位时，定点整数和定点小数反码表示的定义分别如下：

对定点整数，有

$$[X]_{反}=X, \quad 0 \leqslant X < 2^{n-1}$$

$$[X]_{反}=(2^n-1)+X, \quad -2^{n-1} < X \leqslant 0$$

对定点小数，有

$$[X]_{反}=X, \quad 0 \leqslant X < 1$$

$$[X]_{反}=(2-2^{-(n-1)})+X, \quad -1 < X \leqslant 0$$

从定义可知，正数的反码和原码表示是一样的，负数的反码则是用一个值加上这个负数，或减去这个负数的绝对值。

通过进一步的分析，反码的编码规律可概括为：正数的符号位用 0 表示，负数的符号位用 1 表示，数位部分则是正数同真值一样，负数要将真值的各位按位变反。

【例 1-3-5】　已知 $X=1111, Y=-1010$，字长 $n=5$，求 X 和 Y 的反码。

解：$[X]_{反}=01111, [Y]_{反}=10101$

【例 1-3-6】　已知 $X=0.1011, Y=-0.1011$，字长 $n=5$，求 X 和 Y 的反码。

解：$[X]_{反}=0.1011, [Y]_{反}=1.0100$

由于负数的反码加 1 就是负数的补码，所以，反码在计算机中常用作求补码的中介。

1.3.2　二进制数的加法和减法运算

在各种进位计数制中，二进制的运算规则是最简单的。

1. 无符号数加法运算

二进制的加法运算规则：

$$0+0=0, \quad 0+1=1, \quad 1+0=1, \quad 1+1=10$$

【例 1-3-7】　已知 $A=11011101, B=10110011$，求 $A+B$。

解：

$$
\begin{array}{r}
11011101 \\
+\quad 10110011 \\
\hline
110010000
\end{array}
$$

所以，$A+B=110010000$。

可见，二进制的加法运算非常简单。根据运算规则可以求出每一位的和，当和大于或等于 2 时要向高位进 1。如本位相加的两个数都是 1，而低位又有一个进位，则该位相当于 3 个 1 相加，本位的和是 1，同时向高位进 1。

2. 无符号数减法运算

二进制减法运算的规则：

$$0-0=0,\quad 1-0=1,\quad 1-1=0,\quad 0-1=1\quad(有借位)$$

【例 1-3-8】 已知 $A=11100101$，$B=10101011$，求 $A-B$。

解：

$$
\begin{array}{r}
11100101 \\
-\ \ 10101011 \\
\hline
00111010
\end{array}
$$

所以，$A-B=00111010$。

3. 有符号数加减运算

在计算机中实现减法运算，实际上是用补码加法完成的。

【例 1-3-9】 用二进制补码运算求 $(+15)+(+8)$、$(+15)+(-8)$、$(-15)+(+8)$ 和 $(-15)+(-8)$ 的计算结果，设字长为 8 位。

解：由于字长为 8 位，所以 $+15$ 的二进制补码为 00001111，-15 的二进制补码为 11110001，$+8$ 的二进制补码为 00001000，-8 的二进制补码为 11111000。所以各式的计算结果分别为

$$
\begin{array}{r}
+15 \\
+\quad +8 \\
\hline
+23
\end{array}
\qquad
\begin{array}{r}
00001111 \\
+\quad 00001000 \\
\hline
00010111
\end{array}
$$

$$
\begin{array}{r}
+15 \\
+\quad -8 \\
\hline
+7
\end{array}
\qquad
\begin{array}{r}
00001111 \\
+\quad 11111000 \\
\hline
(1)\ 00000111
\end{array}
$$

$$
\begin{array}{r}
-15 \\
+\quad +8 \\
\hline
-7
\end{array}
\qquad
\begin{array}{r}
11110001 \\
+\quad 00001000 \\
\hline
11111001
\end{array}
$$

$$
\begin{array}{r}
-15 \\
+\quad -8 \\
\hline
-23
\end{array}
\qquad
\begin{array}{r}
11110001 \\
+\quad 11111000 \\
\hline
(1)\ 11101001
\end{array}
$$

由上例可见，若将两个加数的符号位和来自最高位的有效数字位的进位相加，则得到的结果就是和的符号。

值得指出的是，在两个同符号数相加时，它们的绝对值之和不可超过有效数字位所能表示的最大值，否则会出现错误的计算结果。

1.4 逻辑代数基础

逻辑代数又称为布尔代数，是 19 世纪英国数学家乔治·布尔(George Boole)创立的一门研究客观事物逻辑关系的代数学。随着数字技术的发展，逻辑代数已成为计算机、

通信、自动化等领域研究数字电路必不可少的重要工具。本节将详细介绍有关逻辑代数的基础知识。

1.4.1 逻辑变量和逻辑函数

1. 逻辑变量

与普通代数一样，在逻辑代数中也有变量和常量。变量通常用大写字母表示，称为逻辑变量，其代表的值在逻辑运算中可以发生变化。例如，在图 1-4-1 中，用 A、B 表示开关，F 表示电灯，则 A、B 在断开和闭合时、灯在亮和灭时均可有不同的取值，此时 A、B 和 F 称为该事件的逻辑变量。常量称为逻辑常量，它们在逻辑运算中不发生变化。例如，数字 0、1，逻辑常量 A（A 为恒定值）等。但是，逻辑代数和普通代数有着本质的区别，它是一种二值代数，变量和常量的取值只有两种可能，即 0 和 1，而且这值并不代表量的大小，仅用来表示所研究问题的两种可能性，如电平的高与低，电流的有与无，命题的真与假，事情的是与非。

2. 逻辑函数

在逻辑运算表达式（如 $F = A + B$）中，等号左边的逻辑变量（如 F）和等号右边的逻辑变量（如 A、B）存在着一一对应的关系，即当等式右端逻辑变量（A 和 B）取任意一组确定值后，等式左边逻辑变量（F）的值便被唯一地确定了。与普通代数类似，等号右端逻辑变量 A 和 B 称为自变量，等号左端逻辑变量 F 称为因变量。

描述因变量和自变量之间的函数关系称为逻辑函数。由于逻辑代数通常采用二值代数，因此我们所讨论的逻辑函数均为二值逻辑函数。

如图 1-4-1 所示，电路中 A、B 表示两个并联单刀单掷开关，F 表示电灯。由图可见，A、B 两开关中至少有一个闭合时，灯 F 为亮。也就是说，逻辑变量 F 的取值是由逻辑变量 A、B 的取值决定的。此例中，A、B 为逻辑自变量，F 为逻辑因变量，其逻辑关系由逻辑函数 $F = F(A, B)$ 来描述。

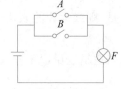

图 1-4-1 并联开关电路

1.4.2 基本逻辑运算和基本逻辑门

1. 基本逻辑运算

在逻辑代数中，有三种最基本的运算，这就是逻辑与（AND）、逻辑或（OR）、逻辑非运算（NOT），其运算规则是按照"逻辑"规则定义的。使用这三种基本的逻辑运算可以完成任何复杂的逻辑运算功能。

1）逻辑与运算

逻辑与运算也称为逻辑乘，简称与运算，通常用符号"·"表示。

设 F、A、B 分别为逻辑变量，则与运算的表达式可写成以下形式：

$$F = A \cdot B$$

有时为了书写方便，在不会产生二义性的前提下，与符号也可以省略，即写成

$$F = AB$$

当逻辑变量取不同值时,逻辑与运算的规则为

$$0 \cdot 0 = 0, \quad 1 \cdot 0 = 0$$
$$0 \cdot 1 = 0, \quad 1 \cdot 1 = 1$$

与运算的规则也可用表 1-4-1 说明,该表称为真值表,它反映所有自变量全部可能的组合和运算结果之间的关系。真值表在以后的逻辑电路分析和设计中是十分有用的。

表 1-4-1 与运算的真值表

A	B	$F = AB$
0	0	0
0	1	0
1	0	0
1	1	1

与运算的例子在日常生活中经常遇到,如图 1-4-2 所示的串联开关电路,灯 F 亮的条件是开关 A 和 B 都必须接通。

如果开关闭合表示 1,开关断开表示 0,灯亮表示 1,灯灭表示 0,则灯和开关之间的逻辑关系可用下式表示:

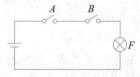

图 1-4-2 实现与运算的电路

$$F = A \cdot B$$

2) 逻辑或运算

逻辑或运算也称为逻辑加,简称或运算,通常用符号"+"表示。设 F、A、B 分别为逻辑变量,则或运算的表达式可写成以下形式:

$$F = A + B$$

当逻辑变量取不同值时,逻辑或运算的规则:

$$0 + 0 = 0, \quad 1 + 0 = 1$$
$$0 + 1 = 1, \quad 1 + 1 = 1$$

或运算的规则也可用表 1-4-2 说明。

表 1-4-2 或运算的真值表

A	B	$F = A + B$
0	0	0
0	1	1
1	0	1
1	1	1

或运算的例子在日常生活中经常遇到,如图 1-4-1 所示的并联开关电路,灯 F 亮的条件是开关 A 和 B 至少有一个接通。如果开关闭合表示 1,开关断开表示 0,灯亮表示 1,灯灭表示 0,则灯和开关之间的逻辑关系可用下式表示:

$$F = A + B$$

只有当 A、B 全为 0 时,F 才为 0。

3）逻辑非运算

逻辑非运算也称为取反运算，简称非运算。设 F、A 分别为逻辑变量，则非运算的表达式可写成以下形式：

$$F = \overline{A}$$

非运算的规则：

$$\overline{0} = 1, \quad \overline{1} = 0$$

非运算的规则也可用表 1-4-3 来说明，当逻辑变量取值为 1 时，结果为 0；当逻辑变量取值为 0 时，结果为 1。

表 1-4-3　非运算的真值表

A	$F = \overline{A}$
0	1
1	0

2. 基本逻辑门

数字电路的输入和输出一般用高电平和低电平表示，恰好对应逻辑代数中的 1 和 0。用电路单元将输入和输出联系起来，使得输入和输出之间存在某种逻辑关系，即可以将电路的输入、输出用逻辑函数描述。该电路单元称为逻辑电路。

能实现基本逻辑运算的电路称为门电路。用基本门电路可以构成任何复杂的逻辑电路，完成任何逻辑运算功能。这些逻辑电路是构成计算机及其他数字系统的重要组成部分。

1）与门、或门和非门

与门、或门和非门是最基本的门电路，可分别完成与、或、非逻辑运算。图 1-4-3 为基本门电路的逻辑符号。

(a) 与门　　　　(b) 或门　　　　(c) 非门

图 1-4-3　与门、或门、非门的逻辑符号

与门电路具有两个或两个以上的输入端和一个输出端，满足与运算关系。当输入端只要有一个为低电平时，输出即为低电平；只有输入端全为高电平时，输出才为高电平。输出 $F = A \cdot B$。

或门电路也具有两个或两个以上的输入端和一个输出端，符合或运算规则。当输入端有一个或一个以上为高电平时，输出端为高电平；只有输入端全是低电平时，输出端才是低电平。输出 $F = A + B$。

非门电路具有一个输入端和一个输出端，符合非运算规则。当输入端是低电平时，输出端是高电平；而输入端是高电平时，输出端是低电平。输出 $F = \overline{A}$。

2）复合门电路

在实际应用中，利用与门、或门和非门之间的不同组合可构成复合门电路，完成复合逻辑运算。常见的复合门电路有与非门、或非门、与或非门、异或门和同或门电路。图 1-4-4 为与非门、或非门、与或非门复合门电路的逻辑符号。

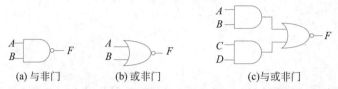

(a) 与非门　　　　(b) 或非门　　　　(c) 与或非门

图 1-4-4　与非门、或非门、与或非门复合门电路的逻辑符号

与非门电路相当于一个与门和一个非门的组合,可以完成以下逻辑表达式的运算:

$$F = \overline{A \cdot B}$$

对与非门完成的运算分析可知,与非门的功能正好和与门相反,仅当所有的输入端是高电平时,输出端才是低电平;否则其输出即为高电平。

或非门电路相当于一个或门和一个非门的组合,可完成以下逻辑表达式的运算:

$$F = \overline{A + B}$$

对或非门电路完成的运算分析可知,或非门的功能正好和或门相反。仅当所有的输入端是低电平时,输出端才是高电平;否则,输出即为低电平。

与或非门电路相当于两个与门、一个或门和一个非门的组合。可完成以下逻辑表达式的运算:

$$F = \overline{AB + CD}$$

对与或非门完成的运算分析可知,与或非门的功能是将两个与门的输出或起来后变反输出。与或非门电路也可以由多个与门和一个或门、一个非门组合而成,从而具有更强的逻辑运算功能。

图 1-4-5 为异或门和同或门复合门电路的逻辑符号。

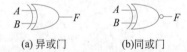

(a) 异或门　　　　(b)同或门

图 1-4-5　异或门和同或门复合门电路的逻辑符号

异或门电路可以完成逻辑异或运算,运算符号用"$\oplus$"表示。异或运算逻辑表达式:

$$F = A \oplus B$$

异或运算规则:

$$0 \oplus 0 = 0, \quad 1 \oplus 0 = 1$$
$$0 \oplus 1 = 1, \quad 1 \oplus 1 = 0$$

对异或运算的规则分析可得出结论:当两个变量取值相同时,运算结果为 0;当两个变量取值不相同时,运算结果为 1。该规则可推广至多变量异或时,当变量中 1 的个数为偶数时,运算结果为 0;当变量中 1 的个数为奇数时,运算结果为 1。

表 1-4-4 是异或运算的真值表,从表中可以看出,$F = A\overline{B} + \overline{A}B$ 也可以完成异或运算,即异或运算可以通过与、或、非运算的组合实现。

表 1-4-4　异或运算的真值表

A	B	$F = A \oplus B$	$F = A\bar{B} + \bar{A}B$
0	0	0	0
0	1	1	1
1	0	1	1
1	1	0	0

同或门电路可以完成逻辑同或运算,运算符号用"$\odot$"表示。同或运算逻辑表达式:

$$F = A \odot B$$

同或运算规则:

$$0 \odot 0 = 1, \quad 1 \odot 0 = 0$$
$$0 \odot 1 = 0, \quad 1 \odot 1 = 1$$

对同或运算的规则分析可得出结论:当两个变量取值相同时,运算结果为 1;当两个变量取值不相同时,运算结果为 0。该规则刚好与异或运算相反,且也可推广至多变量异或时,当变量中 1 的个数为偶数时,运算结果为 1;当变量中 1 的个数为奇数时,运算结果为 0。

表 1-4-5 是同或运算的真值表,从表中可以看出,$F = \bar{A}\,\bar{B} + AB$ 也可以完成同或运算,即同或运算也可以通过与、或、非运算的组合实现。

上述分析可以看出,同或运算和异或运算互为取非运算。

表 1-4-5　同或运算的真值表

A	B	$F = A \odot B$	$F = \bar{A}\,\bar{B} + AB$
0	0	1	1
0	1	0	0
1	0	0	0
1	1	1	1

3. 正逻辑和负逻辑

在设计逻辑电路时,通常规定高电平代表 1,低电平代表 0,称为正逻辑;若规定高电平代表 0,低电平代表 1,称为负逻辑。前面介绍的逻辑电路都是以正逻辑为例的,本书中如无特殊声明,均指正逻辑。

对同一个逻辑电路,从正逻辑和负逻辑的角度分析,其表达的逻辑关系是不一样的。例如,一个逻辑电路在正逻辑分析时是一个与门电路,而使用负逻辑分析时成为一个或门电路。

负逻辑门的逻辑符号和正逻辑门的逻辑符号画法一样,但要在输入端和输出端分别加上一个小圆圈,以便区别于正逻辑门。在较复杂的逻辑电路中,正逻辑和负逻辑可能同时使用。这时可以用正逻辑替换相应的负逻辑,使得分析过程简化。例如,用正逻辑的与门、或门、与非门、或非门相应替代负逻辑的或门、与门、或非门、与非门,就可以按正逻辑关系分析逻辑电路,从而得到正确的逻辑功能。

1.4.3 逻辑代数的基本公式和常用公式

逻辑代数有和普通代数类似的运算规则,也有自己的特殊运算规则。依据逻辑与、逻辑或、逻辑非这三种最基本的逻辑运算规则,可以得出在逻辑运算中使用的基本公式和重要运算规则,并在此基础上,推出常用的公式。依据这些公式,可以按照某种要求简化和变换逻辑表达式。

1. 逻辑代数的基本公式

(1) 0-1 律: $A+1=1$ $\qquad\qquad$ $A \cdot 0=0$

(2) 自等律: $A+0=A$ $\qquad\qquad$ $A \cdot 1=A$

(3) 互补律: $A \cdot \overline{A}=0$ $\qquad\qquad$ $A+\overline{A}=1$

(4) 交换律: $A+B=B+A$ $\qquad\qquad$ $A \cdot B = B \cdot A$

(5) 结合律: $A+(B+C)=(A+B)+C$ $\qquad$ $A \cdot (B \cdot C)=(A \cdot B) \cdot C$

(6) 分配律: $A+B \cdot C=(A+B) \cdot (A+C)$ $\qquad$ $A \cdot (B+C)=A \cdot B+A \cdot C$

(7) 吸收律: $A+A \cdot B=A$ $\qquad\qquad$ $A \cdot (A+B)=A$

$\qquad\qquad A+\overline{A} \cdot B=A+B$ $\qquad\qquad$ $A \cdot (\overline{A}+B)=A \cdot B$

(8) 重叠律: $A+A=A$ $\qquad\qquad$ $A \cdot A=A$

(9) 反演律: $\overline{AB}=\overline{A}+\overline{B}$ $\qquad\qquad$ $\overline{A+B}=\overline{A}\,\overline{B}$

(10) 还原律: $\overline{\overline{A}}=A$

可以看出,除还原律外,其余公式均为成对出现,且其中有部分公式与普通代数完全一样。以上公式可以按照逻辑与、逻辑或、逻辑非的基本运算规则,通过真值表加以证明。

例如:反演律 $\overline{AB}=\overline{A}+\overline{B}$ $\qquad\qquad\qquad$ $\overline{A+B}=\overline{A}\,\overline{B}$

反演律等式两侧的真值表见表 1-4-6。由真值表的值可知,等式相等。

表 1-4-6 用真值表证明反演律

A	B	$\overline{AB}$	$\overline{A}+\overline{B}$	$\overline{A}\,\overline{B}$	$\overline{A+B}$
0	0	1	1	1	1
0	1	1	1	0	0
1	0	1	1	0	0
1	1	0	0	0	0

2. 常用公式

公式 1: $AB+A\overline{B}=A$

证明: $AB+A\overline{B}=A \cdot (B+\overline{B})=A \cdot 1=A$

公式 2: $A+\overline{A}B=A+B$

证明: $A+\overline{A}B=(A+AB)+\overline{A}B=A+(AB+\overline{A}B)=A+B$

公式 3: $AB+\overline{A}C+BC=AB+\overline{A}C$

证明: $AB+\overline{A}C+BC=AB+\overline{A}C+BC(A+\overline{A})= AB+\overline{A}C+ABC+\overline{A}BC= AB+\overline{A}C$

公式 3 推论：$AB+\overline{A}C+BCD=AB+\overline{A}C$

公式 4：$A\overline{AB}=A\overline{B}$

证明：$A\overline{AB}=A(\overline{A}+\overline{B})=A\overline{A}+A\overline{B}=A\overline{B}$

公式 4 推论：$\overline{A}\ \overline{AB}=\overline{A}$

可以看出,常用公式是在基本公式的基础上推导出来的,还可以推导出更多的常用公式,有兴趣的读者可自己完成。

3. 逻辑代数的三个重要运算规则

逻辑代数有三个重要的运算规则,即代入规则、反演规则和对偶规则,这三个规则在逻辑函数的化简和变换中是十分有用的。

1) 代入规则

代入规则是指将逻辑等式中的某一个逻辑变量全部用同一个逻辑函数代替,逻辑等式仍然成立。这是因为任何一个逻辑函数和逻辑变量一样,只有 0 和 1 两种取值,所以用逻辑函数代替逻辑变量后,逻辑等式肯定成立。使用代入规则,可以容易地证明许多等式,扩大基本公式的应用范围。

【例 1-4-1】 已知等式 $A(B+C)=AB+AC$,试证明用逻辑函数 $F=D+E$ 代替等式中的变量 B 后,等式仍然成立。

证明：用逻辑函数 $F=D+E$ 代替后

$$左端 =A(F+C)=A(D+E+C)=AD+AE+AC$$
$$右端 =A(D+E)+AC=AD+AE+AC$$

由上可见,等式成立。

【例 1-4-2】 用代入规则证明反演律也适用三变量的情况。

证明：已知二变量反演律：

$$\overline{AB}=\overline{A}+\overline{B}$$
$$\overline{A+B}=\overline{A}\ \overline{B}$$

若将 $\overline{AB}=\overline{A}+\overline{B}$ 中的 B 以 $(B\cdot C)$ 代入,将 $\overline{A+B}=\overline{A}\ \overline{B}$ 中的 B 以 $(B+C)$ 代入,则有

$$\overline{ABC}=\overline{A}+\overline{BC}=\overline{A}+\overline{B}+\overline{C}$$
$$\overline{A+B+C}=\overline{A}\ \overline{B+C}=\overline{A}\ \overline{B}\ \overline{C}$$

由上可见,用一个逻辑函数代替一个逻辑变量后,等式依然成立。上式说明对三变量的反演律也成立,进一步可以推广到多变量的反演律也成立。反演律又称德·摩根(De. Morgan)定律。

当对一个乘积项或逻辑式求反时,应在乘积项或逻辑式外边加括号,然后对括号内的整个内容求反。此外,在对复杂的逻辑式进行运算时,仍需遵守与普通代数一样的运算优先顺序,即首先算括号,其次是非运算,然后是与运算,最后是或运算。

2) 反演规则

反演规则是指如果将逻辑函数 F 的表达式中所有的"·"都换成"+",所有的"+"都换成"·",常量"1"都换成"0","0"都换成"1",原变量都换成反变量,反变量都换成原变量,所得到的逻辑函数就是 F 的非。F 的非称为原函数 F 的反函数或补函数。

反演规则实际上是反演律的推广,利用反演规则可以很容易地写出一个逻辑函数的非。

【例 1-4-3】 求逻辑函数 $F=AB+CD$ 的非。

解:根据反演规则有

$$\overline{F}=(\overline{A}+\overline{B})(\overline{C}+\overline{D})$$

在使用反演规则时要注意两点:一是不能破坏原表达式的运算顺序;二是不属于单变量的非运算符号应当保留不变。

【例 1-4-4】 求逻辑函数 $F=\overline{\overline{AB+C}+\overline{C}D}$ 的非。

解:根据反演规则有,将逻辑函数 F 中的变量和运算符号作相应变换,但$(AB+C)$外的非不变,即

$$\overline{F}=\overline{(\overline{A}+\overline{B})\overline{C}}\cdot(C+\overline{D})$$

3)对偶规则

对偶规则是指如果将逻辑函数 F 的表达式中所有的"·"都换成"+",所有的"+"都换成"·",常量"1"都换成"0","0"都换成"1",而变量都保持不变,所得到的逻辑函数就是 F 的对偶式,记为 F^{*}。

在使用对偶规则时要注意两点:一是原表达式的运算顺序不能改变;二是表达式中的非运算符号也不能改变。

例如:$F=\overline{A(B+C)}$ 则 $F^{*}=\overline{A+BC}$

$F=\overline{AB+CD}$ 则 $F^{*}=\overline{(A+B)(C+D)}$

$F=AB+\overline{C+D}$ 则 $F^{*}=(A+B)\overline{CD}$

利用对偶规则很容易写出一个逻辑函数的对偶式,如果证明了某逻辑表达式的正确性,其对偶式也是正确的。由于逻辑代数的基本公式除还原律外都是成对出现的,且互为对偶式,使用对偶规则可以使基本公式的证明减少一半。有时,为了证明两个逻辑式相等,也可以通过它们的对偶式相等来证明。

【例 1-4-5】 用对偶规则证明$(A+\overline{C})(B+D)(B+\overline{D})=AB+B\overline{C}$。

证明:等式左端的对偶式为

$$A\overline{C}+BD+B\overline{D}=A\overline{C}+B$$

等式右端的对偶式为

$$(A+B)(B+\overline{C})=AB+B+A\overline{C}+B\overline{C}=A\overline{C}+B$$

由于对偶式相等,原式得证。

1.4.4 逻辑函数的表示方法

逻辑函数常用的表示方法有逻辑真值表、逻辑函数式、逻辑图、波形图、卡诺图(Karnaugh Map)和硬件描述语言等。本节重点讨论逻辑真值表、逻辑函数式、逻辑图、波形图,后两种描述方法将在后面介绍。

1. 逻辑函数的表示方法

1)逻辑真值表

前面曾经提到过真值表,即将输入变量所有的取值下对应的输出值找出来,列成

表格。

以图 1-4-6 为例，C 为控制室总开关，A、B 为同一房间的两个并联开关。三个开关 A、B、C 的状态共有 8 种不同的组合，控制灯 F 的不同状态。在举重等比赛中，按照比赛规则，共有三名裁判员，其中一名为主裁判，两名为副裁判。若运动员的成绩被判为有效，必须有两名以上的裁判认可，其中包括主裁判；若主裁判认定无效，该运动员成绩即为无效。该电路就可以作为裁判电路，开关 C 由主裁判控制，另两名副裁判分别控制开关 A 和 B。当判定成绩有效时，裁判员按下手中开关，灯亮表示该成绩有效。

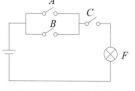

图 1-4-6　裁判电路

表 1-4-7 为裁判电路的真值表。

表 1-4-7　裁判电路的真值表

A	B	C	F
0	0	0	0
0	0	1	0
0	1	0	0
0	1	1	1
1	0	0	0
1	0	1	1
1	1	0	0
1	1	1	1

2）逻辑函数式

将输入与输出之间的逻辑关系写成与、或、非等运算的组合式，即逻辑代数式，就得到了所需的逻辑函数式。

以图 1-4-6 为例，从电路中可以看出，A、B 至少有一个闭合，则表示为 $(A+B)$；为保证灯亮，则 C 必须闭合，即 $(A+B)C$。所以输出的逻辑表达式为 $F=(A+B)C$。

3）逻辑图

将逻辑函数式中各变量之间的与、或、非等逻辑关系用逻辑门电路的图形符号表示出来，即为逻辑图。

以图 1-4-6 为例，为实现逻辑函数 $F=(A+B)C$ 的逻辑关系，只要将表达式中相应的逻辑运算符号用相应的逻辑门替代即可。本例中用或门替代"＋"，用与门替代"·"即可，逻辑图如图 1-4-7 所示。

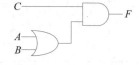

图 1-4-7　实现 $F=(A+B)C$
逻辑功能的逻辑图

4）波形图

如果将逻辑函数输入变量每一组可能出现的取值与对应的输出值按时间顺序依次排列起来，就得到了表示该逻辑函数的波形图，这种波形图也称为时序图。在一些计算机仿真工具和逻辑分析仪中是利用这种波形图得到分析结果的。对于图 1-4-7 可以画出其波形图如图 1-4-8 所示。

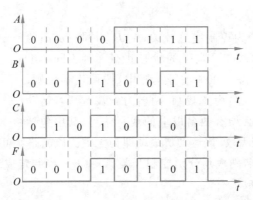

图 1-4-8　实现 $F=(A+B)C$ 逻辑功能的波形图

5) 各种表示方法之间的相互转换

从以上分析可以知道,同一个逻辑函数可以用几种不同的方式等价地表示出来,那么这几种方式之间一定可以相互转换。下面通过几个例子介绍具体转换的过程。

(1) 真值表与逻辑函数式的相互转换。

【例 1-4-6】　已知某逻辑函数真值表如表 1-4-8 所示,试写出该逻辑函数的表达式。

解:由真值表可知,当输入分别为 $A=0$、$B=0$、$C=0$,$A=0$、$B=1$、$C=1$,$A=1$、$B=0$、$C=0$ 和 $A=1$、$B=1$、$C=0$ 四种组合时,输出 $F=1$。而当 $A=0$、$B=0$、$C=0$ 时,必有最小项 $\overline{A}\,\overline{B}\,\overline{C}=1$。同理可得:当另三种组合发生时,有 $\overline{A}BC=1$、$A\overline{B}\,\overline{C}=1$、$AB\overline{C}=1$。因为 $F=1$ 时,上述四种组合至少有一组发生,即四种组合是或的关系,所以 F 的逻辑函数为

$$F=\overline{A}\,\overline{B}\,\overline{C}+\overline{A}BC+A\overline{B}\,\overline{C}+AB\overline{C}$$

表 1-4-8　【例 1-4-6】的真值表

A	B	C	F	
0	0	0	1	$\overline{A}\,\overline{B}\,\overline{C}$
0	0	1	0	
0	1	0	0	
0	1	1	1	$\overline{A}BC$
1	0	0	1	$A\overline{B}\,\overline{C}$
1	0	1	0	
1	1	0	1	$AB\overline{C}$
1	1	1	0	

通过上例可总结出由真值表到逻辑函数式的一般方法如下:

① 找出真值表中所有使逻辑函数 $F=1$ 的那些输入变量取值的组合(该例中共四种)。

② 每组输入变量取值的组合对应一个乘积项,其中取值为 1 的写为原变量,取值为 0 的写为反变量(该例中为 $\overline{A}\,\overline{B}\,\overline{C}$、$\overline{A}BC$、$A\overline{B}\,\overline{C}$、$AB\overline{C}$ 四项)。

③ 将这些乘积项相或即得 F 的逻辑函数式。

【例 1-4-7】 已知逻辑函数表达式 $F = AB + BC + \overline{A}C$,列写真值表。

解:按照顺序写出逻辑变量 A、B、C 不同取值的共 2^3 种的组合,将每种组合中 A、B、C 的值代入逻辑表达式 $F = AB + BC + \overline{A}C$ 中,计算出 F 的逻辑值,填表即可。逻辑表达式 $F = AB + BC + \overline{A}C$ 的真值表如表 1-4-9 所示。

表 1-4-9 【例 1-4-7】的真值表

A	B	C	F
0	0	0	0
0	0	1	1
0	1	0	0
0	1	1	1
1	0	0	0
1	0	1	0
1	1	0	1
1	1	1	1

(2) 逻辑函数式与逻辑图之间的相互转换。

【例 1-4-8】 已知逻辑表达式 $F = \overline{AB + \overline{C}\,\overline{D}(\overline{A} + B)}$,画出其逻辑图。

解:将逻辑表达式中与、或、非、与非、或非等所有的逻辑运算符号由相应的逻辑图形符号替代,依据运算优先顺序,将图形符号连接起来就可以得到相应的逻辑图,如图 1-4-9 所示。

【例 1-4-9】 已知实现某逻辑功能逻辑电路如图 1-4-10 所示,试写出其逻辑函数表达式。

解:从逻辑图的输入端开始逐一写出每个基本逻辑门的输出,然后得到最终逻辑表达式。

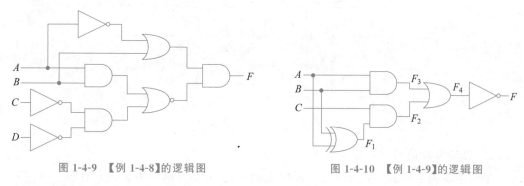

图 1-4-9 【例 1-4-8】的逻辑图   图 1-4-10 【例 1-4-9】的逻辑图

本例中异或门的输出 $F_1 = A \oplus B$,两个与门的输出分别 $F_2 = CF_1$、$F_3 = AB$,或门输出 $F_4 = F_2 + F_3$,非门输出 $F = \overline{F_4}$。经整理后得

$$F = \overline{(A \oplus B)C + AB}$$

(3) 波形图与真值表之间的相互转换。

由已知的逻辑函数波形图求对应的真值表时,先从波形图上找出每个时间段里输入

变量与输出函数的取值,再将这些输入、输出取值对应列表。

当将真值表转换成波形图时,将真值表中所有输入变量与对应的输出变量取值依次画成以时间为横轴的时序图。

【例1-4-10】 三变量逻辑函数真值表如表1-4-10所示,画出该真值表对应的时序图。

表 1-4-10 【例1-4-10】的真值表

A	B	C	F
0	0	0	0
0	0	1	1
0	1	0	0
0	1	1	0
1	0	0	1
1	0	1	0
1	1	0	0
1	1	1	1

解:画时序图时将该表中8组不同组合分成8个时段,如 $t_1 \sim t_8$ 时段,将表1-4-10中的1和0分别画为高电平和低电平,如图1-4-11所示。

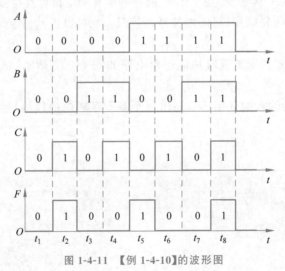

图 1-4-11 【例1-4-10】的波形图

2. 逻辑函数的两种标准表达式

尽管逻辑函数的表达式有多种不同的表示形式,但是有两种表达式只有唯一的表示形式,且和逻辑函数的真值表有着严格的对应关系,这就是逻辑函数的最小项构成的与或表达式和最大项构成的或与表达式。

1) 最小项和最小项表达式

(1) 最小项。

如果一个具有 n 个变量的逻辑函数的"与项"包含全部 n 个变量,每个变量以原变量或反变量的形式出现，且仅出现一次，则这种"与项"称为最小项。

对 2 个变量 A、B 来说，可以构成 4 个最小项，即 AB、$\overline{A}B$、$A\overline{B}$、$\overline{A}\,\overline{B}$；对 3 个变量 A、B、C 来说，可构成 8 个最小项，即 $\overline{A}\,\overline{B}\,\overline{C}$、$\overline{A}\,\overline{B}C$、$\overline{A}B\overline{C}$、$\overline{A}\,BC$、$A\overline{B}\,\overline{C}$、$A\overline{B}C$、$AB\overline{C}$、$ABC$；同理，对 n 个变量来说，可以构成 2^n 个最小项。

为了叙述和书写方便，最小项通常用符号 m_i 表示，i 是最小项的编号，是一个十进制数。确定 i 的方法是将变量按顺序 A、B、C、D… 排列好后，如果变量在最小项中以原变量形式出现，用 1 表示；如果变量在最小项中以反变量形式出现，则用 0 表示。这时最小项表示的二进制数对应的十进制数就是该最小项的编号。例如，对三变量的最小项来说，ABC 的编号是 7，$\overline{A}BC$ 的编号是 3。表 1-4-11 给出了三变量逻辑函数的最小项真值。

表 1-4-11　三变量逻辑函数的最小项真值表

变量			最小项取值							
A	B	C	m_0	m_1	m_2	m_3	m_4	m_5	m_6	m_7
0	0	0	1	0	0	0	0	0	0	0
0	0	1	0	1	0	0	0	0	0	0
0	1	0	0	0	1	0	0	0	0	0
0	1	1	0	0	0	1	0	0	0	0
1	0	0	0	0	0	0	1	0	0	0
1	0	1	0	0	0	0	0	1	0	0
1	1	0	0	0	0	0	0	0	1	0
1	1	1	0	0	0	0	0	0	0	1

对表 1-4-11 进行分析，可知最小项有如下性质：

① 仅一组变量的取值能使某个最小项的取值为 1，其他组变量的取值全部使该最小项的取值为 0。

② 任意两个最小项的逻辑与恒为 0，即 $m_i \cdot m_j = 0 (i \neq j)$。

③ 对 n 个变量的最小项，每个最小项有 n 个相邻项。相邻项是指两个最小项仅有一个变量互为相反变量，如最小项 ABC 的相邻项是 $\overline{A}BC$、$A\overline{B}C$、$AB\overline{C}$。

以上性质是显而易见的，例如：当变量 A、B、C 的取值都是 1 时，最小项 m_7 的值为 1，其他最小项的取值都是 0；当变量 A、B、C 取值不都是 1 时，最小项 m_7 的值肯定为 0，而其他最小项必有一个取值为 1。当任意两个最小项相与时，不论变量取何值，两个最小项中至少有一个取值为 0，其相与的结果必然恒为 0。

（2）最小项表达式。

如果一个逻辑函数表达式是由最小项构成的与或式，则这种表达式称为逻辑函数的最小项表达式，也称为标准与或式。例如，$F = ABCD + A\overline{B}\,\overline{C}D + \overline{A}BCD$ 是一个四变量的最小项表达式，$F = A\overline{B}\,\overline{C} + \overline{A}\,BC + \overline{A}B\overline{C} + \overline{A}BC$ 是一个三变量的最小项表达式。

对一个最小项表达式可以采用简写的方式。例如：

$$F = AB\overline{C}D + A\overline{B}\,\overline{C}D + \overline{A}BC\overline{D} = m_{11} + m_9 + m_6 = \sum m(6, 9, 11)$$

写出一个逻辑函数的最小项表达式可以有多种方法，但最简单的方法是先给出逻辑函数的真值表,再将真值表中能使逻辑函数取值为 1 的各个最小项相或。

【例 1-4-11】 已知三变量的逻辑函数 $F = AB + \overline{A}C + B\overline{C}$,写出 F 的最小项表达式。

解:首先列写 F 的真值表,如表 1-4-12 所示。

表 1-4-12 【例 1-4-11】的真值表

A	B	C	F	
0	0	0	0	
0	0	1	1	$\overline{A}\,\overline{B}C$
0	1	0	1	$\overline{A}B\overline{C}$
0	1	1	1	$\overline{A}BC$
1	0	0	0	
1	0	1	0	
1	1	0	1	$AB\overline{C}$
1	1	1	1	ABC

将表中使 F 为 1 的最小项相或可得下式:

$$F = \overline{A}\,\overline{B}C + \overline{A}B\overline{C} + \overline{A}BC + AB\overline{C} + ABC = \sum m(1,2,3,6,7)$$

2)最大项和最大项表达式

(1)最大项。

如果一个具有 n 个变量的逻辑函数的"或项"包含全部 n 个变量,每个变量以原变量或反变量的形式出现,且仅出现一次,则这种"或项"称为最大项。

对于 2 个变量 A、B 来说,可以构成 4 个最大项,即 $A+B$、$A+\overline{B}$、$\overline{A}+B$、$\overline{A}+\overline{B}$;对于 3 个变量 A、B、C 来说,可以构成 8 个最大项,即 $A+B+C$、$A+B+\overline{C}$、$A+\overline{B}+C$、$A+\overline{B}+\overline{C}$、$\overline{A}+B+C$、$\overline{A}+B+\overline{C}$、$\overline{A}+\overline{B}+C$、$\overline{A}+\overline{B}+\overline{C}$;同理,对 n 个变量来说,可以构成 2^n 个最大项。

为了叙述和书写方便,最大项通常用符号 M_i 表示,i 是最大项的编号。i 的确定方法和在最小项中确定 i 的方法类似,不同的是要把最大项表示的二进制数变反后对应的十进制数作为该最大项的编号。例如,对三变量的最大项来说,$A+B+C$ 的编号是 0,$A+\overline{B}+C$ 的编号是 2。表 1-4-13 为三变量逻辑函数的最大项真值表。

表 1-4-13 三变量逻辑函数的最大项真值表

变 量			最小项取值							
A	B	C	M_0	M_1	M_2	M_3	M_4	M_5	M_6	M_7
0	0	0	0	1	1	1	1	1	1	1
0	0	1	1	0	1	1	1	1	1	1
0	1	0	1	1	0	1	1	1	1	1
0	1	1	1	1	1	0	1	1	1	1
1	0	0	1	1	1	1	0	1	1	1
1	0	1	1	1	1	1	1	0	1	1
1	1	0	1	1	1	1	1	1	0	1
1	1	1	1	1	1	1	1	1	1	0

对表 1-4-13 进行分析,可知最大项有如下性质:

① 仅一组变量的取值能使某个最大项的取值为 0,其他组变量的取值全部使该最大项的取值为 1。

② 任意两个最大项的逻辑或恒为 1,即 $M_i+M_j=1(i\neq j)$。

③ 对 n 个变量的最大项,每个最大项有 n 个相邻项。

由于针对一组变量的取值,必有一个最大项的取值为 0,而其他最大项的取值都是 1,所以全部最大项的逻辑与恒为 0。而任意两个最大项的逻辑或恒为 1。

(2) 最大项表达式。

如果一个逻辑函数表达式是由最大项构成的或与式,则这种表达式称为逻辑函数的最大项表达式,也称为标准或与式。例如,$F=(A+B)(\overline{A}+B)(\overline{A}+\overline{B})$ 是一个二变量的最大项表达式,$F=(\overline{A}+B+C)(\overline{A}+\overline{B}+\overline{C})(A+B+C)$ 是一个三变量的最大项表达式。

对一个最大项表达式也可以采用简写的方式,例如:

$$F(A,B,C)=(A+\overline{B}+C)(\overline{A}+B+C)=M_2\cdot M_4=\prod M(2,4)$$

要写出一个逻辑函数的最大项表达式,最简单的方法仍是先给出逻辑函数的真值表,再将真值表中能使逻辑函数取值为 0 的各个最大项相与。

【例 1-4-12】 已知三变量逻辑函数 $F=AB+C$,写出 F 的最大项表达式。

解:首先列写出 F 的真值表,如表 1-4-14 所示。

表 1-4-14 【例 1-4-12】的真值表

A	B	C	F	
0	0	0	0	$A+B+C$
0	0	1	1	
0	1	0	0	$A+\overline{B}+C$
0	1	1	1	
1	0	0	0	$\overline{A}+B+C$
1	0	1	1	
1	1	0	1	
1	1	1	1	

将表中能使 F 为 0 的最大项相与可得下式:

$$F=(A+B+C)(A+\overline{B}+C)(\overline{A}+B+C)=M_0 M_2 M_4=\prod M(0,2,4)$$

(3) 最小项和最大项的关系。

表 1-4-15 列出了三变量的逻辑函数的最小项和最大项。

表 1-4-15 三变量的逻辑函数的最小项和最大项

A	B	C	最小项及编号		最大项及编号	
0	0	0	$\overline{A}\,\overline{B}\,\overline{C}$	m_0	$A+B+C$	M_0
0	0	1	$\overline{A}\,\overline{B}C$	m_1	$A+B+\overline{C}$	M_1
0	1	0	$\overline{A}B\overline{C}$	m_2	$A+\overline{B}+C$	M_2

续表

A	B	C	最小项及编号	最大项及编号
0	1	1	$\overline{A}BC$ $\quad m_3$	$A+\overline{B}+\overline{C}$ $\quad M_3$
1	0	0	$A\overline{B}\,\overline{C}$ $\quad m_4$	$\overline{A}+B+C$ $\quad M_4$
1	0	1	$A\overline{B}C$ $\quad m_5$	$\overline{A}+B+\overline{C}$ $\quad M_5$
1	1	0	$AB\overline{C}$ $\quad m_6$	$\overline{A}+\overline{B}+C$ $\quad M_6$
1	1	1	ABC $\quad m_7$	$\overline{A}+\overline{B}+\overline{C}$ $\quad M_7$

通过分析可以看出,对同一个逻辑函数来说,编号相同的最小项和最大项有着互补的关系,即 $m_i=\overline{M_i}$, $M_i=\overline{m_i}$。

利用最大项和最小项之间互补关系可以从最小项求最大项,也可以从最大项求最小项。

【例 1-4-13】 已知三变量逻辑函数的最大项 $M_6=\overline{A}+\overline{B}+C$,求 m_6。

解: $m_6=\overline{M_6}=\overline{\overline{A}+\overline{B}+C}=AB\overline{C}$

同理,当已知一个逻辑函数 F 的最小项表达式时,求 F 的最大项表达式,可先求出 F 的反函数的最小项表达式,再变反就可以得到 F 的最大项表达式。这是因为能使 F 为 0 的那些变量取值的组合,对应的就是 F 的最大项表达式中的最大项。

【例 1-4-14】 在【例 1-4-11】中, $F=AB+\overline{A}C+B\overline{C}=\sum m(1,2,3,6,7)$,写出 F 用最大项表示的逻辑函数。

解:先求出 F 的反函数的最小项表达式,即

$$\overline{F}=\overline{AB+\overline{A}C+B\overline{C}}=m_0+m_4+m_5$$

再对 F 的反函数求反,即

$$\overline{\overline{F}}=\overline{m_0+m_4+m_5}=M_0M_4M_5$$

从本例中可以看出,对一个 n 变量的逻辑函数,其最小项表达式中最小项的编号和最大项表达式中最大项的编号是不相同的,在最小项表达式中出现的编号在最大项表达式中将不会出现,但两种表达式中最小项和最大项的项数之和肯定等于 2^n。

当然,【例 1-4-14】也可以通过真值表来实现。

【例 1-4-15】 在【例 1-4-12】中 $F=\prod M(0,2,4)$,写出 F 的最小项表达式。

解:列出该逻辑函数的真值表,如表 1-4-16 所示。从表中可以直接看出 F 的最小项表达式应为 $F=\sum m(1,3,5,6,7)$。

表 1-4-16 【例 1-4-15】的真值表

A	B	C	F(最大项表示)		F(最小项表示)	
0	0	0	0	$A+B+C$	0	
0	0	1	1		1	$\overline{A}\,\overline{B}C$
0	1	0	0	$A+\overline{B}+C$	0	
0	1	1	1		1	$\overline{A}BC$
1	0	0	0	$\overline{A}+B+C$	0	

A	B	C	F（最大项表示）	F（最小项表示）	
1	0	1	1	1	$A\overline{B}C$
1	1	0	1	1	$AB\overline{C}$
1	1	1	1	1	ABC

1.4.5 逻辑函数的化简方法

逻辑函数的表达式和逻辑电路是一一对应的,表达式越简单,用逻辑电路去实现也越简单。通常,从逻辑问题直接归纳出的逻辑函数表达式不一定是最简单的形式,需要进行分析、化简,找出最简表达式。

在传统的设计方法中,最简表达式的标准应该是表达式中的项数最少,每项含的变量也最少。这样用逻辑电路去实现时,用的逻辑门最少,每个逻辑门的输入端也最少,还可提高逻辑电路的可靠性和运算速度。

在现代的设计方法中,多采用可编程的逻辑器件进行逻辑电路的设计。设计并不一定要追求最简单的逻辑函数表达式,而是追求设计简单方便、可靠性好、效率高。但是,逻辑函数的化简仍是需要掌握的重要基础技能。

逻辑函数的化简方法有多种,最常用的方法是逻辑代数化简法和卡诺图化简法。

1. 逻辑代数化简法

逻辑代数化简法是利用逻辑代数的基本公式和规则对给定的逻辑函数表达式进行化简。由于一个逻辑函数可以有多种表达形式,而最基本的是与或表达式。如果有了最简与或表达式,通过逻辑代数的基本公式进行变换,就可以得到其他形式的最简表达式。

常用的逻辑代数化简法有吸收法、消去法、并项法、配项法。

1) 吸收法

吸收法是利用公式 $A+AB=A$,吸收多余的与项进行化简。例如:

$$F=AB+ABCD+ABEF=AB(1+CD+EF)=AB$$

$$F=\overline{A}+\overline{A}C+\overline{A}B\overline{C}+\overline{A}D\overline{E}=\overline{A}$$

2) 消去法

消去法是利用公式 $A+\overline{A}B=A+B$,消去与项中多余的因子进行化简。例如:

$$F=\overline{A}+ABC=\overline{A}+BC$$

$$F=A\overline{B}+B+\overline{A}B=A+B+\overline{A}B=A+B$$

3) 并项法

并项法是利用公式 $A+\overline{A}=1$,把两项并成一项进行化简。例如:

$$F=AB\overline{C}D+\overline{AB}\,\overline{C}D=(AB+\overline{AB})\overline{C}D=\overline{C}D$$

$$F=A\overline{B}+ACD+\overline{A}\overline{B}+CD=(A\overline{B}+\overline{A}\overline{B})+(ACD+CD)=\overline{B}+CD$$

4) 配项法

配项法是利用公式 $1=A+\overline{A}$,把一个与项变成两项再和其他项合并;有时也添加

$A\overline{A}=0$ 等多余项进行化简。例如：

$$F=A\overline{B}+\overline{A}\,\overline{AB}$$
$$=A\overline{B}+\overline{A}\,\overline{AB}+A\overline{A}$$
$$=(A\overline{B}+A\overline{A})+\overline{A}\,\overline{AB}$$
$$=A(\overline{A}+\overline{B})+\overline{A}\,\overline{AB}$$
$$=A\overline{AB}+\overline{A}\,\overline{AB}=\overline{AB}$$

有时对逻辑函数表达式进行化简,可以几种方法并用,综合考虑。例如：

$$F=\overline{A}BC+A\overline{B}C+AB\overline{C}+ABC$$
$$=(\overline{A}BC+ABC)+(A\overline{B}C+ABC)+(AB\overline{C}+ABC)$$
$$=BC+AC+AB$$

在这个例子中就使用了配项法和并项法两种方法。

总之,采用逻辑代数法化简,不受逻辑变量个数的限制,但要求能熟练掌握逻辑代数的公式和规则,方法灵活多变,具有较强的化简技巧。

2. 卡诺图化简法

卡诺图(简称 K 图)是一种根据最小项(或最大项)之间相邻的关系画出的一种方格图,每个小方格代表逻辑函数的一个最小项(或最大项)。由于卡诺图能形象地表达最小项之间的相邻关系,采用相邻项不断合并的方法就能对逻辑函数进行化简。卡诺图化简法简单、直观、有规律可循,当变量较少时,用来化简逻辑函数是十分方便的。

1) 卡诺图的构成

将 n 个逻辑变量的全部最小项各用一个小方格表示,并使具有逻辑相邻性的最小项在几何位置上也相邻,按照这一规则排列的几何图形称为 n 变量最小项的卡诺图。由于 n 个变量的逻辑函数有 2^n 个最小项,每个最小项对应一个小方格,所以 n 个变量的卡诺图由 2^n 个小方格构成。

(1) 二变量卡诺图。

2 个变量 A、B 可构成 4 个最小项,用 4 个相邻的小方格表示,如图 1-4-12 所示。

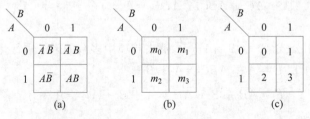

图 1-4-12　二变量卡诺图

变量 B 为一组,表示在卡诺图的上边线,用来表示小方格的列,第一列小方格表示 B 的非,第二列小方格表示 B；变量 A 为另一组,表示在卡诺图的左边线,用来表示小方格的行,第一行小方格表示 A 的非,第二行小方格表示 A。如果原变量用 1 表示,反变量用 0 表示,在卡诺图上行和列的交叉处的小方格就是输入变量取值对应最小项。如每个最小项用符号表示,则卡诺图如图 1-4-12(b)所示,也可将最小项用其编号替代,如图 1-4-12(c)所示。

(2) 三变量卡诺图。

3 个变量 A、B、C 可构成 8 个最小项,用 8 个相邻的小方格表示,如最小项用符号表示,三变量卡诺图如图 1-4-13 所示。

变量 B、C 为一组,表示在卡诺图的上边线,标注按两位循环码排列,即 00、01、11、10,分别说明第一列小方格表示 $\bar{B}\bar{C}$,第二列小方格表示 $\bar{B}C$,第三列小方格表示 BC,第四列小方格表示 $B\bar{C}$;变量 A 为另一组,表示在卡诺图的左边线,标注方法同二变量的卡诺图一样,第一行小方格表示 $\bar{A}$,第二行小方格表示 A。如果最小项简写成编号,如图 1-4-13(b)所示。

从图 1-4-13 可以看出,三变量卡诺图是以二变量卡诺图为基础,以二变量卡诺图的右边线为对称轴做一个对称图形得到的。在三变量的卡诺图上,除任意两个相邻的列是相邻的外,最左边一列和最右边一列也是相邻的。

(3) 四变量卡诺图。

4 个变量 A、B、C、D 可构成 16 个最小项,用 16 个相邻的小方格表示,写成编号,四变量卡诺图如图 1-4-14 所示。

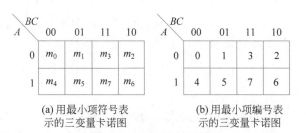

图 1-4-13　三变量卡诺图　　　　图 1-4-14　四变量卡诺图

变量 A、B 为一组,表示在卡诺图的左边线,按循环码排列,即 00、01、11、10,分别说明第一行小方格表示 $\bar{A}\bar{B}$,第二行小方格表示 $\bar{A}B$,第三行小方格表示 AB,第四行小方格表示 $A\bar{B}$;变量 C、D 为另一组,表示在卡诺图的上边线,也按循环码排列,即 00、01、11、10,分别说明第一列小方格表示 $\bar{C}\bar{D}$,第二列小方格表示 $\bar{C}D$,第三列小方格表示 CD,第四列小方格表示 $C\bar{D}$。

从图 1-4-14 可以看出,四变量卡诺图是以三变量卡诺图为基础,以三变量卡诺图的下边线为对称轴做一个对称图形得到的。在四变量的卡诺图上,除任意相邻的两行是相邻的外,最上边一行和最下边一行也是相邻的。

(4) 五变量卡诺图。

5 个变量 A、B、C、D、E 可构成 32 个最小项,用 32 个相邻的小方格表示,如果最小项写成编号,五变量卡诺图如图 1-4-15 所示。

变量 C、D、E 为一组,表示在卡诺图的上边线,标注方法按三位循环码排列,即 000、001、011、010、110、111、101、100,分别说明第一列小方格表示 $\bar{C}\bar{D}\bar{E}$,第二列小方格表示

CDE / AB	000	001	011	010	110	111	101	100
00	0	1	3	2	6	7	5	4
01	8	9	11	10	14	15	13	12
11	24	25	27	26	30	31	29	28
10	16	17	19	18	22	23	21	20

图 1-4-15　五变量卡诺图

$\overline{C}\,\overline{D}E$,第三列小方格表示 $\overline{C}DE$,第四列小方格表示 $\overline{C}D\overline{E}$,第五列小方格表示 $CD\overline{E}$,第六列小方格表示 CDE,第七列小方格表示 $C\overline{D}E$,第八列小方格表示 $C\overline{D}\,\overline{E}$;变量 A、B 为另一组,表示在卡诺图的左边线,标注和四变量卡诺图完全一样。

从图 1-4-15 可以看出,五变量卡诺图是以四变量卡诺图为基础,以四变量卡诺图的右边线为对称轴做一个对称图形得到的。

综合二变量到五变量卡诺图的构成方法,可以看出:变量每增加 1 个,小方格就增加 1 倍,当变量增多时,卡诺图迅速变大、变复杂,相邻项也变得不很直观,所以卡诺图一般仅用于 5 个变量以下的逻辑函数化简。处在任何一行或一列两端的最小项也仅有一个变量不同,所以它们也具有逻辑相邻性。因此,从几何位置上应当将卡诺图看成是上下、左右闭合的图形。

2) 逻辑函数的卡诺图表示

用卡诺图表示逻辑函数时,可分以下三种情况考虑:

(1) 利用最小项表达式画出卡诺图。

当逻辑函数是以最小项形式给出时,可以直接将最小项对应的卡诺图小方格填 1,其余的填 0 或不填。这是因为任何一个逻辑函数等于其卡诺图上填 1 的最小项之和。例如,对四变量的逻辑函数 $F = \sum m(0,4,6,11,13,15)$,其卡诺图如图 1-4-16 所示。

(2) 利用最大项表达式画出卡诺图。

当逻辑函数是以最大项形式给出时,可以直接将最大项对应的卡诺图小方格填 0,其余的填 1。这是因为任何一个逻辑函数等于其卡诺图上填 0 的最大项之积。要注意的是在卡诺图上最大项和最小项的编号是一样的,只不过是输入变量的取值相反。例如,对三变量的逻辑函数 $F = \prod M(0,1,3,7)$,其卡诺图如图 1-4-17 所示。

CD / AB	00	01	11	10
00	1	0	0	0
01	1	0	0	1
11	0	1	1	0
10	0	0	1	0

图 1-4-16　$F = \sum m(0,4,6,11,13,15)$ 的卡诺图

BC / A	00	01	11	10
0	0	0	0	1
1	1	1	0	1

图 1-4-17　$F = \prod M(0,1,3,7)$ 的卡诺图

(3) 其他情况下卡诺图画法。

① 当逻辑函数是以真值表或波形图给出时,可以将逻辑函数为 1 的所有逻辑变量取值的组合相或,从而得到其最小项的表达式,然后画卡诺图。

② 当逻辑函数是以一般与或形式给出时,可以将每个与项覆盖的小方格填 1,重复覆盖时,只填一次。

③ 当逻辑函数是以一般或与式形式给出时,可以将每个或项覆盖的最大项对应的小方格填 0,重复覆盖时,只填一次。对那些或项没有覆盖的最大项对应的小方格填 1。

④ 当逻辑函数以其他表达式形式给出,如与或非、或与非形式,或者是多种形式的混合表达式时,可将表达式变换成与或式再画卡诺图,也可以写出表达式的真值表,利用真值表再画出卡诺图。

3)利用卡诺图化简逻辑函数

利用卡诺图化简逻辑函数的方法称为卡诺图化简法或几何化简法。化简时依据的基本原理是具有相邻性的最小项可以合并,并消去不同因子。由于在卡诺图上几何位置相邻与逻辑上的相邻性是一致的,因而卡诺图化简更直观、简便。

用卡诺图表示出逻辑函数后,化简可分成三步进行:

第一步:确定每个填 1 的小方格及和它所有相邻的填 1 的小方格。

卡诺图从几何位置上看是上下、左右闭合的图形,这就是说,卡诺图中的小方格之间相互位置有相邻和独立两种情况。相邻包括相接、相对和相重,即在卡诺图上紧挨着的小方格称相接,在卡诺图上一行或一列的两头的小方格称相对,以对称轴折叠时,重合的小方格称相重。例如,在五变量卡诺图中,m_{11} 与 m_3、m_9、m_{10}、m_{27} 相接,m_8 与 m_{10}、m_{12} 相对,m_{27} 与 m_{31} 相重,等等。

第二步:用卡诺圈圈起具有相邻关系的填 1 的小方格。

画卡诺圈的原则:

(1)卡诺圈中填 1 的小方格的个数应是 2 的整数次幂,即 2,4,8,…。对两个小方格的卡诺圈,两个小方格代表的最小项可以合并成一项,消去互为反变量的一个变量;对 4 个小方格的卡诺圈,4 个小方格代表的最小项可以合并成一项,消去两个变量;以此类推,对 2^n 个小方格的卡诺圈,可将 2^n 个小方格代表的最小项合并成一项,消去 n 个变量。

不可以用一个卡诺圈圈 6 个相邻最小项,如图 1-4-18(a)所示;可以将各最小项圈成图 1-4-18(b)中的两个卡诺圈。

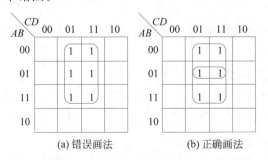

(a)错误画法   (b)正确画法

图 1-4-18 画卡诺圈的原则 1

(2)应保证卡诺圈的个数最少,即卡诺圈在满足填 1 的小方格的个数是 2 的整数次幂的前提下,每个卡诺圈中小方格的数尽可能多,如图 1-4-19 所示。

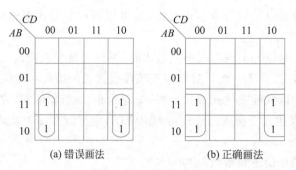

(a) 错误画法　　　　　　(b) 正确画法

图 1-4-19　画卡诺圈的原则 2

（3）填 1 的小方格可以处在多个卡诺圈中，每个卡诺圈中至少要有一个填 1 的小方格在其他卡诺圈中没有出现过。

如图 1-4-20 所示，若再增加新的卡诺圈，则化简结果不是最简的。

（4）在卡诺图上若没有可以合并的填 1 的小方格，则逻辑函数不能化简。

如图 1-4-21 中最小项 m_8 项。

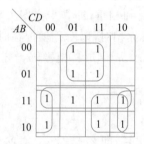

图 1-4-20　画卡诺圈的原则 3

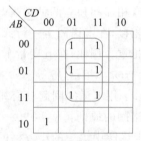

图 1-4-21　画卡诺圈的原则 4

第三步：写出最简逻辑函数表达式。

根据在卡诺图上画出的卡诺圈情况，可以写出逻辑函数化简后的表达式，每一个卡诺圈中的 2^n 个小方格可以用一个与项表示，若一个填 1 的小方格不和任何其他填 1 的小方格相邻，则这个小方格也要用一个与项表示，最后将所有的与项或起来就是化简后的逻辑表达式。

由于卡诺圈的画法在某些情况下不是唯一的，因此写出的最简逻辑表达式也不是唯一的。

4）卡诺图化简逻辑函数举例

【例 1-4-16】　用卡诺图将 $F = A\bar{C} + \bar{A}C + B\bar{C} + \bar{B}C$ 化简为最简与或式。

解：首先将逻辑表达式 $F = A\bar{C} + \bar{A}C + B\bar{C} + \bar{B}C$ 写成最小项表达式，即 $F = \sum m(1,2,3,4,5,6)$，然后画出卡诺图。

在卡诺图上圈出卡诺圈如图 1-4-22(a)所示，按照化简原则，m_1、m_3 可以消去一个逻辑变量 B，写成 $\bar{A}C$；m_4、m_5 可以消去逻辑变量 C，写成 $A\bar{B}$；m_2、m_6 可以消去逻辑变量 A，写成 $B\bar{C}$。最后可得化简后的最简与或逻辑表达式 $F = A\bar{B} + \bar{A}C + B\bar{C}$。

或者同理如图 1-4-22(b)所示卡诺圈，化简后逻辑表达式 $F = \bar{A}B + A\bar{C} + \bar{B}C$。

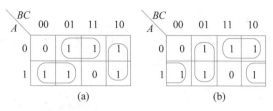

图 1-4-22 【例 1-4-16】卡诺图化简

以上两种方法由于卡诺圈的圈法不同,所以给出的最简与或式不同,但其真值表是相同的,即表达的是同一个逻辑关系。

【例 1-4-17】 用卡诺图将 $F = ABC + ABD + A\overline{C}D + \overline{C}\,\overline{D} + A\overline{B}C + \overline{A}C\overline{D}$ 化简为最简与或式。

解:按照卡诺圈的圈画原则,画出卡诺图如图 1-4-23,可得化简后逻辑表达式 $F = A + \overline{D}$。

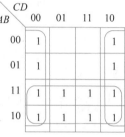

图 1-4-23 【例 1-4-17】
卡诺图化简

以上举例都是求出最简与或式,如要求出最简或与式,可以在卡诺图上将填 0 的小方格圈起来进行合并,然后写出每个卡诺图表示的或项,最后将所得或项相与就可得到最简或与式。但变量取值为 0 时要写原变量,变量取值为 1 时要写反变量。有时按或与式写出最简逻辑表达式可能会更容易一些。

5) 包含无关项逻辑函数的化简

对于一个逻辑函数来说,如果针对逻辑变量的每一组取值,逻辑函数都有一个确定的值相对应,则这类逻辑函数称为完全描述逻辑函数。但是,从某些实际问题归纳出的逻辑函数,经常会遇到输入变量的取值不是任意的,输入变量之间有一定的约束条件,也就是说输入变量的某些取值对应的最小项不会出现或不允许出现。那么,这些不会出现或不允许出现的最小项称为约束项,其值恒为 0。还有一些最小项,无论取值 0 还是取值 1,对逻辑函数代表的功能都不会产生影响,这些取值任意的最小项称为任意项。

约束项和任意项统称无关项,包含无关项的逻辑函数称为非完全描述逻辑函数。无关最小项在逻辑函数表达式中用 $\sum d(\cdots)$ 表示,在卡诺图上用"×"或"ϕ"表示;化简时,既可代表 0,也可代表 1。

在化简包含无关项的逻辑函数时,由于无关项可以加上,也可以去掉,都不会对逻辑函数的功能产生影响,因此利用无关项就可进一步化简逻辑函数。

【例 1-4-18】 用卡诺图将含无关项的三变量逻辑函数 $F = \sum m(0,1,2,4) + \sum d(5,6)$ 化为最简与或式。

解:画出逻辑函数 F 的卡诺图,用"×"表示无关项。在画卡诺圈时,"×"既可以看作"0",也可以看作"1"。所以按照化简原则,可以画出卡诺图如图 1-4-24 所示。化简结果 $F = \overline{B} + \overline{C}$。

【例 1-4-19】 用卡诺图将含无关项的四变量逻辑函数 $F = \sum m(3,5,6,7,10) +$

$\sum d(0,1,2,4,8,9)$ 化为最简与或式。

解：画出逻辑函数 F 的卡诺图如图1-4-25所示，其中由于 m_9 为无关项，视具体情况未被圈入卡诺圈中。所以最终化简结果为 $F=\overline{A}+\overline{B}\,\overline{D}$。

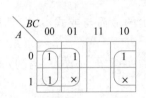

图1-4-24 【例1-4-18】的卡诺图

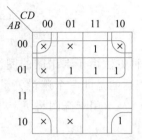

图1-4-25 【例1-4-19】的卡诺图

习题

1-1　把下列二进制数转化成十进制数：

(1) 1100110　(2) 11011011　(3) 1010.01　(4) 11111.111　(5) 0.011101

1-2　把下列十进制数转化成二进制数(保留4位小数)：

(1) 31　(2) 64　(3) 115　(4) 37.725　(5) 0.625

1-3　把下列十进制数转化成十六进制数：

(1) 96　(2) 789　(3) 125.25　(4) 0.0485　(5) 3.76

1-4　把下列二进制数转化成十六进制：

(1) 10110110　(2) 101011　(3) 1010.01　(4) 11111.111　(5) 0.011101

1-5　把下列十六进制数转化成二进制数：

(1) F4　(2) A0B　(3) 32.4　(4) CE.F　(5) 3A.0D

1-6　写出下列十进制数的BCD码：

(1) 6　(2) 47　(3) 98　(4) 135　(5) 1263

1-7　写出下列字长为5位的二进制数的原码、反码和补码：

(1) +1100　(2) -1100　(3) +01010　(4) -01010　(5) +11111

1-8　写出下列带符号位的二进制数的原码、反码和补码(最高位为符号位)：

(1) 01110　(2) 10101　(3) 0011101　(4) 100110　(5) 101010

1-9　用8位二进制补码表示下列各十进制数：

(1) +15　(2) -15　(3) +86　(4) +125　(5) -104

1-10　用二进制补码运算求下列各式的计算结果(设字长为8位)：

(1) +20-6　(2) -32+9　(3) 105+10　(4) -105-10

1-11　判断下列逻辑运算是否正确：

(1) 若 $A+B=A+C$，则 $B=C$。

(2) 若 $AB=BC$，则 $A=C$。

(3) 若 $1+A=B$，则 $A+AB=B$。

(4) 若 $1+A=A$，则 $A+\bar{A}B=A+B$。

1-12 证明下列恒等式：

(1) $A+BC=(A+B)(A+C)$

(2) $\bar{A}B+A\bar{B}=(\bar{A}+\bar{B})(A+B)$

(3) $(AB+C)B=AB\bar{C}+\bar{A}BC+ABC$

(4) $BC+AD=(B+A)(B+D)(A+C)(C+D)$

1-13 求下列逻辑函数的反函数：

(1) $F=\bar{A}\,\bar{B}+AB$

(2) $F=BD+\bar{A}C+\bar{B}\,\bar{D}$

(3) $F=AC+BC+AB$

(4) $F=(A+\bar{B})(\bar{A}+\bar{B}+C)$

1-14 已知逻辑函数真值表如表 1-P-1 和表 1-P-2 所示，写出这些逻辑函数的逻辑表达式，画出实现该逻辑功能的逻辑图。

表 1-P-1

A	B	C	F
0	0	0	0
0	0	1	0
0	1	0	1
0	1	1	0
1	0	0	0
1	0	1	1
1	1	0	1
1	1	1	0

表 1-P-2

A	B	C	F
0	0	0	1
0	0	1	0
0	1	0	0
0	1	1	1
1	0	0	1
1	0	1	0
1	1	0	0
1	1	1	1

1-15 已知逻辑电路图如图 1-P-1 所示，写出它们的逻辑表达式，画出真值表。

1-16 某三输入逻辑电路，当输入变量中 1 的个数大于 0 的个数时，输出为 1；否则，输出为 0。列出该电路的真值表，写出逻辑表达式，画出逻辑图。

1-17 某三输入逻辑电路，当输入变量中 1 的个数为奇数时，输出为 1；否则，输出为

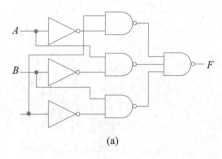 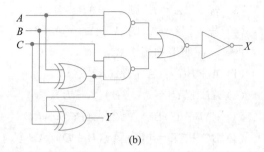

(a)　　　　　　　　(b)

图　1-P-1

0。列出该电路的真值表,写出逻辑表达式,画出逻辑图。

1-18　用代数法化简下列各式:

(1) $F = ABC + C$

(2) $F = AB(A + \bar{B})$

(3) $F = A\bar{B} + AC + BC$

(4) $F = AB(A + \bar{B}C)$

(5) $F = \bar{A}\,\bar{B} + \bar{A}B + A\bar{B} + AB$

(6) $F = ABD + A\bar{B}C\bar{D} + A\bar{C}DE + A$

(7) $F = \bar{A}BC + (A + \bar{B})C$

(8) $F = AC + B\bar{C} + \bar{A}B$

1-19　用代数法将下列各式化简为最简与或式:

(1) $F = A\bar{B} + B + \bar{A}B$

(2) $F = \overline{\overline{\overline{A}BC} + \overline{A\bar{B}}}$

(3) $F = A\bar{C} + ABC + AC\bar{D} + CD$

(4) $F = AC(\bar{C}D + \bar{A}B) + BC\overline{\overline{\overline{\bar{B} + AD}} + CE}$

(5) $F = (AB + \bar{B}C)\overline{AC + \bar{A}\,\bar{C}}$

(6) $F = A(B \oplus C) + A(B + C) + A\bar{B}\bar{C} + \bar{A}BC$

(7) $F = \overline{A + B}\,\overline{ABC}\,\overline{AC}$

(8) $F = A\bar{C} + ABC + AC\bar{D} + CD$

1-20　将下列函数化简为最小项之和形式:

(1) $F = \bar{A}BC + AC + \bar{B}C$

(2) $F = A\bar{B}CD + A\bar{C}D + \bar{A}D$

(3) $F = A + BC + CD$

(4) $F = AB + \overline{\overline{BC}\,\bar{C}} + \bar{D}$

(5) $F = A\bar{B} + B\bar{C} + \bar{A}C$

(6) $F = (A \oplus B)(C \odot D)$

1-21 将下列函数化简为最大项之积形式：

(1) $F = (A+B)(\bar{A}+\bar{B}+\bar{C})$

(2) $F = AB + \bar{C}$

(3) $F = \bar{A}BC + \bar{B}C + AB\bar{C}$

(4) $F = BC\bar{D} + C + \bar{A}D$

(5) $F(A,B,C) = \sum m(1,2,4,7)$

(6) $F(A,B,C,D) = \sum m(0,1,2,4,7,10,13)$

1-22 用卡诺图化简法将下列逻辑函数化简为最简与或式：

(1) $F = \bar{A}\,\bar{B} + B\bar{C} + \bar{A} + \bar{B} + ABC$

(2) $F = A\bar{B} + \bar{A}C + BC + \bar{C}D$

(3) $F = AB + AC + \bar{B}C$

(4) $F = A\bar{B} + \bar{A}C + \bar{C}D + D$

(5) $F = A\bar{B}D + \bar{A}\,\bar{B}\,\bar{C}D + \bar{B}CD + (A\bar{B}+C)(B+D)$

(6) $F = A\bar{B}C + \bar{A}\,\bar{B} + \bar{A}D + C + BD$

(7) $F = \overline{\bar{A}\bar{B}\bar{C}D + A\bar{C}D + \bar{B}CD + A\bar{C}\bar{D}}$

1-23 用卡诺图化简法将下列逻辑函数化简为最简与或式：

(1) $F(A,B,C) = \sum m(0,1,2,5,6,7)$

(2) $F(A,B,C) = \sum m(1,4,5,7)$

(3) $F(A,B,C,D) = \sum m(1,2,5,8,9,10,12,14)$

(4) $F(A,B,C,D) = \sum m(0,2,4,6)$

(5) $F(A,B,C) = \sum m(1,2,3,7)$

(6) $F(A,B,C,D) = \sum m(0,1,2,3,4,6,8,9,10,11,14)$

1-24 用卡诺图化简法将下列具有无关项的逻辑函数化简为最简与或式：

(1) $F(A,B,C) = \sum m(0,1,2,4) + d(5,6)$

(2) $F(A,B,C) = \sum m(1,2,4,7) + d(3,6)$

(3) $F(A,B,C,D) = \sum m(3,5,6,7,10) + d(0,1,2,4,8)$

(4) $F(A,B,C,D) = \sum m(2,3,7,8,11,14) + d(0,5,10,15)$

(5) $F(A,B,C,D) = \sum m(2,3,4,5) + d(10,11,12,13)$

第 2 章

可编程逻辑器件基础

2.1 可编程逻辑器件概述

数字集成电路按照芯片设计方法分为通用型中小规模集成电路(如74系列集成芯片)、需要通过集成开发环境编程才能使用集成电路(如微处理器和微控制器)和专用集成电路(Application-Speciftic Integrated Circuit,ASIC)。

专用集成电路是一种专为特定应用或用户定制需求而设计制造的专用超大规模集成电路。专用集成电路分为全定制和半定制:全定制专用集成电路是按预期功能和技术指标而专门设计制成的集成电路;半定制专用集成电路是按一定规格预先加工好的半成品芯片,再按照具体要求,使用库已经布局完毕的标准逻辑单元完成系统设计,进行加工和制造。

可编程逻辑器件(Programmable Logic Device,PLD)是专用集成电路的一个重要分支,是半定制集成电路,用软、硬件开发工具进行设计、编程和下载,可灵活方便地实现数字逻辑电路和数字逻辑系统。

2.1.1 可编程逻辑器件的分类

随着电子制造工艺的发展,可编程逻辑器件的集成度从数百门的中小规模发展到数百万门的大规模和超大规模等,由常规组合逻辑和时序逻辑应用发展到系统级应用。根据可编程逻辑器件的集成度和结构复杂度可分为简单可编程逻辑器件(Simply Programmable Logic Device,SPLD)、复杂可编程逻辑器件(Complex Programmable Device,CPLD)和现场可编程门阵列(Field Programmable Gate Array,FPGA)。

1. 简单可编程逻辑器件

简单可编程逻辑器件属于集成度和结构复杂度都比较小的可编程逻辑器件,可分为可编程逻辑阵列(Programmable Logic Array,PLA)、可编程阵列逻辑(Programmable Array Logic,PAL)和通用阵列逻辑(Generic Array Logic,GAL)。美国Lattice公司推出的GAL器件GAL16V8和GAL22V10因价格低,广泛应用在规模较小的逻辑设计中。GAL特点是具有可编程的与阵列、不可编程的或阵列、输出逻辑宏单元(Output Logic Macro Cell,OLMC)和输入输出逻辑单元(In Output Cell,IOC)。

2. 复杂可编程逻辑器件

复杂可编程逻辑器件是阵列型高密度PLD器件,大多采用了乘积项、EEPROM(或Flash)等技术,其集成度大于GAL22V10,具有高密度、高速度和低功耗等特点。此类器件有更大的与阵列和或阵列,增加了大量的宏单元和布线资源,触发器的数量明显增多,多用于较大规模的逻辑设计。典型器件有Xilinx公司的XC9500系列器件,Altera公司的MAX Ⅱ系列器件等。

3. 现场可编程门阵列

现场可编程门阵列是集成度和结构复杂度最高的可编程逻辑器件,大部分FPGA采用基于SRAM的查找表(Look Up Table,LUT)逻辑结构形式,且其内部采用矩阵式结构分布,有更多的触发器和布线资源,适用复杂的时序逻辑,如数字信号处理和各种算法。典型器件有 Xilinx 公司的 Spartan、Artix、Kintex 和 Virtex 系列等,Altera 公司的 Cyclone、Stratix 系列等。

2.1.2 可编程逻辑器件的逻辑表示

由于 PLD 内部电路的连接十分庞大,对其进行描述时采用了一种与传统方法不相同的简化方法,规定一些适合 PLD 电路的逻辑表示。

1. 逻辑阵列交叉点的逻辑表示

图 2-1-1 给出了 PLD 逻辑阵列中交叉点连接方式的三种逻辑表示。图 2-1-1(a)表示实体连接,即行线与列线相互连接在一起,是不可以编程的,用实点表示。图 2-1-1(b)的行线与列线在交叉点处采用"×"或"⊗"连接,表示该交叉处是一个可编程点。若 PLD 器件是采用熔丝工艺的,则器件出厂时可编程点处的熔丝都处于接通状态,因此在可编程点上打"×"或"⊗"。图 2-1-1(c)表示可编程点被用户编程后,熔丝被烧断的情况。此时熔丝烧断的可编程点上的"×"消失,行线和列线不相接。

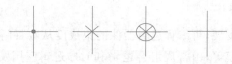

(a) 实体连接   (b) 可编程连接   (c) 编程后熔丝烧断

图 2-1-1   PLD 逻辑阵列中阵列交叉点连接方式的逻辑表示

2. 缓冲器 PLD 表示

输入缓冲器和反馈缓冲器的 PLD 表示如图 2-1-2 所示,输入缓冲器和反馈缓冲器具有相同的电路构成,都采用了互补输出结构。它们是单输入、双输出的缓冲器单元,一个是同极性输出,另一个是反极性输出。

图 2-1-2   缓冲器的 PLD 表示

3. 逻辑阵列的 PLD 表示

在 PLD 逻辑阵列中,通常包含与阵列和或阵列。图 2-1-3(a)是可编程与阵列的一般表示形式,与阵列的所有输入变量都称为输入项,并画成与行线垂直的列线以表示与阵列的输入,与阵列的输出称为乘积项。图 2-1-3(b)是可编程或阵列的一般表示形式,或阵列的输入常是与阵列的乘积项输出,或阵列的输出是编程后保留熔丝各支路输入乘积项的逻辑或。

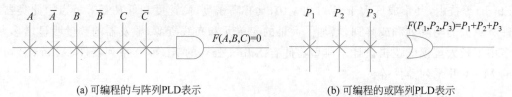

(a) 可编程的与阵列PLD表示   (b) 可编程的或阵列PLD表示

图 2-1-3   逻辑阵列的 PLD 表示

4. PLD 应用举例

用 PLD 可以实现逻辑函数。

【例 2-1-1】 已知与阵列和或阵列可编程的 PLD 如图 2-1-4 所示,其中输入为 A、B、C,输出为 F_1 和 F_2,试写出输出 F_1 和 F_2 的表达式。

解:与阵列是 3 变量输入、4 个与门输出,或阵列是 4 个与门输入、2 个或门输出。输出 F_1 和 F_2 的表达式为

$$F_1 = \bar{A}C + A\bar{B}\bar{C} + \bar{A}B$$

$$F_2 = \bar{A}B + A\bar{B}$$

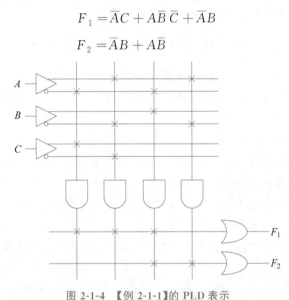

图 2-1-4 【例 2-1-1】的 PLD 表示

2.2 复杂可编程逻辑器件

在可编程逻辑器件的分类中,GAL 器件通常称为 SPLD,复杂可编程逻辑器件可以简单理解为规模更大、集成度更高的可编程逻辑器件。但是 CPLD 并不是简单地把多个 GAL 器件集成到一个芯片中,而是根据芯片设计的实际应用需要以及器件制造工艺的要求,增加了宏单元的数量和输入乘积项的位数,也增加了可编程内部连线资源。

CPLD 是用户根据需要而自行构造逻辑功能的一种数字集成电路,其基本设计方法是用 CPLD 特定的集成开发软件平台,用原理图、硬件描述语言等方法生成相应的目标文件,通过下载器将代码编程到目标芯片中,实现设计的数字系统。

CPLD 由以下部分组成:

(1) 逻辑阵列块(LAB):由多个宏单元的阵列组成,多个 LAB 通过可编程连线阵列(PIA)和全局总线连接在一起。

(2) 宏单元:由多个功能块组成,功能块由逻辑阵列、乘积项选择矩阵和可编程寄存器组成,可以配置为时序逻辑或组合逻辑工作方式。

(3) 扩展乘积项:每个宏单元的一个乘积项可以反相回送到逻辑阵列,"可共享"的乘积项能够连到同一个 LAB 中的任何其他乘积项上。

（4）可编程连线阵列：可将各 LAB 相互连接构成所需的逻辑，这个全局总线是可编程的通道，能把器件中任何信号源连到其目的地。

（5）I/O 控制块：允许每个 I/O 引脚单独地配置成输入、输出和双向工作方式。所有 I/O 引脚都有一个三态缓冲器，可由全局输出使能信号中的一个控制，或者把使能端直接连接到地（GND）或电源（V_{CC}）上。

不同的厂家采用了不同的方法改善 CPLD 的内部结构，下面分别以常用 Altera 的 EPM240、Xilinx 的 XC9572 为例介绍其结构和性能。

2.2.1 Altera 公司的复杂可编程逻辑器件 EPM240 简介

目前常用的 Altera 公司的复杂可编程逻辑器件主要有 MAX Ⅱ 系列的 EPM240、EPM570、EPM1270 等，具有较高性价比的芯片是 EPM240T100C5N 和 EPM570T100C5N。

MAX Ⅱ 系列器件的框图如图 2-2-1 所示，其具有的特点如下：

（1）低功耗：1.8V 内核电压降低了功耗。

（2）低成本：减小了管芯面积，单位 I/O 引脚成本在业界是最低的。

（3）高性能：高达 300 MHz 的内部时钟频率。

（4）实时在线系统可编程（In-System Programming，ISP）能力：器件工作时，可下载第二个设计；降低了远程现场更新的成本。

（5）多电压内核：片内电压稳压器支持 3.3V、2.5V 和 1.8V 供电，减少了电源数量，简化了电路板设计。

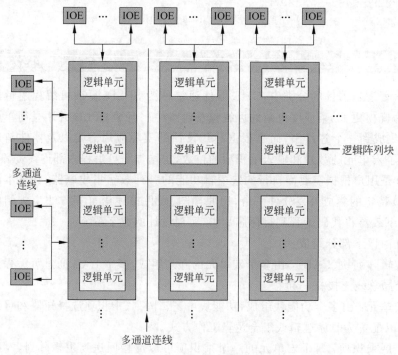

图 2-2-1　MAX Ⅱ 系列器件框图

（6）通过 MAX Ⅱ 器件实现 JTAG 命令,简化了电路板管理。

（7）多电压 I/O 支持 1.5V、1.8V、2.5V 以及 3.3V 逻辑电平器件的接口,具有施密特触发器和可编程驱动能力。

以 EPM240T100 为例的最小系统开发板原理图见图 2-2-2。最小系统板通常采用 50MHz 有源钟振为系统提供运行时钟 CLK0,CLK1 用作预留时钟;CLK2、CLK3 可接排针,供用户使用。JTAG 为下载端口,RESET 为复位按键,最小系统板工作电压为 3.3V。

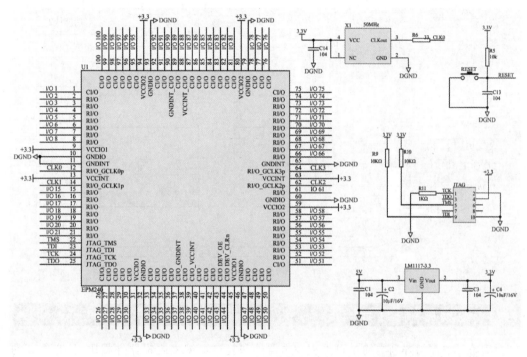

图 2-2-2　EPM240T100 为例的最小系统开发板原理图

EPM570T100C5N 封装与 EPM240T100C5N 基本相同,仅有 4 个引脚不同。EPM570T100C5N 的 PIN37、PIN90 必须接 GND,PIN39、PIN88 必须接 3.3V。可以将这 4 个引脚接扩展排针,通过跳线帽解决接地和接 3.3V 问题。

2.2.2　Xilinx 公司的复杂可编程逻辑器件 XC9572 简介

Xilinx 公司的复杂可编程逻辑器件 XC9572 曾是使用较多的器件型号之一,因其封装和性价比被广泛使用多年。

图 2-2-3 是 XC9572 框图,具有 4 个 36V18 的功能块,1600 个门,其主要特点如下:

（1）系统的时钟速度可达 125MHz;

（2）具有在线可编程和测试功能;

（3）多电压 I/O 支持 3.3V 和 5V 逻辑电平器件的接口。

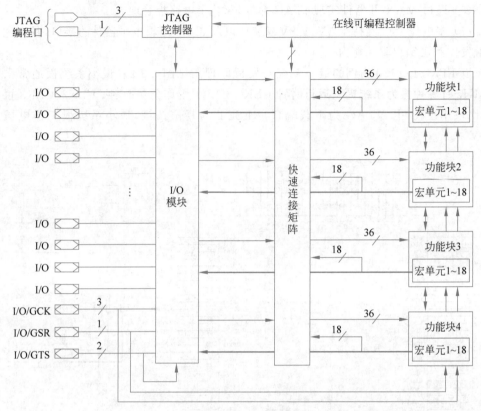

图 2-2-3　XC9572 框图

2.3　现场可编程门阵列

　　现场可编程门阵列与简单可编程逻辑器件和复杂可编程逻辑器件相比,具有更高的密度、更快的工作速度和更大的编程灵活性,广泛应用于各种电子类产品中。现在广泛应用的现场可编程门阵列器件主要有 Xilinx 和 Altera 公司生产的 FPGA 芯片。

　　现场可编程门阵列是采用查找表结构的可编程逻辑器件的统称,大部分现场可编程门阵列采用基于 SRAM 的查找表逻辑结构形式,但不同公司的产品结构也有差异。

　　下面分别以 Altera 的低功耗、低价格 Cyclone Ⅳ E 系列 EP4CE6 为例,以及 Xilinx 的高性能和高价格 Artix-7 系列 XC7A100T 为例介绍 FPGA 的体系结构。

2.3.1　Altera 公司的 Cyclone Ⅳ E 系列 EP4CE6 简介

　　Altera 的 FPGA 采用基于 SRAM 的查找表逻辑结构形式,主要由嵌入式阵列块(Embedded Array Block,EAB)、逻辑阵列块、快通道互连(Fast Track,FT)和 I/O 单元(Input/Output Cell,IOC)四部分组成。

　　EP4CE6E22C8 是 Cyclone Ⅳ E FPGA,有 6272 个 LE、270Kb 嵌入式存储器和 15 个 18×18 嵌入式乘法器,10 个全局时钟网络,8 个可用 I/O 块,179 个可用 I/O。EP4CE6E22C8 的

最小系统开发板原理图见图 2-3-1。

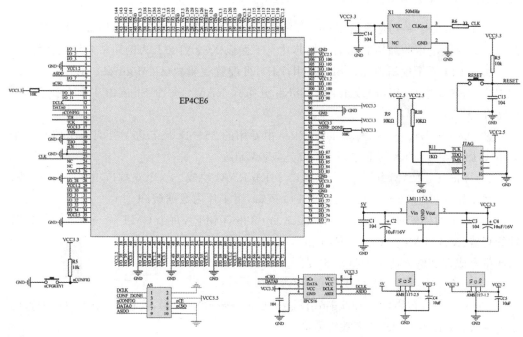

图 2-3-1　EP4CE6E22C8 最小系统开发板原理图

最小系统开发板输入直流电源为 5V,采用 1117-3.3V 稳压芯片,将输入的 5V 电源稳压在 3.3V 输出;采用 1117-1.2V 稳压芯片,提供 FPGA 内核电压;采用 1117-2.5V 稳压芯片,提供 PLL 电压。

钟振电路提供给 FPGA 时钟为 50MHz,当需要其他频率的时钟时,可通过 FPGA 内部的锁相环(PLL)产生。

一个系统复位按键 Reset,也可作为用户输入按键。

配置芯片 EPCS16 用于储存 FPGA 的程序,以保证 FPGA 在重新上电后仍能继续工作,存储容量为 16Mb。配置芯片支持 JTAG/AS 下载模式。

FPGA 器件有 AS 主动配置、PS 被动配置方式和 JTAG 配置三类配置下载方式。JTAG 方式下载接口对应下载的文件是 .sof,速度快,建议使用此接口。因为 FPGA 是基于 SRAM 结构的,因此断电后刚刚下载的程序就丢掉了,上电后必须重新下载才可以运行该程序。

AS 方式是通过 USB Blaster 将 .pof 文件烧写到配置芯片中。配置芯片通常是和 FPGA 芯片配套使用的专用 Flash,EPCS 后面的数字代表位宽。一旦程序烧到配置芯片中,在板子上电时 FPGA 就自动从配置芯片下载程序。

通常使用 JTAG 方式调试程序,当程序调试无误后,再用 AS 方式把 .pof 程序烧到配置芯片中。JTAG 方式也可以完成 EPCS 芯片烧写,用 FPGA 芯片自带的 EDA 工具生成 JTAG 模式使用的 .jic 文件,下载即可。

2.3.2 Xilinx 公司的 Artix-7 系列 XC7A100T 简介

Xilinx Artix-7 系列是采用 28nm、高介电常数金属栅极(High-K Metal Gate,HKMG)工艺、1.0V 内核电压的高性能和低功耗芯片。下面以 XC7A100T 为例简单介绍其特性:

(1) 101440 个逻辑单元(Logic Cell,LE),可配置逻辑块(Configurable Logic Block,CLB)有 15850 个片(Slice)或最大 1188Kb 分布式 RAM。每个 Slice 由 4 个查找表和 8 个寄存器组成。

(2) 240 个 DSP Slice,每个 DSP Slice 由专用的 25×18 位二进制补码乘法器和一个 48 位累加器组成,两者的工作频率都高达 550MHz。

(3) 4860Kb RAM 块,135 个双端口 36Kb RAM 块或 270 个双端口 18Kb RAM 块,端口宽度最高可达 72 位,可编程的 FIFO 逻辑,用于片内数据缓冲。

(4) 6 个时钟管理片(Clock Management Tile,CMT),每个 CMT 由一个混合模式时钟管理器(Mixed-Mode Clock Manager,MMCM)和一个锁相环组成,可用作宽频率范围的频率合成器和输入时钟的抖动滤波器。

(5) 1 个 PCIe,最多支持 4 个 Gen2(5 Gb/s)。

(6) 1 个数模转换器(Analog-to-Digital Converter,XADC),高达 17 个用户可配置的模拟输入,双 12 位 1MS/S 模数转换器。

(7) I/O 引脚的数量因型号和封装大小而异,每个 I/O 都是可配置的。

2.4 复杂可编程逻辑器件或现场可编程门阵列设计流程

复杂可编程逻辑器件或现场可编程门阵列设计流程如图 2-4-1 所示。

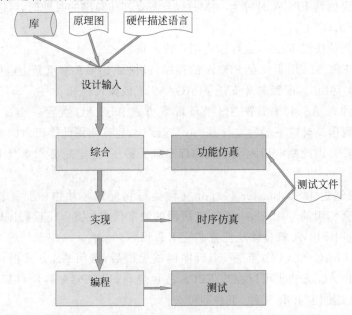

图 2-4-1 复杂可编程逻辑器件或现场可编程门阵列设计流程

设计具体实现过程如下。

(1) 设计输入：与器件无关，常用设计输入方法有硬件描述语言和原理图设计输入方法等。原理图设计输入法是根据设计要求，选用器件、绘制原理图，完成输入过程。这种方法直观、便于理解、元器件库资源丰富；但可维护性较差，如果选用芯片升级所有原理图都要做相应改动。常用的设计方法是硬件描述语言（HDL）设计输入法，其中广为应用的 HDL 语言是 VHDL(Very-high-speed integrated circuit Hardware Description Language)和 Verilog HDL。其特点是便于由顶向下设计、模块划分与复用，且具有较好的可移植性和通用性。

(2) 综合：指将硬件描述语言、原理图输入等设计输入翻译成由与、或、非门、触发器等基本逻辑单元组成的逻辑连接，并根据目标与要求优化生成逻辑连接，输出标准格式的网表文件，网表文件是与器件无关的。

(3) 功能仿真：也称为前仿真，在完成综合后用专用的仿真工具对所设计的电路进行功能验证，以便及时修改设计中存在的问题，实现设计要求。一般可以利用波形编辑器或者测试文件定义所需检验的功能模块或系统输入的信号，通过仿真软件得到输出波形，从而可以检验设计的正确性。需要指出的是，功能仿真一般不包含设计器件的信息，它是一种理想的仿真，只能验证设计的逻辑功能，与器件延时无关。

(4) 实现：使用 CPLD 或 FPGA 厂商提供的软件工具，根据所选芯片的型号和分配的输入输出引脚，将综合输出的网表适配到具体 CPLD 或 FPGA 器件上，并生成编程用二进制码串数据，称作位流。在实现过程中，最主要的过程是布局和布线。布局是指将逻辑网表中的硬件原语或者底层单元合理地适配到 CPLD 或 FPGA 内部固有硬件结构上，布局的优劣对设计的最终实现结果，对速度和面积影响很大。布线是指根据布局的拓扑结构，利用 CPLD 或 FPGA 内部的各种连线资源，合理正确连接各个单元的过程。

(5) 时序仿真：在完成布局布线之后进行，将布局布线的时延信息反标注到设计网表中，所进行的仿真，也称为布局布线后仿真，简称后仿真。布局布线后生成的仿真时延文件，包含门延时以及实际布线时延，能较好地反映芯片的实际工作情况。

(6) 编程：用 CPLD 或 FPGA 芯片厂商的编程器硬件设备，以及编程软件工具，将位流文件，即编程和配置数据文件，写入或加载到目标芯片。

(7) 测试：对完成的硬件系统进行检查和测试。确定设计的目标芯片是否符合设计要求，能否满足系统的工作需要。如果发现问题，则需要重新回到设计输入修改设计，直到满足系统要求。

习题

2-1 简述可编程逻辑器件的分类。

2-2 已知与阵列和或阵列可编程的 PLD 如图 2-P-1 所示，其中输入为 A、B、C，输出为 F，试写出输出 F 的表达式。

2-3 简述复杂可编程逻辑器件的组成。

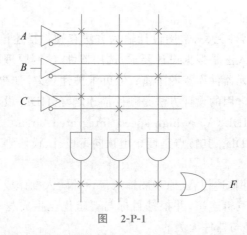

图　2-P-1

2-4　以 Altera 公司 EP4CE6 为例,简述现场可编程门阵列的组成。

2-5　简述现场可编程门阵列的设计流程。

第 3 章

硬件描述语言Verilog HDL基础

3.1 硬件描述语言概述

硬件描述语言是一种用形式化方法来描述数字逻辑电路和系统的语言。利用这种语言,数字电路系统的设计可以从上层到下层、从抽象到具体逐层描述,用一系列分层次的模块实现复杂的数字系统。

硬件描述语言可以在结构级(也称为逻辑门级)、行为级、寄存器传输级(Register Transfer Level,RTL)三种层次上对电路进行描述。通过逻辑综合,后两种层次的硬件描述语言源文件可以被转换到低抽象级别的门级描述。

硬件描述语言有系统仿真和硬件实现两种用途。如果仅用于仿真,所有的语法和编程方法都可以使用。如果用于硬件实现就必须保证程序"可综合"。也就是说,所有的硬件描述语言描述都可以用于仿真,但不是所有的硬件描述语言描述都能用于硬件实现。

目前,常用的硬件描述语言是 VHDL 和 Verilog HDL。VHDL 是美国军方组织开发的,在 1987 年成为 IEEE 标准,1993 年 IEEE 对 VHDL 进行了修订,从更高的抽象层次和系统描述能力上扩展 VHDL 的内容,推出了 IEEE 标准的 1076-1993 版本(简称 93 版)。

Verilog HDL 是 1983 年由 Gateway Design Automation 公司设计的,该公司 1990 年被 Cadence 收购。1990 年 Open Verilog International 将 Verilog HDL 开放。1995 年,Verilog HDL 成为 IEEE 1364—1995 标准(简称 Verilog-95);2001 年 Verilog-95 做了重大改进,称为 Verilog-2001,这是主流版本,被大多数电子设计自动化软件支持。

Verilog HDL 和 VHDL 具有以下共同特点:

(1) 能形式化地抽象表示逻辑电路的行为和结构;

(2) 逻辑电路描述由高层到低层的综合;

(3) 硬件描述和硬件实现与工艺无关。

Verilog HDL 可以进行系统级、算法级、RTL 级、门级、开关级的逻辑设计,完成数字逻辑系统的仿真验证、时序分析、逻辑综合。一个复杂的数字逻辑系统的 Verilog HDL 模型由若干 Verilog HDL 模块构成,每个模块又可以由若干子模块构成。

3.2 Verilog 语言基本概念

本节介绍 Verilog HDL 的基本要素,包括标识符、数值集合、数据类型和程序基本结构等。

3.2.1 Verilog 程序基本结构

下面以一位全加器为例说明 Verilog 程序的结构特点。一位全加器的逻辑图如图 3-2-1 所示,由 2 个半加器和 1 个或门构成。其中,半加器的逻辑图如图 3-2-2 所示,由 1 个与门和 1 个异或门构成。

用 Verilog 语言对一位全加器的描述如图 3-2-3 所示,其中半加器子模块的 Verilog 语言描述如图 3-2-4 所示。

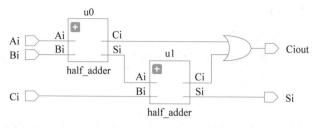

图 3-2-1 全加器逻辑图

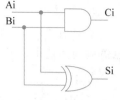

图 3-2-2 半加器逻辑图

```
//功能描述：全加器，由两个半加器组成
module full_adder(
  input Ai,    //输入端口
  input Bi,    //输入端口
  input Ci,    //低位进位,输入端口
  outputSi,    //本位和,输出端口
  outputCiout);//向高位进位,输出端口
//线网说明
wire    C0,A0,C1;
assign Ciout = C0|C1; //全加器输出
//第1个半加器例化
half_adder u0(
    .Ai(Ai),  //端口A
    .Bi(Bi),  //端口B
    .Si(A0),  //端口S
    .Ci(C0)); //端口C
//第2个半加器例化
half_adder u1(
    .Ai(A0),  //端口A
    .Bi(Ci),  //端口B
    .Si(Si),  //端口S
    .Ci(C1)); //端口C
endmodule
```

图 3-2-3 全加器 full_adder.v

```
//半加器
module half_adder(//模块名为
half_adder
  input  Ai,  //输入端口
  input  Bi,  //输入端口
  output Si,  //输出端口和
  output Ci   //输出端口进位
  );
//用门电路实现半加器
  assign Si = Ai ^ Bi;//异或
  assign Ci = Ai & Bi;//与
endmodule    //模块结束关键字
```

图 3-2-4 半加器 half_adder.v

在图 3-2-3 全加器 Verilog 程序中，描述了 1 个名为 full_adder 的模块，模块是 Verilog 基本描述单位，用于描述逻辑电路的功能或结构，以及与子模块端口关系。full_adder 模块有 3 个输入端口和 2 个输出端口。全加器为顶层模块，半加器为底层模块，通过模块例化调用底层模块。

模块以关键词 module 开始，以关键词 endmodule 结尾，模块中包括端口定义、I/O 说明、内部信号声明和功能定义四个部分。

3.2.2 Verilog 语言要素

在 Verilog 程序中有各种符号，如标识符、操作符、字符串、注释等。

1. 标识符

标识符用于定义模块、端口、实例等名称。标识符可以是任意一组字母、数字、$ 符号和_(下画线)符号的组合,标识符的第一个字符必须是字母或者下画线,字符数不能多于 1024 个。标识符是区分大小写的。标识符的几个例子如下：

```
count    COUNT    clk_100mhz
```

由于标识符区分大小写,count 和 COUNT 是不同的。

2. 关键词

Verilog 语言内部已经使用的词称为关键词或保留字,关键词不能随便使用。需注意关键词都是小写,如 always 是关键词,ALWAYS 不是关键词。

3. 注释

Verilog 程序的注释有多行注释和单行注释两种。多行注释:以"/ *"符号开始到" * /"结束,在两个符号之间的语句都是注释语句。单行注释:以"//"开始到本行结束都属于注释语句,不允许续行。为了增强程序的可读性和可维护性,应当加上必要的注释。

4. 逻辑值

在 Verilog 程序中有以下四种逻辑值:

(1) 逻辑 0:表示低电平,在逻辑电路中通常接地。

(2) 逻辑 1:表示高电平,在逻辑电路中通常接电源。

(3) 逻辑 x:表示逻辑状态不定,有可能是高电平,也有可能是低电平。

(4) 逻辑 z:表示高阻态,是一个悬空状态。

5. 常量

在程序运行过程中,其值不能被改变的量称为常量。

1) 整型常量

在 Verilog 程序中,整型常量有简单的十进制数格式和基数格式两种书写方式。

简单的十进制格式为带可选的"+"或"-"操作符的数字。例如:

```
32    十进制数 32
-15   十进制数 -15
```

基数格式:<位宽>'<进制符号><数字>。

进制符号:o 或 O 表示八进制,b 或 B 表示二进制,d 或 D 表示十进制,h 或 H 表示十六进制。例如:

```
7'b1000000              //7 位二进制数
8'h2a                   //8 位十六进制数
```

下画线可以用在整数或实数中,用来提高易读性;但是下画线符号不能放在字首。例如:

```
16'b1010_1011_1111_1010     //合法格式
8'b_0011_1010               //非法格式
```

2) 字符串型常量

字符串是双引号内的字符序列。例如:"Hello World",该字符串包含 11 个 ASCII 符号,其中 2 组单词 10 个符号,空格为 1 个符号。

3) 参数声明

参数是特殊的常量,经常用于定义延迟时间和变量宽度,参数声明语句用在 module 内部。格式如下:

parameter 参数名 1 = 表达式,参数名 2 = 表达式,…,参数名 n = 表达式;

例如: parameter byte_size＝8;

为了源代码的可读性和可移植性,在程序中不要直接写特定数值,尽可能采用 parameter 语句定义常数。

4) 数据类型

在 Verilog 程序中数据类型有很多种,常用的有以下两种类型:

(1) 线网类型:用于对结构化器件之间的物理连线的建模,如器件的引脚、内部器件输出等。通常由 assign 进行赋值,如 assign F＝B&C;

当线网类型信号没有被驱动时,默认值为 z(高阻)。

在 Verilog 程序模块中,输入输出信号类型默认定义为线网类型。

线网类型格式:

wire [n−1:0] 数据名 1,数据名 2,…;

其中: [n−1:0]是位宽。

(2) 寄存器类型:表示一个抽象的数据存储单元,只能在 always 语句和 initial 语句中被赋值。寄存器数据类型有很多种,如 reg、integer、real 等,最常用的是 reg 类型。但是必须注意,reg 类型的变量,不一定是寄存器;如果是时序逻辑,即 always 语句带有时钟信号,则对应为寄存器;如果是组合逻辑,即 always 语句不带有时钟信号,则对应为硬件连线。例如: reg[3:0] cnt;

3.2.3　Verilog 运算符

在 Verilog 程序中运算符按其功能可分为算术运算符、赋值运算符、关系运算符、逻辑运算符、条件运算符、位运算符、移位运算符、拼接运算符等。按其所带操作数的个数运算符可分为单目运算符、二目运算符、三目运算符。

1. 算术运算符

在 Verilog 程序中,算术运算符又称为二进制运算符,有下面几种:

(1) ＋:加法运算符,或正值运算符,如 a＋b,＋3。

(2) −:减法运算符,或负值运算符,如 a−3,−3。

(3) ＊:乘法运算符,如 a＊3。

(4) /:除法运算符,如 5/3。

(5) ％:模运算符,也称为求余运算符,要求 ％ 两侧均为整型数据,如 5％3 的值为 2。

在进行整数除法运算时,结果值略去小数部分,只取整数部分。在进行取模运算时,结果值的符号位采用模运算式里第一个操作数的符号位。

2. 关系运算符

关系运算符如下:

a＜b　　　　　a 小于 b

a＞b　　　　　a 大于 b

a ＜＝b   a 小于或等于 b

a＞＝b   a 大于或等于 b

a＝＝b   a 逻辑相等 b

a!＝b   a 逻辑不等 b

在进行关系运算时,若声明的关系是假(false),则返回值是 0;若声明的关系是真(true),则返回值是 1;若某个操作数的值不定,则关系是模糊的,返回值是不定值。

3. 逻辑运算符

逻辑运算符有 &&(逻辑与)、||(逻辑或)和!(逻辑非)。

若两个操作数为逻辑 0 或 1,则运算结果也为逻辑 0 或 1。例如,1'b0&&1'b1 运算结果为 0。若操作数是向量,则非 0 向量是逻辑 1。例如,4'b0100 && 4'b0110 运算结果为 1,4'b0000 && 4'b0110 运算结果为 0。若操作数中含 x,则运算结果为 x。

4. 位逻辑运算符

按位逻辑运算有以下五种:

(1) ～:非运算。

(2) &:与运算,例如,4'b0100 & 4'b0110 运算结果为 4'b0100。

(3) |:或运算,例如,4'b0100 | 4'b0110 运算结果为 4'b0110。

(4) ^:异或运算,例如,4'b0100^ 4'b0110 运算结果为 4'b0010。

(5) ～^,^～:同或运算,例如,4'b0100～^ 4'b0110 运算结果为 4'b1101。

若操作数长度不相等,则长度短的操作数在高位补 0。例如,4'b0110^5'b10000 与 5'b00110^5'b10000 结果相同,为'b10110。

5. 条件运算符

条件运算符是三目运算符,根据条件表达式的值选择表达式,形式如下:

条件 ? 表达式 1:表达式 2

若条件为真(值为 1),则执行表达式 1;若条件为假(为 0),则执行表达式 2。

6. 连接运算符

连接运算符{}也称为拼接运算符,是将{}内的小表达式合并成大表达式,形式如下:

{expr1,expr2,…,exprN}

例如:

```
wire [7:0] Dbus;
assign Dbus [7:4] = {Dbus [0],Dbus [1],Dbus[2],Dbus[3]};
```

7. 移位运算符

在 Verilog 程序中,有<<(左移位运算符)和>>(右移位运算符)两种移位运算符。执行移位运算时,操作数空出的位置填 0。

例如,data＝4'b0011,左移 2 位,即 data <<2 的运算结果为 data＝4'b1100。

8. 操作符优先级

操作符优先级如表 3-2-1 所示,顶部优先级最高,底部优先级最低;同一行的操作符具有相同的优先级。

表 3-2-1　操作符优先级

操　作　符	优　先　级
！　～ ＊　／　％ ＋　－ ≪　≫ ＜　＜＝　＞　＞＝ ＝＝　！＝　＝＝＝　！＝＝ ＆ ＾　＾～ ｜ ＆.＆. ‖ ？：	最高级 最低级

3.3　Verilog 行为语句

Verilog 行为语句有过程语句、块语句、赋值语句、条件语句、循环语句等,如表 3-3-1 所示。

表 3-3-1　Verilog 行为语句

类　别	语　句	可　综　合
过程语句	initial	
	always	是
块语句	串行块 begin　end	是
	并行块 fork　join	
赋值语句	持续赋值　assign	是
	过程赋值 ＝　＜＝	是
条件语句	if else	是
	case	是
循环语句	for	范围必须是静态时可综合
	repeat	重复值是常数时可综合
	while	
	forever	
编译预处理	`define	是
	`include	是
	`ifdef　`else　`endif	是

3.3.1　赋值语句

在 Verilog 语言中,有持续赋值语句和过程赋值语句,过程赋值有非阻塞赋值和阻塞赋值。

1. 持续赋值语句

assign 为持续赋值语句,主要对 wire 型变量赋值。例如:

```
assign #10 F = A&B;        //延时 10 个时间单位,将 A 与 B 赋值给 F
```

2. 过程赋值语句

过程赋值语句主要对 reg 型变量赋值。

1）非阻塞赋值方式

符号"＜＝"用于非阻塞赋值,非阻塞赋值语句在执行时不会阻塞后面的语句执行,也就是后面的赋值语句也同时执行。

【例 3-3-1】 非阻塞赋值的 Verilog 程序如图 3-3-1 所示,输入波形如图 3-3-2 所示,试画出输出波形。

解:由非阻塞赋值 Verilog 源码可知,在复位时,a＝1,b＝2,c＝3;在没有复位时,a 的值清零,同时将 a 的值赋值给 b,b 的值赋值给 c,输出波形如图 3-3-2 所示。

```
//非阻塞赋值
module non_blocking(clk,rst_n,a,b,c);
input wire clk,rst_n;
output reg [1:0] a,b,c;
always@(posedge clk or negedge rst_n) begin
    if (!rst_n) begin
        a <= 1;
        b <= 2;
        c <= 3;
    end
    else begin
        a <= 0;
        b <= a;
        c <= b;
    end
end
endmodule
```

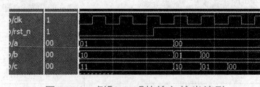

图 3-3-1　非阻塞赋值的 Verilog 程序　　　　　图 3-3-2　例【3-3-1】的输入输出波形

由波形图可知,在 begin 与 end 之间所有语句并行执行,且一个时钟只执行一次。

2）阻塞赋值方式

符号"＝"用于阻塞的赋值,阻塞赋值"＝"在 begin 和 end 之间的语句是顺序执行,属于串行语句。

【例 3-3-2】 阻塞赋值的 Verilog 程序如图 3-3-3 所示,输入波形如图 3-3-4 所示,试画出输出波形。

解:在一个 always 块中,后面的语句会受到前语句的影响,如果一条阻塞赋值语句没有执行结束,该语句后面的语句就不能被执行,即被"阻塞"。也就是说 always 块内的语句是一种顺序关系。

由阻塞赋值 Verilog 源码可知,在复位时,a＝1,b＝2,c＝3;而在没有复位时,a 的值清零,之后将 a 的值赋值给 b,再将 b 的值赋值给 c;输出波形如图 3-3-4 所示。

```
//阻塞赋值
module blocking (clk,rst_n,a,b,c);
input wire clk,rst_n;
output reg [1:0] a,b,c;
always@(posedge clk or negedge
rst_n)
begin
    if (!rst_n) begin
        a = 1;
        b = 2;
        c = 3;
    end
    else begin
        a = 0;
        b = a;
        c = b;
    end
end
endmodule
```

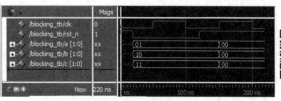

图 3-3-3 阻塞赋值 Verilog 程序   图 3-3-4 例【3-3-2】的输入输出波形

3.3.2 条件语句

条件语句有 if-else 语句和 case 语句,属于顺序语句,应放在 always 块内。

1. if-else 语句

if 语句用来判定所给定的条件是否满足,根据判定的结果决定执行给出的两种操作之一。语句格式:

```
if (表达式)      语句 1
else            语句 2
```

对表达式的值进行判断,若为 0、x、z,则按假处理;若为 1,则按真处理。若为真,则执行语句 1;若为假,则执行语句 2。

【例 3-3-3】 三态门如图 3-3-5 所示,用双重选择 if 语句实现三态门。

解:当三态门输入控制端为 1 时,输出等于输入;否则,输出为高阻态。用 if 语句描述的三态门如图 3-3-6 所示,当控制信号 control 为 1 时,dout=din;否则,dout 为高阻态。

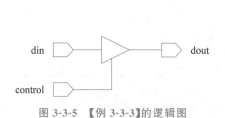

```
//三态门
module tri gate (
    input din,
    input control,
    output reg dout );
always @ ( din or control )
    if ( control ) dout = din;
        else      dout = 1'bz;
endmodule
```

图 3-3-5 【例 3-3-3】的逻辑图   图 3-3-6 【例 3-3-3】的 Verilog 程序

【例 3-3-4】 用多重选择 if 语句实现 4 选 1 数据选择器。

解:用多重选择 if 语句实现的 4 选 1 数据选择器 Verilog 程序如图 3-3-7 所示。当输入选择端为 00 时,输出为 D0;当输入选择端为 01 时,输出为 D1;当输入选择端为 10 时,输出为 D2;当输入选择端为 11 时,输出为 D3。

2. case 语句

case 语句是一种多分支选择语句,if 语句只有两个分支可供选择,而实际问题中常常需要用到多分支选择,case 语句直接处理多分支选择。case 语句格式:

```
case(敏感表达式)
值 1: 语句 1;
值 2: 语句 2;
……
值 n: 语句 n;
default: 语句 n+1;
endcase
```

当敏感表达式的值为"值 1"时,执行语句 1;为"值 2"时,执行语句 2;以此类推。若列出的值都不符合,则执行 default 后面的语句。若列出了敏感表达式所有可能的取值,则 default 语句可以省略。

if-else 的条件表达式比 case 更为直观。当分支表达式中存在不定值 x 或高阻值 z 时,适合使用 case 语句。

【例 3-3-5】 用 case 语句实现 4 选 1 数据选择器。

解:用 case 语句实现的 4 选 1 数据选择器 Verilog 程序如图 3-3-8 所示。当输入选择端为 00 时,输出为 D0;当输入选择端为 01 时,输出为 D1;当输入选择端为 10 时,输出为 D2;当输入选择端为 11 时,输出为 D3。

```
//4选1
module MUX4_1(
    input   S1,S0, //输入选择位
    input   D0, //输入低位
    input   D1,
    input   D2,
    input   D3,  //输入高位
    output  reg F ); //输出
always @ ( * ) begin
    if      ({S1,S0} == 2'b00) F = D0;
    else if ({S1,S0} == 2'b01) F = D1;
    else if ({S1,S0} == 2'b10) F = D2;
    else                       F= D3;
end
endmodule
```

图 3-3-7 【例 3-3-3】的 Verilog 程序

```
//4选1
module MUX4_1(
    input   [1:0]S, //输入选择位
    input   D0, //输入低位
    input   D1,
    input   D2,
    input   D3,  //输入高位
    output  reg F ); //输出
always @ ( * ) begin
    case (S)
    2'b00: F = D0;
    2'b01: F = D1;
    2'b10: F = D2;
    2'b11: F = D3;
    endcase
end
endmodule
```

图 3-3-8 【例 3-3-5】的 Verilog 程序

3.3.3 循环语句

在 Verilog 中有以下四种类型的循环语句,用来控制执行语句的执行次数:

(1) forever：连续执行语句,用在 initial 块中,生成时钟等周期性波形。

(2) repeat：连续执行一条语句 n 次。

(3) while：执行一条语句直到某个条件不满足。如果一开始条件就不满足(为假),则语句一次也不能被执行。

(4) for：有条件循环语句。

1. for 语句

for 语句的格式：

for(循环变量赋初值; 循环结束条件; 循环变量增值)

例如,由时钟控制实现的 8 位全加器的 Verilog 程序,如图 3-3-9 所示。用 for 语句实现 1 位全加器的 8 次循环,实现了 8 位全加器。

2. repeat 语句

repeat 语句格式：

repeat(表达式)　begin　语句或语句块　end

其中表达式为常量表达式。用 repeat 循环语句以及加法和移位实现 8 位乘法器,如图 3-3-10 所示。

```verilog
`timescale 1ns / 1ps
module adder(
input [7:0] a,
input [7:0] b,
input clk,
output reg [7:0] sum,
output reg cout );
reg [8:0] c;
integer i;
always @ ( posedge clk ) begin
  c[0]=0;
  for ( i=0; i<=7 ; i=i+1) begin
    sum[i]= a[i]^b[i]^c[i];
    c[i+1]= (a[i]&b[i])|(a[i]&c[i])|(b[i]&c[i]);
  end
  cout=c[8];
end
endmodule
```

图 3-3-9　8 位全加器的 Verilog 程序

```verilog
//8位乘法器
module mult8(
input [7:0] A,
input [7:0] B,
output reg [15:0] AmB );
reg [15:0] tempA,tempB;
always @ ( A or B ) begin
    AmB = 0;
    tempA = A;
    tempB = B;
    repeat (8) begin
        if (tempB[0])
        AmB = AmB + tempA;
        tempA = tempA<<1;
        tempB = tempB>>1;
    end
end
endmodule
```

图 3-3-10　8 位乘法器的 Verilog 程序

3.4　Verilog 语言的描述语句

一个复杂的数字逻辑系统的 Verilog 模型是由若干 Verilog 模块构成的,每个模块又可以由若干子模块构成。用 Verilog 语言描述的数字逻辑电路就是该逻辑电路的 Verilog 模型(也称模块),是 Verilog 基本描述单位。一个模块可以是一个元件,也可以是更底层模块,模块是并行运行的。

模块有三种描述方式(也称建模方式),分别为行为级建模、结构级建模以及数据流建模。若从逻辑电路结构描述电路模块,则称为结构描述形式;若对线性变量进行操作,则称为数据流描述形式;若从功能和行为描述电路模块,则称为行为级描述形式。

数据流建模用连续赋值语句 assign 实现,主要实现组合逻辑电路。例如,由逻辑门电路构成的 4 选 1 数据选择器的逻辑电路如图 3-4-1 所示,4 选 1 数据选择器的数据流描述 Verilog 程序如图 3-4-2 所示。

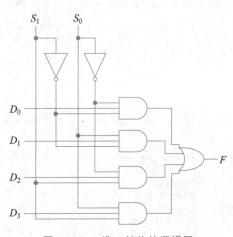

图 3-4-1　4 选 1 结构的逻辑图

```verilog
//由门电路组成的4选1结构
module MUX4_1(
    input  wire  S0,  //输入选择低位
    input  wire  S1,  //输入选择高位
    input  wire  D0,  //输入低位
    input  wire  D1,
    input  wire  D2,
    input  wire  D3,  //输入高位
    output wire  F    //输出
    );
//线网类型
wire      S0n,S1n;
wire      FD0,FD1,FD2,FD3;
//功能定义
assign  S0n =  ~ S0;
assign  S1n =  ~ S1;
assign  FD0 = S1n & S0n & D0;
assign  FD1 = S1n & S0  & D1;
assign  FD2 = S1  & S0n & D2;
assign  FD3 = S1  & S0  & D3;
assign  F = FD0 | FD1 | FD2 | FD3;
endmodule
```

图 3-4-2　4 选 1 结构的 Verilog 程序

结构描述就是在设计中实例化已有的功能模块,这些模块包括 Verilog 语言自带的以及用户自行开发的。例如,由 2 选 1 构成的 4 选 1 数据选择器的逻辑电路如图 3-4-3 所示,4 选 1 数据选择器的结构描述 Verilog 程序如图 3-4-4 所示。

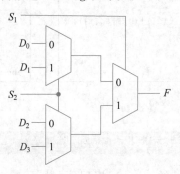

图 3-4-3　4 选 1 结构的逻辑图(2 选 1 结构构成的)

行为描述是对实体的数学模型的描述,只需要描述清楚输入和输出信号的行为,其抽象程度高于结构描述。可综合的行为描述大多采用 always 过程语句,适用于时序逻辑电路,也适用于组合逻辑电路。

```
//4选1结构描述
module MUX4_1(
input  [1:0]S,//输入选择
input  D0, //输入低位
input  D1,
input  D2,
input  D3,  //输入高位
output F ); //输出
wire Z0,Z1;
MUX2_1 u0(
.S(S[0]),
.D0(D0),
.D1(D1),
.F(Z0));
MUX2_1 u1(
.S(S[0]),
.D0(D2),
.D1(D3),
.F(Z1));
MUX2_1 u2(
.S(S[1]),
.D0(Z0),
.D1(Z1),
.F(F));
endmodule
```

```
//由门电路组成的2选1结构
module MUX2_1(
input  wire S, //选择位
input  wire D0, //低位
input  wire D1, //高位
output wire F   //输出
);
//功能定义
assign F = ~S&D0|S&D1;
endmodule
```

图 3-4-4 4 选 1 结构描述的 Verilog 程序

【例 3-4-1】 已知 1 位全加器真值表(表 3-4-1),用行为描述实现 1 位全加器的 Verilog 程序。

表 3-4-1 全加器的真值表

A	B	C_{in}	S	C_{out}
0	0	0	0	0
0	0	1	1	0
0	1	0	1	0
0	1	1	0	1
1	0	0	1	0
1	0	1	0	1
1	1	0	0	1
1	1	1	1	1

解:用 case 语句实现的行为描述的 1 位全加器组合逻辑电路 Verilog 程序如图 3-4-5 所示。

【例 3-4-2】 已知 4 位二进制计数器 74161 的功能表(表 3-4-2),用行为描述实现 74161 的时序逻辑电路的 Verilog 程序。

解:用 always 语句实现的行为描述 74161 时序逻辑电路 Verilog 程序如图 3-4-6 所示。

```
//1位全加器的行为描述
module full_adder(A,B,Cin,S,Cout);
input    A;      //输入端口
input    B;      //输入端口
input    Cin;    //低位进位,输入端口
output   reg S;      //本位和,输出端口
output   reg Cout; //向高位进位,输出端口
always @ ( A,B,Cin ) begin
        case ({A,B,Cin})
            3'b000: {S,Cout} = 2'b00;
            3'b001: {S,Cout} = 2'b10;
            3'b010: {S,Cout} = 2'b10;
            3'b011: {S,Cout} = 2'b01;
            3'b100: {S,Cout} = 2'b10;
            3'b101: {S,Cout} = 2'b01;
            3'b110: {S,Cout} = 2'b01;
            3'b111: {S,Cout} = 2'b11;
        endcase
    end
endmodule
```

图 3-4-5　1 位全加器的行为描述 Verilog 程序

表 3-4-2　74161 的功能表

功　能	输　　入						输　　出	
	CLR	CLK	ENP	ENT	LD	Di	Qi	RCO
清零	L	×	×	×	×	×	L	L
置数	H	↑	×	×	L	L	L	L
	H	↑	×	×	L	H	H	♯
计数	H	↑	H	H	H	×	计数	♯
保持	H	×	L	×	H	×	Qi	♯
	H	×	×	L	H	×	Qi	L

注：Qi 表示在 CLK 上升沿之前的状态，i＝0,1,2,3。

　　♯表示当计数值是 HHHH，且 ENT 是 H 时，RCO 为 H。

```
//74161行为描述
module LS161(
input  wire CLK,
input  wire CLRn,
input  wire LDn,
input  wire ENP,
input  wire ENT,
input  wire [3:0] D,
output reg [3:0] Q,
output wire RCO );
assign RCO = Q[3]&Q[2]&Q[1]&Q[0]&ENT;
always @( posedge CLK or negedge CLRn ) begin
    if ( ~CLRn ) Q <= 4'b0000;
        else if ( ~LDn )    Q <= D;
            else begin
                case ( {ENT, ENP})
                    2'b11: if ( Q < 4'b1111 )
                            Q <= Q + 1;
                            else if ( Q == 15 )
                            Q <= 4'b0000;
                    default: Q <= Q;
                endcase
            end
    end
endmodule
```

图 3-4-6　74161 的行为描述 Verilog 程序

由【例 3-4-1】和【例 3-4-2】可知,always 语句可以带时钟,也可以不带时钟。在 always 不带时钟时,逻辑功能和 assign 完全一致,但信号定义是 reg 类型,可综合得到组合逻辑电路。在 always 带时钟信号时,可综合得到时序逻辑电路。

3.5 Verilog 仿真验证

仿真是对所设计逻辑电路的一种检测方法,Verilog HDL 不仅提供了设计描述的能力,而且提供了对激励、响应和设计验证的建模能力。

进行逻辑电路的仿真需要用仿真器,ModelSim 是常用的仿真器。在 Verilog 语言中,将测试程序称为 testbench,意思是测试平台。测试程序与逻辑电路描述的 Verilog 程序类似,也是由模块组成,模块将描述测试激励、被测试对象和测试结果。测试激励用初始化语句产生,被测试模块在测试程序中作为一个实例嵌入,通过被测试模块的输出响应,判断模块功能是否正确。下面通过两个例子说明测试程序的编写方法。

【例 3-5-1】 针对【3-4-1】1 位全加器,编写相应的测试程序。

解:测试程序如图 3-5-1 所示。其中时间标尺用于定义模块的时间单位和时间精度,例如:"timescale 1ns/100ps",时延单位是 1ns,时延精度是 100ps。用 initial、always 定义激励信号波形。图 3-5-1(a)所示的测试程序是按照真值表定义的激励波形,ModelSim 仿真结果如图 3-5-2 所示。图 3-5-1(b)所示的测试程序是用 for 语句定义的激励波形,ModelSim 仿真结果如图 3-5-3 所示。

```verilog
`timescale 1ns/100ps
module full_adder_tb;
// Inputs
    reg A,B,Cin;
// Outputs
    wire S,Cout;
// Instantiate
full_adder DUT(
.A(A),
.B(B),
.Cin(Cin),
.S(S),
.Cout(Cout));
initial begin
     A=0;B=0;Cin=0;
#10; A=0;B=0;Cin=1;
#10; A=0;B=1;Cin=0;
#10; A=0;B=1;Cin=1;
#10; A=1;B=0;Cin=0;
#10; A=1;B=0;Cin=1;
#10; A=1;B=1;Cin=0;
#10; A=1;B=1;Cin=1;
#10; A=0;B=0;Cin=0;
#10; $stop;
end
endmodule
```

(a)

```verilog
`timescale 1ns/100ps
module full_adder_tb;
// Inputs
    reg A,B,Cin;
// Outputs
    wire S,Cout;
// Instantiate
full_adder DUT(
.A(A),
.B(B),
.Cin(Cin),
.S(S),
.Cout(Cout));
reg [2:0] i;
initial begin
  for (i=0; i<=7; i=i+1)
  begin
  { A,B,Cin } = i; #100;
  end
end
endmodule
```

(b)

图 3-5-1 1 位全加器的测试程序

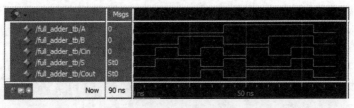

图 3-5-2 图 3-5-1(a)所示的测试程序 ModelSim 仿真结果

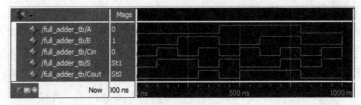

图 3-5-3 图 3-5-1(b)所示的测试程序 ModelSim 仿真结果

【例 3-5-2】 针对【3-4-2】4 位二进制计数器 74161,编写相应的测试程序。

解:测试程序如图 3-5-4 所示,ModelSim 仿真结果如图 3-5-5 所示。

```verilog
`timescale 1ns/100ps                    always #10 CLK = ~ CLK;
module LS161_tb();                       initial begin
reg  CLK,CLRn,LDn,ENP,ENT;                   #10 CLRn = 1'b0;
reg  [3:0] D;                                #15 CLRn = 1'b1;
wire [3:0] Q;                            end
wire RCO;                                initial begin
//实例74161                                  #16 D = 4'b1100;
LS161 DUT(                                   #56 D = 4'b0000;
.CLK   (CLK),                            end
.CLRn  (CLRn),                           initial begin
.LDn   (LDn),                                #35 LDn = 1'b0;
.ENP   (ENP),                                #30 LDn = 1'b1;
.ENT   (ENT),                            end
.D     (D),                              initial begin
.Q     (Q),                                  #70  ENP = 1'b1;
.RCO   (RCO));                               #260 ENP = 1'b0;
//输入初始化                                  #60  ENP = 1'b1;
initial begin                            end
    CLK  = 1'b0;                         initial begin
    D    = 4'b0000;                          #70  ENT = 1'b1;
    LDn  = 1'b1;                             #425 ENT = 1'b0;
    CLRn = 1'b1;                             #5   ENT = 1'b1;
    ENP  = 1'b0;                             #40  $stop;
    ENT  = 1'b0;                         end
end                                      endmodule
```

图 3-5-4 4 位二进制计数器 74161 的测试程序

图 3-5-5 4 位二进制计数器 74161 的 ModelSim 仿真结果

3.6 Verilog 关键字

Verilog 程序设计常用的关键字以及含义见表 3-6-1。表 3-6-2 是 Verilog 关键字列表。

表 3-6-1　Verilog 常用关键字

关 键 字	含 义
module	模块开始定义
input	输入端口定义
output	输出端口定义
inout	双向端口定义
parameter	信号的参数定义
wire	线网信号定义
reg	寄存器信号定义
always	产生 reg 信号语句的关键字
assign	产生 wire 信号语句的关键字
begin	块语句的起始标志
end	块语句的结束标志
posedge/negedge	上升沿/下降沿有效时序电路的标志
case	case 语句起始标记
default	case 语句的默认分支标志
endcase	case 语句结束标记
if	if/else 语句标记
else	if/else 语句标记
for	for 语句标记
endmodule	模块结束定义

表 3-6-2　Verilog 关键字

and	always	assign	begin	buf
bufif0	bufif1	case	casex	casez
cmos	deassign	default	defparam	disable
edge	else	end	endcase	endfunction
endprimitive	endmodule	endspecify	endtable	endtask
event	for	force	forever	fork
function	highz0	highz1	if	ifnone
initial	inout	input	integer	join
large	macromodule	medium	module	nand
negedge	nor	not	notif0	notif1
nmos	or	output	parameter	pmos
posedge	primitive	pulldown	pullup	pull0
pull1	rcmos	real	realtime	reg
release	repeat	rnmos	rpmos	rtran
rtranif0	rtranif1	scalared	small	specify
specparam	strength	strong0	strong1	supply0

续表

supply1	table	task	tran	tranif0
tranif1	time	tri	triand	trior
trireg	tri0	tri1	vectored	wait
wand	weak0	weak1	while	wire
wor	xnor	xor		

习题

3-1 用 Verilog 语言描述图 3-P-1 所示逻辑电路。

3-2 用 Verilog 实现二输入异或门 $F = A \oplus B$ 的逻辑功能。

3-3 用 Verilog 语言实现图 3-P-2 所示的逻辑电路。编写图 3-P-3 所示输入波形的 ModelSim 仿真 Verilog 程序,给出 Q 和 Q_n 的仿真结果。

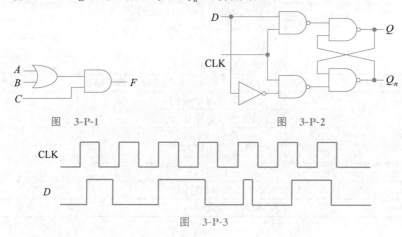

图　3-P-1　　　　　　　　　图　3-P-2

图　3-P-3

3-4 在 Verilog 源程序文件中怎样标明注释?

3-5 用 Verilog 语言实现图 3-P-4 所示 4 选 1 数据选择器。

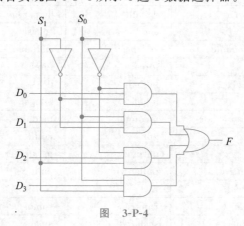

图　3-P-4

第

4 章

组合逻辑电路

数字电路按照逻辑功能可以分为组合逻辑电路(简称组合电路)和时序逻辑电路(简称时序电路)两大类。在比较复杂的数字系统中,通常既包含组合逻辑电路又包含时序逻辑电路。在本章主要讨论组合逻辑电路。

4.1 组合逻辑电路特点

组合逻辑电路是指任意时刻的输出现状态取决于该时刻输入信号的状态,而与信号作用之前电路的状态无关。既然输出现状态仅取决于该时刻的输入状态,那么电路就不包含有记忆性的元件,组合逻辑电路在结构上也就不存在输出到输入的反馈通路。组合电路通常由各种门电路构成。

组合逻辑电路框图如图 4-1-1 所示,它是一个多输入、多输出结构,其输入逻辑变量为 A_1,$A_2,\cdots,A_n$,输出逻辑变量为 $F_1,F_2,\cdots,F_m$。该组合逻辑电路框图所体现的输出与输入之间的逻辑关系可以用下列一组函数式来表示:

图 4-1-1　组合逻辑电路框图

$$F_1 = f_1(A_1,A_2,\cdots,A_n)$$
$$F_2 = f_2(A_1,A_2,\cdots,A_n)$$
$$\cdots$$
$$F_m = f_m(A_1,A_2,\cdots,A_n)$$

其中每个输出变量可以是全部或部分输入变量的逻辑函数。在图 4-1-1 中组合逻辑电路所具有的特定逻辑功能也可以通过硬件描述语言 Verilog 来描述它。

4.2 门电路构成的组合电路的分析与设计

分析是根据已知的逻辑电路图,得出电路的输出与输入之间的逻辑关系,即找出电路所实现的逻辑功能。设计则是根据给定的逻辑命题,运用相应的器件,得到实现该逻辑功能的逻辑电路。

4.2.1　分析方法

由小规模集成电路构成的组合电路,通常采用的分析过程如图 4-2-1 所示。组合逻辑电路分析的具体步骤如下:

(1)根据逻辑图从电路的输入到输出逐级写出逻辑表达式,得到表示输出与输入关系的逻辑表达式。

(2)利用公式化简法或卡诺图化简法将得到的表达式化简或变换。有时为了使电路的逻辑功能更加直观,还需要列出输出与输入之间的逻辑真值表。

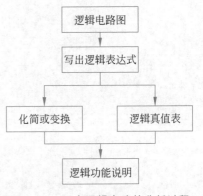

图 4-2-1　组合逻辑电路的分析过程

（3）根据函数表达式或逻辑真值表确定组合电路的逻辑功能。

【例 4-2-1】 试分析图 4-2-2 所示电路的逻辑功能。

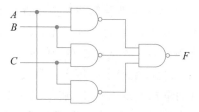

图 4-2-2 【例 4-2-1】的组合电路

解：由图 4-2-2 所示电路写出逻辑表达式：

$$F = \overline{\overline{AB}\ \overline{AC}\ \overline{BC}} = AB + AC + BC$$

根据表达式确定电路的逻辑功能并不容易，可以列出真值表，如表 4-2-1 所示。

表 4-2-1 【例 4-2-1】的真值表

A	B	C	F
0	0	0	0
0	0	1	0
0	1	0	0
0	1	1	1
1	0	0	0
1	0	1	1
1	1	0	1
1	1	1	1

由表 4-2-1 可以看出，当三个输入变量中有两个或两个以上为 1 时，输出为 1；否则，为 0。因此，该电路为 3 人表决电路，即当多数同意时，表决通过。

4.2.2 设计方法

组合逻辑电路的设计过程如图 4-2-3 所示。

组合电路逻辑设计往往比较灵活，在许多情况下，提出的设计要求是用文字描述的、具有固定因果关系的逻辑命题。其具体步骤如下：

（1）列真值表。由文字描述的逻辑命题直接写出逻辑函数表达式相对困难，但列出真值表比较方便。首先根据命题分析事件的因果关系，确定输入变量和输出变量。一般把事件的起因定为输入变量，把事件的结果作为输出变量。然后对逻辑变量进行赋值（逻辑赋值就是用二值逻辑的 0、1 分别代表输入变量和输出变量的两种不同状态）。最后根据给定事件的因果关系列出真值表。

（2）写逻辑函数式。由真值表写出对应的逻辑函数式。

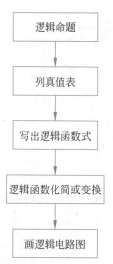

图 4-2-3 组合逻辑电路的设计过程

由真值表很容易写出逻辑函数表达式,这样便将一个实际的逻辑问题抽象成一个逻辑函数了。

(3) 逻辑函数化简或变换。逻辑函数化简或变换与选择的器件型号有关。当用小规模集成门电路进行设计时,为了获得简单的设计结果,需要将逻辑函数化简。当所用器件的种类有所限制时,则要将函数表达式变换成与器件种类相适应的形式。

(4) 画逻辑电路图。根据简化或变换了的逻辑函数表达式画出逻辑电路图。

【例 4-2-2】 某大楼的自动电梯系统有 5 部电梯,其中 3 部是主电梯,2 部为备用电梯。当上下人员拥挤,主电梯全被使用时,才允许使用备用电梯。备用电梯的使用采用两级控制。试用与非门设计一个监控主电梯运行的逻辑电路,当任何 2 部主电梯运行时,产生一个备用电梯准备运行的控制信号;当 3 部主电梯都在运行时,则产生另一控制信号,使备用电梯主电源接通,处于可运行状态。

解:根据题意,输入变量 A、B、C 表示三部主电梯的运行状态,输出变量 F_1、F_2 分别表示备用电梯的准备运行信号和备用电梯的主电源接通信号。状态赋值:对于输入来说,1 代表主电梯正在运行,0 代表主电梯没有运行;而输出变量中 1 表示控制信号有效,0 表示控制信号无效。得到的输出变量与输入变量之间的真值表如表 4-2-2 所示。

表 4-2-2 【例 4-2-2】的真值表

A	B	C	F_1	F_2
0	0	0	0	0
0	0	1	0	0
0	1	0	0	0
0	1	1	1	0
1	0	0	0	0
1	0	1	1	0
1	1	0	1	0
1	1	1	1	1

由真值表画出卡诺图如图 4-2-4 所示。

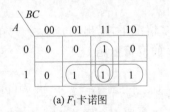

(a) F_1 卡诺图　　(b) F_2 卡诺图

图 4-2-4 【例 4-2-2】的卡诺图

化简及变换得逻辑表达式:

$$F_1 = AB + AC + BC = \overline{\overline{AB}\ \overline{AC}\ \overline{BC}}$$

$$F_2 = ABC = \overline{\overline{ABC}}$$

根据 F_1、F_2 的表达式,用与非门实现的逻辑电路图如图 4-2-5 所示。

在数字系统设计时还可以使用硬件描述语言来设计,而且已成为一种趋势。Verilog

就是常用的一种硬件描述语言,其语言描述能力强,特别适合数字电子系统的设计。

【例 4-2-3】 试利用 Verilog 语言设计一个判定电路。3 名裁判中 1 人为主裁判,2 人为副裁判,在主裁判同意情况下,只要有 1 名副裁判同意比赛成绩就有效;否则,比赛成绩无效。

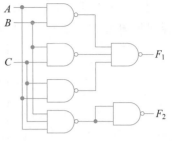

图 4-2-5 【例 4-2-2】的逻辑电路图

解:设输入变量 A、B、C 分别代表主裁判、第一副裁判、第二副裁判的判决,输出函数 F 代表最后的判决结果。裁判同意用 1 表示,不同意用 0 表示;成绩有效用 1 表示,成绩无效用 0 表示。列出的真值表见表 4-2-3,由真值表画出卡诺图如图 4-2-6 所示,化简得与-或表达式为 $F = AB + AC$,与非-与非表达式为 $F = \overline{\overline{AB}\ \overline{AC}}$。

表 4-2-3 【例 4-2-3】的真值表

A	B	C	F
0	0	0	0
0	0	1	0
0	1	0	0
0	1	1	0
1	0	0	0
1	0	1	1
1	1	0	1
1	1	1	1

用 Verilog 语言可以完成判定电路的设计,见图 4-2-7。图 4-2-7(a)是由表达式完成 Verilog 源程序,图 4-2-7(b)是由真值表完成 Verilog 程序。

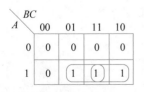

图 4-2-6 【例 4-2-3】的卡诺图

```
//3输入主裁判表决电路
module voter (A,B,C,F);
  input A, B, C;
  output F;
  wire h1,h2;
  assign h1 = ~(A&B);
  assign h2 = ~(A&C);
  assign F  = ~(h1&h2);
endmodule
```

(a) 表达式的Verilog程序

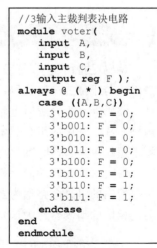

```
//3输入主裁判表决电路
module voter(
  input A,
  input B,
  input C,
  output reg F );
always @ ( * ) begin
  case ({A,B,C})
    3'b000: F = 0;
    3'b001: F = 0;
    3'b010: F = 0;
    3'b011: F = 0;
    3'b100: F = 0;
    3'b101: F = 1;
    3'b110: F = 1;
    3'b111: F = 1;
  endcase
end
endmodule
```

(b) 真值表的Verilog程序

图 4-2-7 表决电路 Verilog 源程序

验证判断电路的正确性可以用波形图,编写的 ModelSim 仿真源程序见图 4-2-8,仿真结果见图 4-2-9。查看图 4-2-9,并与表 4-2-3 对照,说明仿真结果是正确的。

```verilog
`timescale 1ns/10ps
module voter_tb;
    reg A,B,C;
    wire F;
voter DUT(
    .A(A),
    .B(B),
    .C(C),
    .F(F));
initial begin
    A=0;B=0;C=0;
    #10 A=0;B=0;C=1;
    #10 A=0;B=1;C=0;
    #10 A=0;B=1;C=1;
    #10 A=1;B=0;C=0;
    #10 A=1;B=0;C=1;
    #10 A=1;B=1;C=0;
    #10 A=1;B=1;C=1;
    #10 A=0;B=0;C=0;
    #20 $stop;
end
endmodule
```

图 4-2-8 表决电路仿真 Verilog 程序

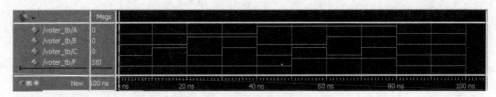

图 4-2-9 表决电路的仿真结果

4.3 编码器

编码是指用文字、符号和数码等来表示某种信息的过程,在数字系统中通常是将信息编成若干位二进制代码。实现编码的数字电路称为编码器。

编码器是组合逻辑电路中的一种类型,虽然可以由逻辑门构成,但已有中规模集成电路芯片。常用的组合逻辑电路还有译码器、数据选择器、数据分配器、加法器、比较器、算术逻辑单元、奇偶校验电路等。

编码器的逻辑功能是把输入的每一个高、低电平信号编成一组对应的代码。针对二进制编码的组合电路称为二进制编码器。而对十进制数进行编码时常用二-十进制编码,与之相应的编码器称为二-十进制编码器。

4.3.1 二进制编码器

二进制编码器是编码器中常见的一种,由于 n 位二进制代码有 2^n 个取值组合,可以

表示 2^n 种信息,因此二进制编码器的输入信号个数 N 与输出二进制数位数 n 的关系满足 $N \leqslant 2^n$,故通常编码器的输入端比输出端个数多。二进制编码器的逻辑框图如图 4-3-1 所示。

编码器在编码过程中要求在任何时刻只能对一个输入信号进行编码,否则输出将发生混乱。编码器的输出代码可以是原码形式也可以是反码形式,原码是指与十进制数数值对应的二进制码,而把原码各位值取反得到的码称为反码。

【例 4-3-1】 设计一个输入为低电平有效、输出为反码输出的 3 位二进制编码器。

解:3 位二进制编码器可以有 8 个输入信号。设 $A_0, A_1, \cdots, A_7$ 分别为低电平有效的 8 个输入信号;Y_0、Y_1 和 Y_2 为 3 位输出代码,其构成的编码表示为 $Y_2 Y_1 Y_0$。根据题意列出如表 4-3-1 所示的功能表。

表 4-3-1 【例 4-3-1】的功能表

A_0	A_1	A_2	A_3	A_4	A_5	A_6	A_7	Y_2	Y_1	Y_0
0	1	1	1	1	1	1	1	1	1	1
1	0	1	1	1	1	1	1	1	1	0
1	1	0	1	1	1	1	1	1	0	1
1	1	1	0	1	1	1	1	1	0	0
1	1	1	1	0	1	1	1	0	1	1
1	1	1	1	1	0	1	1	0	1	0
1	1	1	1	1	1	0	1	0	0	1
1	1	1	1	1	1	1	0	0	0	0

由功能表写出输出函数表达式为

$$Y_0 = \overline{A_0} + \overline{A_2} + \overline{A_4} + \overline{A_6} = \overline{A_0 A_2 A_4 A_6}$$

$$Y_1 = \overline{A_0} + \overline{A_1} + \overline{A_4} + \overline{A_5} = \overline{A_0 A_1 A_4 A_5}$$

$$Y_2 = \overline{A_0} + \overline{A_1} + \overline{A_2} + \overline{A_3} = \overline{A_0 A_1 A_2 A_3}$$

由与非门组成的三位二进制编码器的逻辑电路图如图 4-3-2 所示。

实现 3 位二进制编码器的 Verilog 程序如图 4-3-3 所示,由表 4-3-1 得到的 Verilog 程序见图 4-3-3(a),由图 4-3-2 得到的 Verilog 程序见图 4-3-3(b)。

编码器 Verilog 测试程序如图 4-3-4 所示,ModelSim 仿真结果如图 4-3-5 所示。由图 4-3-5 可以看出,当输入仅有一个为低电平时,输出编码是正确的;当输入都是高电平,输出结果与 A7 为低电平相同。当输入有两个为低电平时,编码输出不正确。为解决此问题,设计优先编码器。

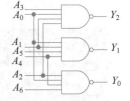

图 4-3-2 【例 4-3-1】3 位二进制编码器逻辑图

```
//3位二进制编码器
module
encoder8_3(A0,A1,A2,A3,A4,A5,
A6,A7,Y0,Y1,Y2);
input A0,A1,A2,A3,A4,A5,A6,A7;//输入
output reg Y0,Y1,Y2;  //输出
//逻辑功能定义
always @ (A0,A1,A2,A3,A4,A5,A6,A7)
begin
  case ({A0,A1,A2,A3,A4,A5,A6,A7})
  8'b0111_1111: {Y2,Y1,Y0} = 3'b111;
  8'b1011_1111: {Y2,Y1,Y0} = 3'b110;
  8'b1101_1111: {Y2,Y1,Y0} = 3'b101;
  8'b1110_1111: {Y2,Y1,Y0} = 3'b100;
  8'b1111_0111: {Y2,Y1,Y0} = 3'b011;
  8'b1111_1011: {Y2,Y1,Y0} = 3'b010;
  8'b1111_1101: {Y2,Y1,Y0} = 3'b001;
  8'b1111_1110: {Y2,Y1,Y0} = 3'b000;
  default: {Y2,Y1,Y0} = 3'b000;
  endcase
end
endmodule
```

(a) 功能表的Verilog程序

```
//3位二进制编码器
module encoder8_3 (
  input    A0,   //输入最低位
  input    A1,
  input    A2,
  input    A3,
  input    A4,
  input    A5,
  input    A6,
  input    A7,   //输入最高位
  output   Y0,   //输出最低位
  output   Y1,
  output   Y2);  //输出最高位
//逻辑功能定义
assign Y0 = ~ (A0 & A2 & A4 & A6);
assign Y1 = ~ (A0 & A1 & A4 & A5);
assign Y2 = ~ (A0 & A1 & A2 & A3);
endmodule
```

(b) 逻辑图的Verilog程序

图 4-3-3 实现 3 位二进制编码器的 Verilog 程序

```
`timescale 1ns/100ps
module encoder8_3_tb;
reg A0,A1,A2,A3,A4,A5,A6,A7;//inputs
wire Y0,Y1,Y2; //outputs
encoder8_3 DUT( //Instantiate
.A0(A0),.A1(A1),.A2(A2),.A3(A3),
.A4(A4),.A5(A5),.A6(A6),.A7(A7),
.Y0(Y0),.Y1(Y1),.Y2(Y2));
initial begin
    A0=1;A1=1;A2=1;A3=1;A4=1;A5=1;A6=1;A7=1;
#10 A0=0;A1=1;A2=1;A3=1;A4=1;A5=1;A6=1;A7=1;
#10 A0=1;A1=0;A2=1;A3=1;A4=1;A5=1;A6=1;A7=1;
#10 A0=1;A1=1;A2=0;A3=1;A4=1;A5=1;A6=1;A7=1;
#10 A0=1;A1=1;A2=1;A3=0;A4=1;A5=1;A6=1;A7=1;
#10 A0=1;A1=1;A2=1;A3=1;A4=0;A5=1;A6=1;A7=1;
#10 A0=1;A1=1;A2=1;A3=1;A4=1;A5=0;A6=1;A7=1;
#10 A0=1;A1=1;A2=1;A3=1;A4=1;A5=1;A6=0;A7=1;
#10 A0=1;A1=1;A2=1;A3=1;A4=1;A5=1;A6=1;A7=0;
#10 A0=0;A1=0;A2=1;A3=1;A4=1;A5=1;A6=1;A7=1;
#10 A0=0;A1=1;A2=0;A3=1;A4=1;A5=1;A6=1;A7=1;
#10 $stop;
end
endmodule
```

图 4-3-4 3 位二进制编码器的 Verilog 测试程序

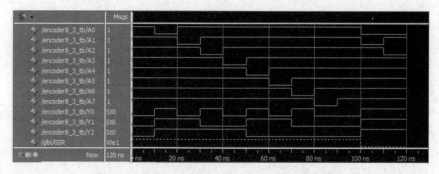

图 4-3-5 3 位二进制编码器的 ModelSim 仿真结果

4.3.2 二进制优先编码器

由于普通编码器的编码唯一性,任何时刻输入信号中仅能有一位有效。而在优先编码器电路中,允许在多个输入端同时输入有效编码信号。但它是根据规定好的优先顺序,选择其中优先级别最高的有效输入信号进行编码。这种编码器广泛应用于计算机系统中的中断请求和数字控制的排队逻辑电路中。

表 4-3-2 给出了 4 线-2 线优先编码器的功能表,优先编码器有 4 个输入信号 $A_0 \sim A_3$,其中 A_3 具有最高优先级别,而优先级最低是 A_0;若存在有效输入,则输出 Y_1、Y_0 为最高优先级有效输入的编码;若无有效输入,则使能输出端 E_o 输出为低电平。

在表 4-3-2 中,输入变量为"×",表示可以为 0,也可以为 1。由功能表得到的表达式为

$$Y_1 = A_2 + A_3$$

$$Y_0 = A_3 + A_1 \overline{A}_2$$

$$E_o = A_0 + A_1 + A_2 + A_3$$

表 4-3-2　4 线-2 线优先编码器的功能表

A_0	A_1	A_2	A_3	Y_1	Y_0	E_o
0	0	0	0	0	0	0
×	×	×	1	1	1	1
×	×	1	0	1	0	1
×	1	0	0	0	1	1
1	0	0	0	0	0	1

根据表达式,用 Verilog 实现的 4 线-2 线优先编码器如图 4-3-6(a)所示。根据表 4-2-2,用 Verilog 实现的 4 线-2 线优先编码器如图 4-3-6(b)所示。4 线-2 线优先编码器的 Verilog

```
//4线-2线优先编码器
module encoder4_2(
    input  wire  A0,//输入最低优先级
    input  wire  A1,
    input  wire  A2,
    input  wire  A3,//输入最高优先级
    output wire  Y0,//输出编码低位
    output wire  Y1,//输出编码高位
    output wire  EO //输出使能,高有效
    );
assign  EO = A0 | A1 | A2 | A3;
assign  Y0 = A3 | ~A2&A1;
assign  Y1 = A2 | A3;
endmodule
```

(a) 表达式的Verilog程序

```
//4线-2线优先编码器
module encoder4_2(
    input  wire  A0, //输入最低优先级
    input  wire  A1,
    input  wire  A2,
    input  wire  A3, //输入最高优先级
    output reg   Y0, //输出编码低位
    output reg   Y1, //输出编码高位
    output reg   EO);//输出使能,高有效
always @ (A0,A1,A2,A3) begin
if     ( A3 ) {Y1,Y0,EO} = 3'b111;
else if ( A2 ) {Y1,Y0,EO} = 3'b101;
else if ( A1 ) {Y1,Y0,EO} = 3'b011;
else if ( A0 ) {Y1,Y0,EO} = 3'b001;
else           {Y1,Y0,EO} = 3'b000;
end
endmodule
```

(b) 功能表的Verilog程序

图 4-3-6　实现 4 线-2 线优先编码器的 Verilog 程序

测试程序见图 4-3-7,ModelSim 仿真结果如图 4-3-8 所示。由图 4-3-8 可以看出,当仅有 1 位输入为高电平时,输出编码是正确的;当有多位输入为高电平时,输出编码也是正确的。编码器增加输出使能端 E_0,可以很好地区分输入均为 0,还是 A_0 为 1。

```verilog
`timescale 1ns/100ps
module encoder4_2_tb;
reg A0,A1,A2,A3;// Inputs
wire Y0,Y1,EO;// Outputs
// Instantiate
encoder4_2 DUT(
.A0(A0),
.A1(A1),
.A2(A2),
.A3(A3),
.Y0(Y0),
.Y1(Y1),
.EO(EO));
initial begin
    A0=0;A1=0;A2=0;A3=0;
#10 A0=0;A1=0;A2=0;A3=1;
#10 A0=1;A1=0;A2=1;A3=1;
#10 A0=0;A1=0;A2=1;A3=0;
#10 A0=1;A1=1;A2=1;A3=0;
#10 A0=0;A1=1;A2=0;A3=0;
#10 A0=1;A1=1;A2=0;A3=0;
#10 A0=1;A1=0;A2=0;A3=0;
#10 A0=1;A1=1;A2=1;A3=1;
#10 A0=0;A1=0;A2=0;A3=0;
#10 $stop;
end
endmodule
```

图 4-3-7   4 线-2 线优先编码器的 Verilog 测试程序

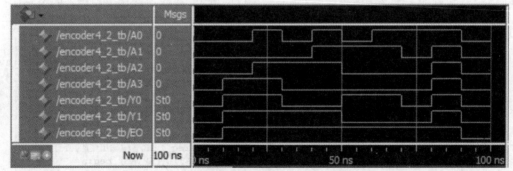

图 4-3-8   4 线-2 线优先编码器的 ModelSim 仿真结果

74LS148 是具有使能输入和使能输出功能的 8 线-3 线优先编码器,其 8 线输入为低电平有效,3 线输出编码为反码形式。图 4-3-9 为其引脚功能图,其中:$I_0 \sim I_7$ 为信号输入端,I_7 优先级最高,I_0 优先级最低;A_2、A_1、A_0 为编码输出端;EI 为使能输入端;EO 为使能输出端;GS 为编码输出端。

8 线-3 线优先编码器的功能表如表 4-3-3 所示。当使能输入端 EI=1 时,禁止编码,

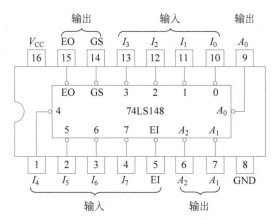

图 4-3-9 8 线-3 线优先编码器的引脚功能图

见表 4-3-3 第 1 行,此时 74LS148 的编码输出全为高电平,且使能输出 EO 也为高电平,即 EO=1,GS=1。当 EI=0 时,若无有效输入信号,则编码输出全为高电平,且使能输出 EO=0,GS=1,见表 4-3-3 第 2 行;若存在有效输入信号,则 74LS148 按信号优先级别进行编码,且 EO=1,GS=0(低有效)。8 线-3 线优先编码器 74LS148 逻辑电路图如图 4-3-10 所示。使能输入端 EI、使能输出端 EO、GS 编码输出端是为扩展功能设置的,用 8 线-3 线编码器及少量的门电路可以扩展成 16 线-4 线编码器。

表 4-3-3 8 线-3 线优先编码器的功能表

输　　　入									输　　出				
EI	I_0	I_1	I_2	I_3	I_4	I_5	I_6	I_7	A_2	A_1	A_0	GS	EO
1	×	×	×	×	×	×	×	×	1	1	1	1	1
0	1	1	1	1	1	1	1	1	1	1	1	1	0
0	×	×	×	×	×	×	×	0	0	0	0	0	1
0	×	×	×	×	×	×	0	1	0	0	1	0	1
0	×	×	×	×	×	0	1	1	0	1	0	0	1
0	×	×	×	×	0	1	1	1	0	1	1	0	1
0	×	×	×	0	1	1	1	1	1	0	0	0	1
0	×	×	0	1	1	1	1	1	1	0	1	0	1
0	×	0	1	1	1	1	1	1	1	1	0	0	1
0	0	1	1	1	1	1	1	1	1	1	1	0	1

根据图 4-3-10,用 Verilog 实现的 8 线-3 线优先编码器 74LS148 如图 4-3-11 所示。

根据表 4-3-3,用 Verilog 实现的 8 线-3 线优先编码器 74LS148 如图 4-3-12 所示。

8 线-3 线优先编码器 74148 的 Verilog 测试程序如图 4-3-13 所示,ModelSim 仿真结果如图 4-3-14 所示。

由图 4-3-14 可以看出:当仅有 1 位输入为低电平时,输出编码是正确的;当有多位输入为低电平时,输出编码也是正确的。编码器增加输出使能端 EO,可以很好地区分输入均为 1,还是 I_0 为 0。

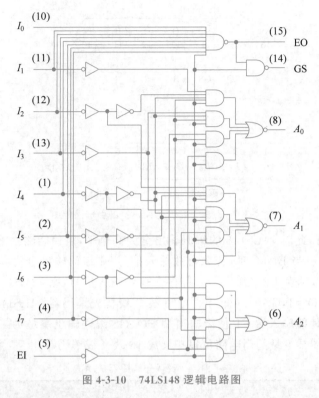

图 4-3-10   74LS148 逻辑电路图

```
//8线-3线优先编码器 74148
module LS148(
    input  wire  I0,   //最低级输入
    input  wire  I1,
    input  wire  I2,
    input  wire  I3,
    input  wire  I4,
    input  wire  I5,
    input  wire  I6,
    input  wire  I7,   //最高级输入
    input  wire  EI,   //输入使能
    output wire  A0,   //输出编码低位
    output wire  A1,   //输出编码中间位
    output wire  A2,   //输出编码高位
    output wire  EO,   //输出使能，高有效
    output wire  GS);  //输出使能，低有效
assign  EO=~(I0&I1&I2&I3&I4&I5&I6&I7&~EI);
assign  GS=I0&I1&I2&I3&I4&I5&I6&I7&~EI|EI;
assign  A0=~(~I1&I2&I4&I6&~EI|
      ~I3&I4&I6&~EI|~EI&I6&~I5|~I7&~EI);
assign  A1=~(~I2&I4&I5&~EI|~I3&I4&I5&~EI
        |~I6&~EI|~I7&~EI);
assign  A2=~(~I4&~EI|~I5&~EI|~I6&~EI|~I7&~EI);
endmodule
```

图 4-3-11   74LS148 逻辑图的 Verilog 程序

```
//8线-3线优先编码器 74148
module LS148(
input wire I0, //输入最低位
input wire I1,
input wire I2,
input wire I3,
input wire I4,
input wire I5,
input wire I6,
input wire I7, //输入最高位
input wire EI, //输入使能,低有效
output reg A0, //输出编码低位
output reg A1, //输出编码中间位
output reg A2, //输出编码高位
output reg EO, //输出使能,低有效
output reg GS ); //输出使能,低有效
//逻辑功能定义
always @ (EI,I0,I1,I2,I3,I4,I5,I6,I7) begin
if     ( EI ) {A2,A1,A0,GS,EO} = 5'b11111;
else if ( ~I7) {A2,A1,A0,GS,EO} = 5'b00001;
else if ( ~I6) {A2,A1,A0,GS,EO} = 5'b00101;
else if ( ~I5) {A2,A1,A0,GS,EO} = 5'b01001;
else if ( ~I4) {A2,A1,A0,GS,EO} = 5'b01101;
else if ( ~I3) {A2,A1,A0,GS,EO} = 5'b10001;
else if ( ~I2) {A2,A1,A0,GS,EO} = 5'b10101;
else if ( ~I1) {A2,A1,A0,GS,EO} = 5'b11001;
else if ( ~I0) {A2,A1,A0,GS,EO} = 5'b11101;
else     {A2,A1,A0,GS,EO} = 5'b11110;
end
endmodule
```

图 4-3-12 74LS148 功能表的 Verilog 程序

```
`timescale 1ns/100ps
module LS148_tb;
reg I0,I1,I2,I3,I4,I5,I6,I7,EI;// Inputs
wire A0,A1,A2,EO,GS;// Outputs
LS148 DUT(          // Instantiate
.I0(I0),
.I1(I1),
.I2(I2),
.I3(I3),
.I4(I4),
.I5(I5),
.I6(I6),
.I7(I7),
.EI(EI),
.A0(A0),
.A1(A1),
.A2(A2),
.EO(EO),
.GS(GS));
initial begin
    EI=1;I0=1;I1=1;I2=1;I3=1;I4=0;I5=1;I6=1;I7=0;
#10 EI=0;I0=1;I1=1;I2=1;I3=1;I4=1;I5=1;I6=1;I7=1;
#10 EI=0;I0=1;I1=1;I2=1;I3=1;I4=1;I5=1;I6=1;I7=0;
#10 EI=0;I0=1;I1=1;I2=1;I3=1;I4=1;I5=1;I6=0;I7=1;
#10 EI=0;I0=1;I1=1;I2=1;I3=1;I4=1;I5=0;I6=1;I7=1;
#10 EI=0;I0=1;I1=1;I2=1;I3=1;I4=0;I5=1;I6=1;I7=1;
#10 EI=0;I0=1;I1=1;I2=1;I3=0;I4=1;I5=1;I6=1;I7=1;
#10 EI=0;I0=1;I1=1;I2=0;I3=1;I4=1;I5=1;I6=1;I7=1;
#10 EI=0;I0=1;I1=0;I2=1;I3=1;I4=1;I5=1;I6=1;I7=1;
#10 EI=0;I0=0;I1=1;I2=1;I3=1;I4=1;I5=1;I6=1;I7=1;
#10 EI=0;I0=1;I1=1;I2=1;I3=1;I4=1;I5=0;I6=0;I7=1;
#10 EI=0;I0=1;I1=1;I2=0;I3=1;I4=0;I5=1;I6=1;I7=1;
#10 EI=1;I0=1;I1=1;I2=1;I3=1;I4=1;I5=1;I6=1;I7=1;
#10 $stop;
end
endmodule
```

图 4-3-13 8 线-3 线优先编码器的 Verilog 测试程序

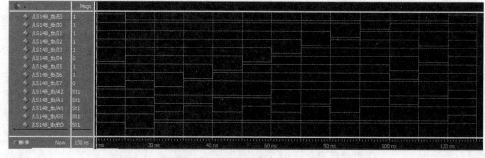

图 4-3-14　8 线-3 线优先编码器的 ModelSim 仿真结果

【例 4-3-2】　某医院有 4 间病室,分别是一、二、三、四号病室,每个病室设有一个呼叫按钮,同时在护士值班室对应地装有一、二、三、四号 4 个指示灯。假设这 4 个病室有轻重缓急之分,一号病室最优先,其次为二号病室,四号病室最后。试用 74LS148 及必要的门电路设计满足上述控制要求的逻辑电路,给出控制四个指示灯状态的高、低电平信号。

解:由命题可知,逻辑电路有 4 个输入变量,4 个输出函数。假设 4 个输入变量为 B_1、B_2、B_3 和 B_4 分别对应一、二、三、四号病室的呼叫按钮电平,且规定 0 代表按钮被按下,1 表示没被按下;4 个输出为 F_0、F_1、F_2 和 F_3 分别对应一、二、三、四号指示灯的信号,且规定灯亮用 1 表示,灯灭用 0 表示。将 B_1、B_2、B_3 和 B_4 分别对应接到 74LS148 的 $I_3 \sim I_0$,74LS148 编码结果由 A_1 和 A_0 给出,其编码输出与 F_0、F_1、F_2 和 F_3 关系见表 4-3-4。设计出的逻辑电路如图 4-3-15 所示。

表 4-3-4　【例 4-3-2】的功能表

输　入				74LS148 输出			输　出			
B_4	B_3	B_2	B_1	GS	A_1	A_0	F_1	F_2	F_3	F_4
×	×	×	0	0	0	0	1	0	0	0
×	×	0	1	0	0	1	0	1	0	0
×	0	1	1	0	1	0	0	0	1	0
0	1	1	1	0	1	1	0	0	0	1

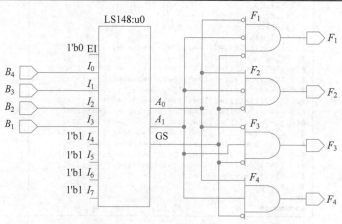

图 4-3-15　【例 4-3-2】的逻辑电路图

根据图 4-3-15，用 Verilog 实现的 74LS148 呼叫器应用如图 4-3-16 所示。

74LS148 呼叫器应用的 Verilog 测试程序如图 4-3-17 所示，ModelSim 仿真结果如图 4-3-18 所示。

由图 4-3-18 可以看出：当仅有 1 位输入为低电平时，对应输出为高电平；当有多位输入为低电平时，优先级高的对应输出为高电平。

```verilog
//74LS148应用
module L4_3_2(
input  wire  B1, //1号病房输入最高优先级
input  wire  B2,
input  wire  B3,
input  wire  B4, //4号病房输入最低优先级
output wire  F1, //1号病房输出
output wire  F2, //2号病房输出
output wire  F3, //3号病房输出
output wire  F4); //4号病房输出
wire   A0,A1,GS;
assign  F1 = ~A1 & ~A0 & ~GS;
assign  F2 = ~A1 &  A0 & ~GS;
assign  F3 =  A1 & ~A0 & ~GS;
assign  F4 =  A1 &  A0 & ~GS;
LS148 u0(  //例化74148
    .EI(1'b0),
    .I0(B4),
    .I1(B3),
    .I2(B2),
    .I3(B1),
    .I4(1'b1),
    .I5(1'b1),
    .I6(1'b1),
    .I7(1'b1),
    .GS (GS),
    .A1 (A1),
    .A0 (A0));
endmodule
```

图 4-3-16 【例 4-3-2】的 Verilog 程序

```verilog
`timescale 1ns/100ps
module L4_3_2_tb;
    reg  B1,B2,B3,B4;
    wire F1,F2,F3,F4;
L4_3_2 DUT(
    .B1(B1),
    .B2(B2),
    .B3(B3),
    .B4(B4),
    .F1(F1),
    .F2(F2),
    .F3(F3),
    .F4(F4));
initial begin
    B1=0; B2=1; B3=1; B4=1;
#10  B1=1; B2=0; B3=1; B4=1;
#10  B1=1; B2=1; B3=0; B4=1;
#10  B1=1; B2=1; B3=1; B4=0;
#10  B1=1; B2=0; B3=0; B4=1;
#10  $stop;
end
endmodule
```

图 4-3-17 【例 4-3-2】的仿真程序

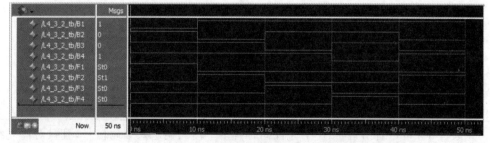

图 4-3-18 【例 4-3-2】的仿真结果

4.3.3 二-十进制优先编码器

二-十进制编码器将代表十进制数的 10 个输入信号分别变成对应的 BCD 代码输出的逻辑电路。图 4-3-19 为二-十进制优先编码器 74LS147 的引脚功能图,逻辑电路如图 4-3-20 所示,功能表见表 4-3-5。

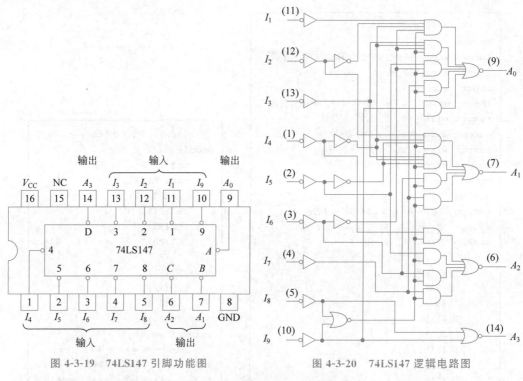

图 4-3-19 74LS147 引脚功能图　　　　图 4-3-20　74LS147 逻辑电路图

表 4-3-5　二-十进制优先编码器的功能表

输　　　入									输　　　出			
I_1	I_2	I_3	I_4	I_5	I_6	I_7	I_8	I_9	A_3	A_2	A_1	A_0
1	1	1	1	1	1	1	1	1	1	1	1	1
×	×	×	×	×	×	×	×	0	0	1	1	0
×	×	×	×	×	×	×	0	1	0	1	1	1
×	×	×	×	×	×	0	×	1	1	0	0	0
×	×	×	×	×	0	1	1	1	1	0	0	1
×	×	×	×	0	1	1	1	1	1	0	1	0
×	×	×	0	1	1	1	1	1	1	0	1	1
×	×	0	1	1	1	1	1	1	1	1	0	0
×	0	1	1	1	1	1	1	1	1	1	0	1
0	1	1	1	1	1	1	1	1	1	1	1	0

从表 4-3-5 可以看出,74LS147 允许同时有多个输入端送入编码信号,且只对优先级最高输入进行编码,其中 I_9 优先级最高,之后依次降低。编码输入信号为低电平有效,

编码输出为反码形式。当 $I_1 \sim I_9$ 的输入均为高电平时,为无效编码信号,输出 A_3、A_2、A_1、A_0 均为 1,恰好是对 I_0 的编码,故 74LS147 中省去了 I_0 输入。

根据图 4-3-20,用 Verilog 实现的 74LS147 如图 4-3-21 所示。

```verilog
//二-十进制优先编码器 74147
module LS147(
  input  wire   I1,  //输入最低优先级
  input  wire   I2,
  input  wire   I3,
  input  wire   I4,
  input  wire   I5,
  input  wire   I6,
  input  wire   I7,
  input  wire   I8,
  input  wire   I9,   //输入最高优先级
  output wire   A3,   //输出最高位
  output wire   A2,
  output wire   A1,
  output wire   A0 );//输出最低位
wire  I89n;
assign I89n = ~(~I8 | ~I9);
assign A0 = ~(( ~I1 & I2 & I4 & ~I1 & I6 & I89n ) |
              ( ~I3 & I4 & I6 & I89n ) | ( I89n & I6 & ~I5 ) |
              ( ~I7 & I89n ) | ~I9);
assign A1 = ~((~I2 & I4 & I5 & I89n) | (~I3 & I4 & I5 & I89n) |
              (~I6 & I89n) | ( ~I7 & I89n ));
assign A2 = ~(( ~I4 & I89n ) | ( ~I5 & I89n ) | ( ~I6 & I89n ) | ( ~I7 & I89n ));
assign A3 = ~(~I8 | ~I9);
endmodule
```

图 4-3-21 二-十进制优先编码器逻辑电路的 Verilog 程序

根据表 4-3-5,用 Verilog 实现的 74LS147 如图 4-3-22 所示。

```verilog
//二-十进制优先编码器 74147
module LS147(
    input  wire   I1,  //输入最低优先级
    input  wire   I2,
    input  wire   I3,
    input  wire   I4,
    input  wire   I5,
    input  wire   I6,
    input  wire   I7,
    input  wire   I8,
    input  wire   I9,   //输入最高优先级
    output reg    A0,   //输出编码最低位
    output reg    A1,
    output reg    A2,
    output reg    A3    //输出编码最高位
    );
//逻辑功能定义
always @ (I1,I2,I3,I4,I5,I6,I7,I8,I9) begin
    if       ( ~I9 )  {A3,A2,A1,A0} = 4'b0110;
    else if  ( ~I8 )  {A3,A2,A1,A0} = 4'b0111;
    else if  ( ~I7 )  {A3,A2,A1,A0} = 4'b1000;
    else if  ( ~I6 )  {A3,A2,A1,A0} = 4'b1001;
    else if  ( ~I5 )  {A3,A2,A1,A0} = 4'b1010;
    else if  ( ~I4 )  {A3,A2,A1,A0} = 4'b1011;
    else if  ( ~I3 )  {A3,A2,A1,A0} = 4'b1100;
    else if  ( ~I2 )  {A3,A2,A1,A0} = 4'b1101;
    else if  ( ~I1 )  {A3,A2,A1,A0} = 4'b1110;
    else              {A3,A2,A1,A0} = 4'b1111;
end
endmodule
```

图 4-3-22 二-十进制优先编码器功能表的 Verilog 程序

4.4 译码器

译码为编码的逆过程,是把特定含义的输入二进制代码译成对应的输出高、低有效电平信号。实现译码功能的逻辑电路称为译码器。译码器是多输入、多输出电路,其输入、输出间存在一对一的映射关系。译码器是一种常见的组合功能电路,而且已有许多不同型号的集成译码器。

4.4.1 二进制译码器

二进制译码器输入是一组二进制代码,输出是一组高、低电平信号。若译码器有 n 个输入端,则最多有 2^n 个输出端,这种译码器称为 n 线-2^n 线译码器。实际应用时常常使用集成的译码器。74LS138 是最常用的集成译码器,图 4-4-1 给出了 74LS138 引脚功能图,逻辑电路如图 4-4-2 所示,74LS138 的功能表见表 4-4-1。

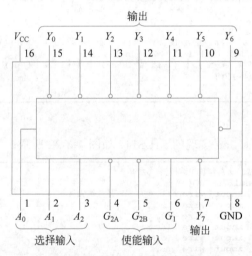

图 4-4-1　74LS138 引脚功能图

74LS138 有 3 个译码输入端 A_0、A_1、A_2,8 个译码输出端 $Y_0 \sim Y_7$,因此称为 3 线-8 线译码器;G_1、G_{2A}、G_{2B} 是 74LS138 的 3 个使能输入端。当使能输入 $G_1 = 1$,$G_{2A} = G_{2B} = 0$ 时,译码器处于工作状态;否则译码器被禁止,即无论输入 A_0、A_1、A_2 为何状态,译码器输出均为高电平,表示无译码输出。

当使能输入 $G_1 = 1$,$G_{2A} = G_{2B} = 0$ 时,74LS138 工作,令 $G = G_1 \cdot \overline{G_{2A}} \cdot \overline{G_{2B}}$。74LS138 译码器输出的逻辑函数表达式为

$$Y_0 = \overline{G \cdot \overline{A_2} \cdot \overline{A_1} \cdot \overline{A_0}}, \quad Y_1 = \overline{G \cdot \overline{A_2} \cdot \overline{A_1} \cdot A_0}$$

$$Y_2 = \overline{G \cdot \overline{A_2} \cdot A_1 \cdot \overline{A_0}}, \quad Y_3 = \overline{G \cdot \overline{A_2} \cdot A_1 \cdot A_0}$$

$$Y_4 = \overline{G \cdot A_2 \cdot \overline{A_1} \cdot \overline{A_0}}, \quad Y_5 = \overline{G \cdot A_2 \cdot \overline{A_1} \cdot A_0}$$

$$Y_6 = \overline{G \cdot A_2 \cdot A_1 \cdot \overline{A_0}}, \quad Y_7 = \overline{G \cdot A_2 \cdot A_1 \cdot A_0}$$

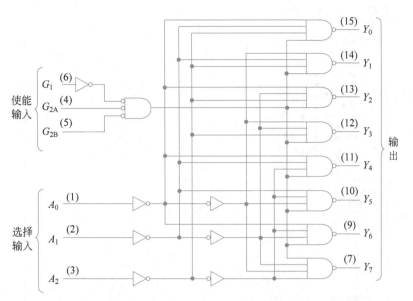

图 4-4-2 74LS138 逻辑电路图

根据表 4-4-1,用 Verilog 实现的 3 线-8 线译码器 74LS138 如图 4-4-3 所示。

表 4-4-1 3 线-8 线译码器 74LS138 的功能表

使 能 输 入		选 择 输 入			输　　出							
G_1	G_2	A_2	A_1	A_0	Y_0	Y_1	Y_2	Y_3	Y_4	Y_5	Y_6	Y_7
$\times$	1	$\times$	$\times$	$\times$	1	1	1	1	1	1	1	1
0	$\times$	$\times$	$\times$	$\times$	1	1	1	1	1	1	1	1
1	0	0	0	0	0	1	1	1	1	1	1	1
1	0	0	0	1	1	0	1	1	1	1	1	1
1	0	0	1	0	1	1	0	1	1	1	1	1
1	0	0	1	1	1	1	1	0	1	1	1	1
1	0	1	0	0	1	1	1	1	0	1	1	1
1	0	1	0	1	1	1	1	1	1	0	1	1
1	0	1	1	0	1	1	1	1	1	1	0	1
1	0	1	1	1	1	1	1	1	1	1	1	0

注：$G_2 = G_{2A} + G_{2B}$。

根据图 4-4-2 译码器逻辑图,编写的 Verilog 源程序如图 4-4-4 所示。

3 线-8 线译码器 74LS138 的 Verilog 测试程序如图 4-4-5 所示,ModelSim 仿真结果如图 4-4-6 所示。由图 4-4-6 可以看出,当使能端有效时,译码器处于工作状态;否则,译码器被禁止,无论输入为何状态,输出均为高电平,表示无译码输出。

```
//74138 Function table
module LS138(
    input  wire G1,
    input  wire G2A,
    input  wire G2B,
    input  wire C,
    input  wire B,
    input  wire A,
    output reg  Y0,
    output reg  Y1,
    output reg  Y2,
    output reg  Y3,
    output reg  Y4,
    output reg  Y5,
    output reg  Y6,
    output reg  Y7);
always @ ( G1,G2A,G2B,C,B,A ) begin
if( G1 & ~G2A & ~G2B )
  case({ C, B, A })
  3'b000: { Y0, Y1, Y2, Y3, Y4, Y5, Y6, Y7 } = 8'b01111111;
  3'b001: { Y0, Y1, Y2, Y3, Y4, Y5, Y6, Y7 } = 8'b10111111;
  3'b010: { Y0, Y1, Y2, Y3, Y4, Y5, Y6, Y7 } = 8'b11011111;
  3'b011: { Y0, Y1, Y2, Y3, Y4, Y5, Y6, Y7 } = 8'b11101111;
  3'b100: { Y0, Y1, Y2, Y3, Y4, Y5, Y6, Y7 } = 8'b11110111;
  3'b101: { Y0, Y1, Y2, Y3, Y4, Y5, Y6, Y7 } = 8'b11111011;
  3'b110: { Y0, Y1, Y2, Y3, Y4, Y5, Y6, Y7 } = 8'b11111101;
  3'b111: { Y0, Y1, Y2, Y3, Y4, Y5, Y6, Y7 } = 8'b11111110;
  endcase
else    { Y0, Y1, Y2, Y3, Y4, Y5, Y6, Y7 } = 8'b11111111;
end
endmodule
```

图 4-4-3　3 线-8 线译码器功能表的 Verilog 程序

```
//74LS138 逻辑图
module LS138(
    input  wire G2A, //使能低有效
    input  wire G2B, //使能低有效
    input  wire G1,  //使能低有效
    input  wire A0,  //输入低位
    input  wire A1,
    input  wire A2,  //输入高位
    output wire Y7,  //输出高位
    output wire Y6,
    output wire Y5,
    output wire Y4,
    output wire Y3,
    output wire Y2,
    output wire Y1,
    output wire Y0   //输出低位
);
wire    A0n, A1n, A2n;
wire    A0nn,A1nn,A2nn,GEn;
assign A0n  = ~A0;
assign A0nn = ~A0n;
assign A1n  = ~A1;
assign A1nn = ~A1n;
assign A2n  = ~A2;
assign A2nn = ~A2n;
assign GEn  = ~(~G1|G2A|G2B);
assign Y0=~(A0n & A1n & A2n & GEn);
assign Y1=~(A0nn& A1n & A2n & GEn);
assign Y2=~(A0n & A1nn& A2n & GEn);
assign Y3=~(A0nn& A1nn& A2n & GEn);
assign Y4=~(A0n & A1n & A2nn& GEn);
assign Y5=~(A0nn& A1n & A2nn& GEn);
assign Y6=~(A0n & A1nn& A2nn& GEn);
assign Y7=~(A0nn& A1nn& A2nn& GEn);
endmodule
```

```
`timescale 1ns/100ps
module LS138_tb;
reg  G1,G2A,G2B,A2,A1,A0;
wire Y0,Y1,Y2,Y3,Y4,Y5,Y6,Y7;
LS138 DUT(
.G1(G1),
.G2A(G2A),
.G2B(G2B),
.A2(A2),
.A1(A1),
.A0(A0),
.Y0(Y0),
.Y1(Y1),
.Y2(Y2),
.Y3(Y3),
.Y4(Y4),
.Y5(Y5),
.Y6(Y6),
.Y7(Y7));
initial begin
  G1=1;G2A=0;G2B=0;A2=0;A1=0;A0=0; #10
  G1=1;G2A=0;G2B=0;A2=0;A1=0;A0=1; #10
  G1=1;G2A=0;G2B=0;A2=0;A1=1;A0=0; #10
  G1=1;G2A=0;G2B=0;A2=0;A1=1;A0=1; #10
  G1=1;G2A=0;G2B=0;A2=1;A1=0;A0=0; #10
  G1=1;G2A=0;G2B=0;A2=1;A1=0;A0=1; #10
  G1=1;G2A=0;G2B=0;A2=1;A1=1;A0=0; #10
  G1=1;G2A=0;G2B=0;A2=1;A1=1;A0=1; #10
  G1=0;G2A=0;G2B=0;A2=0;A1=0;A0=0; #10
  G1=1;G2A=1;G2B=0;A2=0;A1=0;A0=0; #10
  G1=1;G2A=0;G2B=1;A2=0;A1=0;A0=0; #10
  $stop;
end
endmodule
```

图 4-4-4　74LS138 逻辑图的 Verilog 程序　　图 4-4-5　74LS138 译码器的 Verilog 测试程序

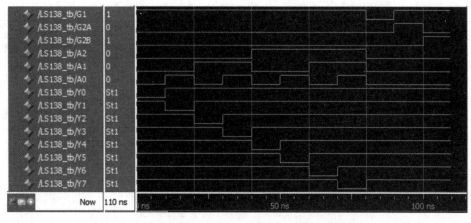

图 4-4-6　3 线-8 线译码器的 ModelSim 仿真结果

【例 4-4-1】　试用 74LS138 实现一个多输入、多输出的逻辑函数,逻辑函数表达式为

$$F_0(A,B,C)=A \oplus B \oplus C$$

$$F_1(A,B,C)=\overline{A}(B \oplus C)+BC$$

解:将逻辑函数表达式写成最小项形式为

$$F_0(A,B,C)=ABC+A\overline{B}\,\overline{C}+\overline{A}B\overline{C}+\overline{A}\,\overline{B}C=\overline{\overline{Y_7}\,\overline{Y_4}\,\overline{Y_2}\,\overline{Y_1}}$$

$$F_1(A,B,C)=\overline{A}B\overline{C}+\overline{A}\,\overline{B}C+ABC+\overline{A}BC=\overline{\overline{Y_7}\,\overline{Y_3}\,\overline{Y_2}\,\overline{Y_1}}$$

将输入变量 A、B、C 分别接 74LS138 输入端 A_2、A_1、A_0,由于 74LS138 输出是低有效,输出 F_0 和 F_1 对应 A、B、C 最小项的与非,见图 4-4-7。

4.4.2　二-十进制译码器

二-十进制译码器也称为 4 线-10 线译码器,其输入为 4 位二进制数,采用 BCD 码的 10 个代码 0000,0001,…,1001,输出是 10 个输出端。图 4-4-8 是二-十进制译码器 74LS42 的引脚功能图,真值表如表 4-4-2 所示。当输入超过 BCD 码的范围时(1010～1111),输出均为 1,也就是无有效译码输出。

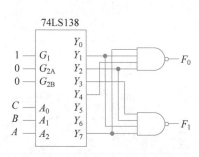

图 4-4-7　【例 4-4-1】的逻辑电路图

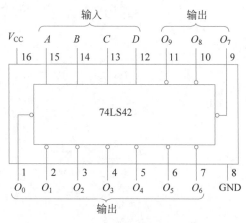

图 4-4-8　74LS42 引脚功能图

表 4-4-2　二-十进制译码器 74LS42 的真值表

输　入				输　出									
D	C	B	A	O_0	O_1	O_2	O_3	O_4	O_5	O_6	O_7	O_8	O_9
0	0	0	0	0	1	1	1	1	1	1	1	1	1
0	0	0	1	1	0	1	1	1	1	1	1	1	1
0	0	1	0	1	1	0	1	1	1	1	1	1	1
0	0	1	1	1	1	1	0	1	1	1	1	1	1
0	1	0	0	1	1	1	1	0	1	1	1	1	1
0	1	0	1	1	1	1	1	1	0	1	1	1	1
0	1	1	0	1	1	1	1	1	1	0	1	1	1
0	1	1	1	1	1	1	1	1	1	1	0	1	1
1	0	0	0	1	1	1	1	1	1	1	1	0	1
1	0	0	1	1	1	1	1	1	1	1	1	1	0
1	0	1	0	1	1	1	1	1	1	1	1	1	1
1	0	1	1	1	1	1	1	1	1	1	1	1	1
1	1	0	0	1	1	1	1	1	1	1	1	1	1
1	1	0	1	1	1	1	1	1	1	1	1	1	1
1	1	1	0	1	1	1	1	1	1	1	1	1	1
1	1	1	1	1	1	1	1	1	1	1	1	1	1

根据真值表 4-4-2 写出二-十进制译码器的输出表达式:

$$O_0 = \overline{\overline{D}\,\overline{C}\,\overline{B}\,\overline{A}}\,,\quad O_1 = \overline{\overline{D}\,\overline{C}\,\overline{B}A}\,,\quad O_2 = \overline{\overline{D}\,\overline{C}B\overline{A}}\,,\quad O_3 = \overline{\overline{D}\,\overline{C}BA}\,,\quad O_4 = \overline{\overline{D}C\overline{B}\,\overline{A}}\,,$$

$$O_5 = \overline{\overline{D}C\overline{B}A}\,,\quad O_6 = \overline{\overline{D}CB\overline{A}}\,,\quad O_7 = \overline{\overline{D}CBA}\,,\quad O_8 = \overline{D\,\overline{C}\,\overline{B}\,\overline{A}}\,,\quad O_9 = \overline{D\,\overline{C}\,\overline{B}A}$$

由表达式实现的逻辑电路图见图 4-4-9。逻辑电路图的 Verilog 程序见图 4-4-10。

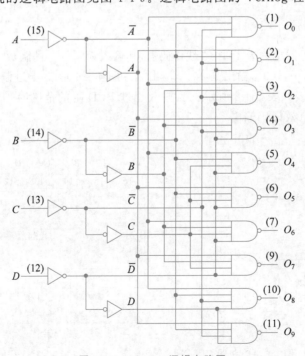

图 4-4-9　74LS42 逻辑电路图

```
//7442逻辑图实现
module LS42(
input  wire A, //低位输入
input  wire B,
input  wire C,
input  wire D, //高位输入
output wire O0,//低位输出
output wire O1,
output wire O2,
output wire O3,
output wire O4,
output wire O5,
output wire O6,
output wire O7,
output wire O8,
output wire O9);//高位输出
assign  O0 = ~(~A & ~B & ~C & ~D);
assign  O1 = ~( A & ~B & ~C & ~D);
assign  O2 = ~(~A &  B & ~C & ~D);
assign  O3 = ~( A &  B & ~C & ~D);
assign  O4 = ~(~A & ~B &  C & ~D);
assign  O5 = ~( A & ~B &  C & ~D);
assign  O6 = ~(~A &  B &  C & ~D);
assign  O7 = ~( A &  B &  C & ~D);
assign  O8 = ~(~A & ~B & ~C &  D);
assign  O9 = ~( A & ~B & ~C &  D);
endmodule
```

图 4-4-10   74LS42 逻辑图的 Verilog 程序

4.4.3 七段数码管以及静态和动态显示译码器

在数字系统中使用的是二进制数,日常人们习惯的是十进制数,因此在各种数字系统进行显示时,通常要用专门的译码电路把二进制数译成十进制数,并用七段数码管显示。

1. 七段数码管

七段数码管一般由 8 个发光二极管组成,其中 7 个条形的发光二极管组成数字显示,分别对应 a、b、c、d、e、f、g;1 个圆形的发光二极管显示小数点,对应 dp(decimal point)。由于 7 个发光二极管参与数字显示,称为七段数码管,如图 4-4-11(a)所示。

七段数码管有共阳极和共阴极两种类型。共阴极数码管在使用时,公共端阴极通常接地,a、b、c、d、e、f、g 为高电平时点亮对应的发光段。共阳极数码管的阳极接在一起,公共端阳极通常接电源,a、b、c、d、e、f、g 为低电平时点亮对应的发光段,如图 4-4-11(b)所示。

七段数码管的显示分为静态显示和动态显示。静态显示是七段数码管的每一个段码要独立占有控制端口,其优点是显示稳定,缺点是位数较多。动态显示是将多位数码管的 7 个段码中,相同段码连接在一起,共需要 7 个控制端口;多位数码管的公共端需要分别接在控制的端口上。4 位数码管引脚如图 4-4-11(c)所示,4 位共阳数码管电路如图 4-4-11(d)所示。多位数码管按顺序轮流显示,只要扫描频率足够高,利用人眼的视觉暂留现象,就能连续稳定显示。动态显示需要的控制端口少,但最好使用 CPU 芯片或 FPGA 芯片。

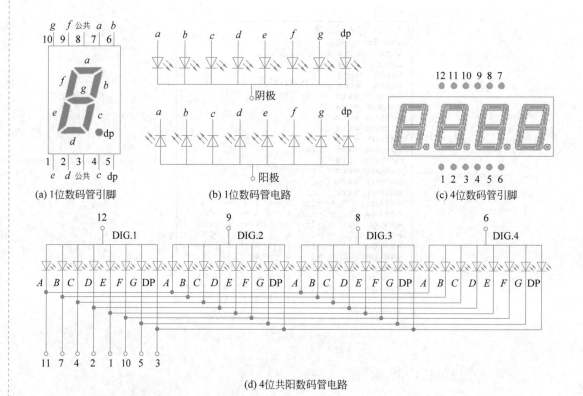

(a) 1位数码管引脚　　　　　(b) 1位数码管电路　　　　　(c) 4位数码管引脚

(d) 4位共阳数码管电路

图 4-4-11　七段数码管

2. 七段数码管静态显示译码器

七段数码管显示译码器常用的有 74LS47 和 74LS48,这两种芯片的引脚图是一样的,如图 4-4-12 所示。共阴数码管的显示译码器是 74LS48,7 个段码需要高电平驱动,功能表见表 4-4-3。

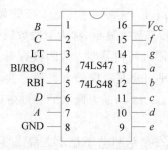

图 4-4-12　74LS47/48 引脚图

表 4-4-3　七段共阴数码管显示译码器 74LS48 的功能表

输　　入							输　　出						
LT	RBI	D	C	B	A	BI/RBO	a	b	c	d	e	f	g
1	1	0	0	0	0	1	1	1	1	1	1	1	0
1	×	0	0	0	1	1	0	1	1	0	0	0	0

续表

输　入							输　出						
LT	RBI	D	C	B	A	BI/RBO	a	b	c	d	e	f	g
1	1	0	0	0	0	1	1	1	1	1	1	1	0
1	×	0	0	1	0	1	1	1	0	1	1	0	1
1	×	0	0	1	1	1	1	1	1	1	0	0	1
1	×	0	1	0	0	1	0	1	1	0	0	1	1
1	×	0	1	0	1	1	1	0	1	1	0	1	1
1	×	0	1	1	0	1	0	0	1	1	1	1	1
1	×	0	1	1	1	1	1	1	1	0	0	0	0
1	1	1	0	0	0	1	1	1	1	1	1	1	1
1	×	1	0	0	1	1	1	1	1	0	0	1	1
1	×	1	0	1	0	1	0	0	0	1	1	0	1
1	×	1	0	1	1	1	0	0	1	1	0	0	1
1	×	1	1	0	0	1	0	1	0	0	0	1	1
1	×	1	1	0	1	1	0	0	0	1	0	1	1
1	×	1	1	1	0	1	0	0	0	1	1	1	1
1	×	1	1	1	1	1	0	0	0	0	0	0	0
×	×	×	×	×	×	0	0	0	0	0	0	0	0
1	0	0	0	0	0	0	0	0	0	0	0	0	0
0	×	×	×	×	×	1	1	1	1	1	1	1	1

七段数码管显示译码器的引脚功能如下：

（1）LT 是试灯输入，为了检查数码管各段是否能正常发光设置的。当 LT=0,BI=1 时，无论输入 A、B、C、D 为何种状态，若驱动的数码管正常，则 7 段全亮。

（2）BI 是灭灯输入，当 BI=0 时，共阴极数码管 7 段全熄灭。

（3）RBI 是灭零输入，专为多位数字显示时灭掉不需显示的 0 设置的，该功能是在译码工作情况下，在 RBI=0 时，且 $DCBA$=0000，共阴极数码管的 0 熄灭。

（4）RBO 是灭零输出，与灭灯输入 BI 共用引脚，RBO 和 RBI 配合使用，可以实现多位数码显示的灭零控制。

共阴数码管与显示译码器 74LS48 的电路如图 4-4-13 和图 4-4-14 所示，输入端 D、C、B、A 接 BCD 码的 D_3、D_2、D_1、D_0，3 个输入功能引脚均接高电平或通过限流电阻接电源；译码器的 7 个段码输出与数码管对应的 a、b、c、d、e、f、g 段码连接，中间需加限流电阻。

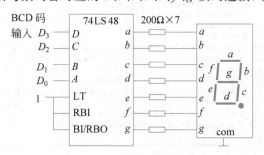

图 4-4-13　共阴数码管译码显示电路

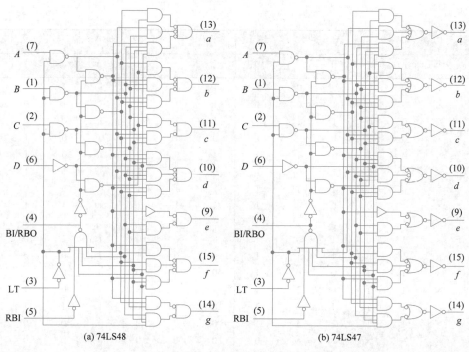

图 4-4-14　七段数码管显示译码器的逻辑电路图

由 74LS48 逻辑电路图实现 74LS48 的 Verilog 程序见图 4-4-15。

```verilog
//共阴7段数码管译码器 74LS48
module LS48(
input wire  D,
input wire  C,
input wire  B,
input wire  A,
input wire  BI,
input wire  LT,
input wire  RBI,
output wire RBO,
output wire out_a,
output wire out_b,
output wire out_c,
output wire out_d,
output wire out_e,
output wire out_f,
output wire out_g );
wire    SA,SB,SC,SD,SR;
assign   RBO = SR;
assign   SA = ~(~(A&LT)&BI&SR);
assign   SB = ~(~(B&LT)&BI&SR);
assign   SC = ~(~(C&LT)&BI&SR);
assign   SD = ~(~D&BI&SR);
assign   SR = ~(~(B&LT)& ~(C&LT)& ~D& ~(A&LT)& ~RBI&LT);
assign   out_a = ~(SB&SD|SA& ~(B&LT)& ~(C&LT)& ~D|~(A&LT)&SC);
assign   out_b = ~(SB&SD|SC&SB& ~(A&LT)|SC& ~(B&LT)&SA);
assign   out_c = ~(SC&SD|~(C&LT)&SB& ~(A&LT));
assign   out_d = ~(~(C&LT)& ~(B&LT)&SA|SC&SB&SA|SC& ~(B&LT)& ~(A&LT));
assign   out_e = ~(SA|~(B&LT)&SC);
assign   out_f = ~(SA&SB|~D& ~(C&LT)&SA|SB& ~(C&LT));
assign   out_g = ~(SC&SB&SA|~(B&LT)& ~(C&LT)& ~D&LT);
endmodule
```

图 4-4-15　74LS48 逻辑电路的 Verilog 程序

共阳数码管与显示译码器 74LS47 连接的电路如图 4-4-16 所示,共阳数码管公共端需要接电源,并使用一个限流电阻;7 个段位为低电平时,发光二极管被点亮。

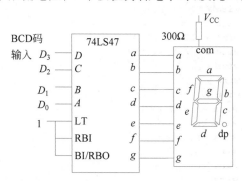

图 4-4-16　共阳数码管译码显示电路

根据 74LS47 功能表(表 4-4-4),用 Verilog 实现的 74LS47 如图 4-4-17 所示。

表 4-4-4　七段共阳数码管显示译码器 74LS47 的功能表

	输 入							输 出						
	LT	RBI	D	C	B	A	BI/RBO	a_n	b_n	c_n	d_n	e_n	f_n	g_n
0	1	1	0	0	0	0	1	0	0	0	0	0	0	1
1	1	×	0	0	0	1	1	1	0	0	1	1	1	1
2	1	×	0	0	1	0	1	0	0	1	0	0	1	0
3	1	×	0	0	1	1	1	0	0	0	0	1	1	0
4	1	×	0	1	0	0	1	1	0	0	1	1	0	0
5	1	×	0	1	0	1	1	0	1	0	0	1	0	0
6	1	×	0	1	1	0	1	1	1	0	0	0	0	0
7	1	×	0	1	1	1	1	0	0	0	1	1	1	1
8	1	×	1	0	0	0	1	0	0	0	0	0	0	0
9	1	×	1	0	0	1	1	0	0	0	1	1	0	0
10	1	×	1	0	1	0	1	1	1	1	0	0	1	0
11	1	×	1	0	1	1	1	1	1	0	0	1	1	0
12	1	×	1	1	0	0	1	1	0	1	1	1	0	0
13	1	×	1	1	0	1	1	0	1	1	0	1	0	0
14	1	×	1	1	1	0	1	1	1	1	0	0	0	0
15	1	×	1	1	1	1	1	1	1	1	1	1	1	1
BI	×	×	×	×	×	×	0	1	1	1	1	1	1	1
RBI	1	0	0	0	0	0	0	1	1	1	1	1	1	1
LT	0	×	×	×	×	×	1	0	0	0	0	0	0	0

【例 4-4-2】 FPGA 开发板时钟频率为 50MHz,4 位共阳数码管原理图如图 4-4-18 所示,设计 4 位共阳 7 段数码管静态显示译码器。1s 显示 1 个字型,循环显示 16 种字型,具体字型如图 4-4-19 所示。

解:由 FPGA 开发板的数码管原理图可知,4 位数码管的公共端 $AN_0 \sim AN_3$ 为 0

```
//共阳7段数码管译码器 74LS47
module LS47(
input wire LT, //试灯输入
input wire BI, //灭灯输入
input wire RBI,//灭零输入
input wire D, //输入最高位
input wire C,
input wire B,
input wire A, //输入最低位
output wire an,//输出段位
output wire bn,
output wire cn,
output wire dn,
output wire en,
output wire fn,
output wire gn,  //输出段位
output wire RBO); //灭零输出
reg [0:7] seg_out;
assign {an,bn,cn,dn,en,fn,gn,RBO} = seg_out;
always @ (LT,BI,RBI,D,C,B,A) begin
    if (LT == 0)  seg_out = 8'b00000001;
    else if ( BI == 0)  seg_out = 8'b11111110;
    else if ( RBI == 0 && {D,C,B,A} == 4'b0000 )
        seg_out = 8'b11111110;
        else case ({D,C,B,A})
        4'b0000: seg_out = 8'b00000011;  //显示"0"
        4'b0001: seg_out = 8'b10011111;  //显示"1"
        4'b0010: seg_out = 8'b00100101;  //显示"2"
        4'b0011: seg_out = 8'b00001101;  //显示"3"
        4'b0100: seg_out = 8'b10011001;  //显示"4"
        4'b0101: seg_out = 8'b01001001;  //显示"5"
        4'b0110: seg_out = 8'b11000001;  //显示"6"
        4'b0111: seg_out = 8'b00011111;  //显示"7"
        4'b1000: seg_out = 8'b00000001;  //显示"8"
        4'b1001: seg_out = 8'b00011001;  //显示"9"
        4'b1010: seg_out = 8'b11100101;
        4'b1011: seg_out = 8'b11001101;
        4'b1100: seg_out = 8'b10111001;
        4'b1101: seg_out = 8'b01101001;
        4'b1110: seg_out = 8'b11100001;
        4'b1111: seg_out = 8'b11111111;
        default: seg_out = 8'b11111111;
        endcase
    end
endmodule
```

图 4-4-17 74LS47 功能表的 Verilog 程序

时,PNP 管导通,数码管的公共端接 3.3V。当二进制输入 $A_3 \sim A_0$ 为 0000,0001,…, 1111,根据图 4-4-19 数码管显示字型,需设计相应的译码器。输入时钟为 50MHz,要 1s 显示 1 个字型,需要将 50MHz 时钟降为 1Hz;要循环显示 16 个字型,设计 1 个十六进制 计数器。实现上述功能的 Verilog 程序如图 4-4-20 所示。

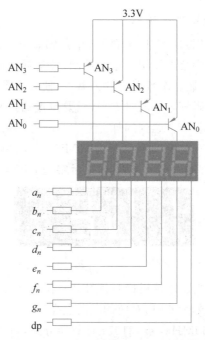

图 4-4-18 FPGA 开发板的 4 位数码管原理图

图 4-4-19 数码管显示字型

```
//共阳7段数码管译码器静态显示应用
module SLED7(
input   CLK50M,  //输入时钟
output  [3:0] AN,  //输出位0
output  an,  //输出段位
output  bn,
output  cn,
output  dn,
output  en,
output  fn,
output  gn);  //输出段位
reg [27:0] cnt;
reg CLK1HZ;
reg [3:0] QT;
reg [6:0] seg;
assign AN  = 4'b0000;
assign
{an,bn,cn,dn,en,fn,gn}=seg;
//译码器
always @ ( * ) begin
case ( QT )
4'b0000: seg = 7'b0000001; // "0"
4'b0001: seg = 7'b1001111; // "1"
4'b0010: seg = 7'b0010010; // "2"
4'b0011: seg = 7'b0000110; // "3"
4'b0100: seg = 7'b1001100; // "4"
4'b0101: seg = 7'b0100100; // "5"
4'b0110: seg = 7'b0100000; // "6"
4'b0111: seg = 7'b0001111; // "7"
4'b1000: seg = 7'b0000000; // "8"
4'b1001: seg = 7'b0001100; // "9"
4'b1010: seg = 7'b0001000; // "A"
4'b1011: seg = 7'b1100000; // "b"
4'b1100: seg = 7'b1110010; // "c"
4'b1101: seg = 7'b1000010; // "d"
4'b1110: seg = 7'b0110000; // "E"
4'b1111: seg = 7'b0111000; // "F"
endcase
end
//16进制计数器
always @( posedge CLK1HZ ) begin
  QT <= QT + 1;
end
//50MHz转1HZ模块
always @ (posedge CLK50M) begin
    if(cnt != 28'd24999999)
        cnt <= cnt + 1'b1;
    else
        cnt <= 28'd0;
    end
always @ (posedge CLK50M) begin
    if(cnt==28'd0)
        CLK1HZ <= ~ CLK1HZ;
    end
endmodule
```

图 4-4-20 【例 4-4-2】数码管静态显示 Verilog 程序

3. 多位七段数码管动态显示译码器

多位数码管动态显示是将所有数码管的 7 个段码 a、b、c、d、e、f、g 以及点 dp 的同名端连在一起,每位数码管的公共端用位选通控制,位选通控制信号为有效值,就点亮该位数码管。通过分时轮流控制各个数码管的公共端,使各个数码管轮流点亮。利用人的视觉暂留现象,虽然各个数码管不是同时点亮,只要位选通控制信号频率足够高,人看到的就是一组稳定的显示数据,不会感到闪烁。

【例 4-4-3】 用 FPGA 开发板,时钟频率为 50MHz,4 位共阳数码管原理图如图 4-4-18 所示。设计共阳七段数码管动态显示译码器,显示字型如图 4-4-21 所示。

图 4-4-21 【例 4-4-3】的 4 位数码管动态显示输出

解:由图 4-4-21 可知,当位码选通控制信号某一位为 0 时,对应的 PNP 三极管导通,共阳极为 3.3V。当段码信号为 0 时,对应的段码点亮。

FPGA 开发板频率为 50MHz,经 131071 计数器分频,频率为 381.5Hz;用 4 位共阳数码管动态显示,131071×4/50000000=10.48(ms)循环扫描 1 遍。设计一个 19 位二进制计数器,低 17 位实现 131071 计数器,高 2 位实现 4 位数码管共阳端的循环驱动。4 位共阳数码管动态显示译码驱动 Verilog 程序如图 4-4-22 所示。

```verilog
//4个7段数码管动态显示
module DLED7(
input wire clk_50MHz,
output reg [7:0] seg,
output reg [3:0] AN );
reg [18:0] cnt;
wire [1:0] flip_led;
assign flip_led = cnt[18:17];//数据改变
//动态扫描131071*4/50M=10.5ms循环扫描
always@(posedge clk_50MHz) begin
    cnt<=cnt+1;
end
//译码输出 seg[7:0]:a,b,c,d,e,f,g,h
always @( * ) begin
    case(flip_led)
    0: begin seg = 8'b00000010;  AN = 4'b1110; end // "0"
    1: begin seg = 8'b10011110;  AN = 4'b1101; end // "1"
    2: begin seg = 8'b00100100;  AN = 4'b1011; end // "2"
    3: begin seg = 8'b00001100;  AN = 4'b0111; end // "3"
    default: begin seg = 8'b11111111; AN = 4'b1111; end
    endcase
end
endmodule
```

图 4-4-22 【例 4-4-3】4 位数码管动态显示的 Verilog 程序

4.5 数据分配器与数据选择器

在数字系统中有时需要将一路数据分时地传输到多路通道中,实现这种功能的电路称为数据分配器(Demultiplexer,DEMUX)。数据选择器(Multiplexer,MUX)与数据分配器相反,是在地址选择信号的控制下,分时地从多路输入数据中选择一路作为输出的电路,数据选择器又称为多路开关。其用途很多,如图 4-5-1 所示就是一种应用。

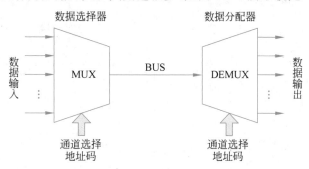

图 4-5-1 数据选择器和数据分配器的应用

4.5.1 数据分配器

4 路数据分配器原理示意图如图 4-5-2 所示,其中输入数据为 D ,4 路数据输出端为 $Y_0 \sim Y_3$,A、B 是控制通道选择的(地址)选择输入端,4 路数据分配器逻辑电路如图 4-5-3 所示。函数表达式为 $Y_0 = D\overline{A}\,\overline{B}$,$Y_1 = D\overline{A}B$,$Y_2 = DA\overline{B}$,$Y_3 = DAB$ 。数据分配器实质上是地址译码器与数据 D 的组合,因此选择输入端也可以称为地址选择输入端。

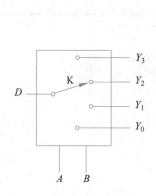

图 4-5-2 数据分配器示意图

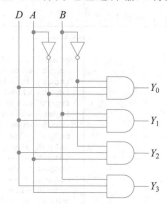

图 4-5-3 4 路数据分配器逻辑电路

集成芯片 74LS139 是两个独立的 4 路数据分配器,也是两个独立的 2 线-4 线译码器;逻辑电路见图 4-5-4,功能表见表 4-5-1。由逻辑电路写出输出表达式:

$$Y_0 = \overline{\overline{G}\,\overline{B}\,\overline{A}}, \quad Y_1 = \overline{\overline{G}\,\overline{B}A}, \quad Y_2 = \overline{\overline{G}B\overline{A}}, \quad Y_3 = \overline{\overline{G}BA}$$

当 74LS139 用于 4 路数据分配器使用时,数据输入 D 接 G_1 。

由逻辑电路图实现 74LS139 的 Verilog 程序见图 4-5-5。

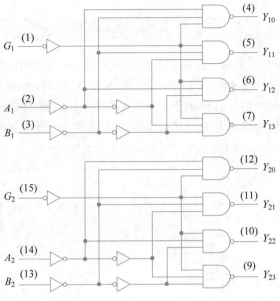

图 4-5-4 74LS139 逻辑电路

表 4-5-1 74LS139 功能表

输 入			输 出			
G	B	A	Y_0	Y_1	Y_2	Y_3
1	×	×	1	1	1	1
0	0	0	0	1	1	1
0	0	1	1	0	1	1
0	1	0	1	1	0	1
0	1	1	1	1	1	0

```verilog
//由74LS139逻辑电路描述的Verilog代码
module LS139(
 input  wireG1,//第1路使能低有效
 input  wireA1,//第1路输入低位
 input  wireB1,//第1路输入高位
 input  wireG2,//第2路使能低有效
 input  wireA2,//第2路输入高位
 input  wireB2,//第2路输入高位
 output wire Y13,//第1路输出高位
 output wire Y12,
 output wire Y11,
 output wire Y10,//第1路输出低位
 output wire Y23,//第2路输出高位
 output wire Y22,
 output wire Y21,
 output wire Y20);//第2路输出低位
assign  Y10 = ~(~A1 & ~B1 & ~G1);
assign  Y11 = ~( A1 & ~B1 & ~G1);
assign  Y12 = ~(~A1 &  B1 & ~G1);
assign  Y13 = ~( A1 &  B1 & ~G1);
assign  Y20 = ~(~A2 & ~B2 & ~G2);
assign  Y21 = ~( A2 & ~B2 & ~G2);
assign  Y22 = ~(~A2 &  B2 & ~G2);
assign  Y23 = ~( A2 &  B2 & ~G2);
endmodule
```

图 4-5-5 74LS139 逻辑电路的 Verilog 程序

集成芯片 74LS138 是 3 线-8 线译码器,也是 8 路数据分配器,74LS138 连接成 8 路数据分配器见图 4-5-6。

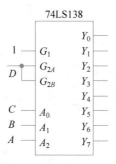

图 4-5-6　8 路数据分配器

4.5.2　数据选择器

数据选择器与数据分配器相反,在地址选择信号的控制下,分时地从多路输入数据中选择一路作为输出的电路,数据选择器又称为多路开关。4 选 1 数据选择器原理示意图如图 4-5-7 所示,图中 4 个数据输入端为 $D_3 \sim D_0$,A_1、A_0 是地址选择输入端,数据输出端为 F;当地址选择输入 A_1、A_0 为不同代码时,输入通道 $D_3 \sim D_0$ 中的不同数据可以送至输出端 F。4 选 1 数据选择器的逻辑电路如图 4-5-8 所示。其逻辑函数表达式为

$$F = \overline{A}_1 \overline{A}_0 D_0 + \overline{A}_1 A_0 D_1 + A_1 \overline{A}_0 D_2 + A_1 A_0 D_3$$

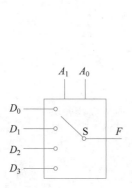

图 4-5-7　MUX 示意图

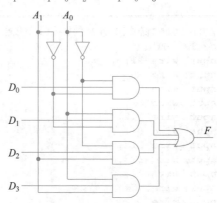

图 4-5-8　4 选 1 MUX 逻辑电路

集成芯片 74LS153 是双 4 选 1 数据选择器,逻辑图如图 4-5-9 所示,它是由两个完全相同的 4 选 1 数据选择器构成。$D_{10} \sim D_{13}$、$D_{20} \sim D_{23}$ 是两组独立的数据输入端;A_1、A_0 是公共地址输入端,Y_1 和 Y_2 分别是两组 4 选 1 数据选择器的输出端;G_1 和 G_2 分别是两组使能控制输入端,当使能端为 1 时,选择器被禁止。74LS153 功能表如表 4-5-2 所示,当使能 $G_1 = 0$ 或 $G_2 = 0$ 时,对应的 4 选 1 数据选择器的输出逻辑函数表达式为

$$Y_1 = \overline{G}_1 (\overline{A}_1 \overline{A}_0 \cdot D_{10} + \overline{A}_1 A_0 \cdot D_{11} + A_1 \overline{A}_0 \cdot D_{12} + A_1 A_0 \cdot D_{13})$$

$$Y_2 = \overline{G}_2 \cdot (\overline{A}_1 \overline{A}_0 \cdot D_{20} + \overline{A}_1 A_0 \cdot D_{21} + A_1 \overline{A}_0 \cdot D_{22} + A_1 A_0 \cdot D_{23})$$

由图 4-5-9 所示的 74LS153 逻辑电路图实现 74LS153 的 Verilog 程序见图 4-5-10。

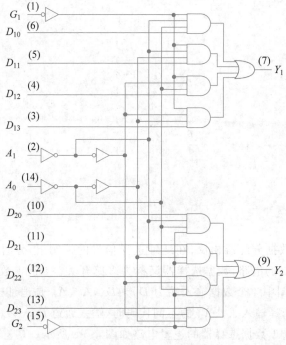

图 4-5-9　74LS153 逻辑图

```
//由74LS153逻辑电路描述的Verilog代码
module LS153(
input  wire A1,
input  wire A0,
input  wire G1,
input  wire G2,
input  wire D10,
input  wire D11,
input  wire D12,
input  wire D13,
input  wire D20,
input  wire D21,
input  wire D22,
input  wire D23,
output wire Y1,
output wire Y2);
assign  Y1 = (~G1 & ~A1 & ~A0 & D10)|(~G1 & ~A1 & A0 & D11)
        |(~G1 & A1 & ~A0 & D12)|(~G1 & A1 & A0 & D13);
assign  Y2 = (D20 & ~A1 & ~A0 & ~G2) |(D21 & ~A1 & A0 & ~G2)
        |(D22 & A1 & ~A0 & ~G2) |(D23 & A1 & A0 & ~G2);

endmodule
```

图 4-5-10　74LS153 逻辑电路的 Verilog 程序

表 4-5-2　74LS153 功能表

输　　入				输　　出	
G_1	G_2	A_1	A_0	Y_1	Y_2
1	1	×	×	0	0
0	0	0	0	D_{10}	D_{20}
0	0	0	1	D_{11}	D_{21}
0	0	1	0	D_{12}	D_{22}
0	0	1	1	D_{13}	D_{23}

　　8 选 1 数据选择器 74LS151 逻辑电路如图 4-5-11 所示。8 个数据输入端为 $D_7 \sim D_0$，A_2、A_1、A_0 为 3 个地址选择输入端，E 为使能输入端，Y 和 W 为数据输出端，W 是 Y 的非。表 4-5-3 列出了 8 选 1 数据选择器 74LS151 的功能，当使能输入 $E=0$ 时，数据选择器正常工作，对应的 8 选 1 数据选择器的输出逻辑函数表达式为

$$Y = \bar{E} \cdot (D_0 \cdot \bar{A}_2 \cdot \bar{A}_1 \cdot \bar{A}_0 + D_1 \cdot \bar{A}_2 \cdot \bar{A}_1 \cdot A_0 + D_2 \cdot \bar{A}_2 \cdot A_1 \cdot \bar{A}_0 + D_3 \cdot \bar{A}_2 \cdot A_1 \cdot A_0 +$$
$$D_4 \cdot A_2 \cdot \bar{A}_1 \cdot \bar{A}_0 + D_5 \cdot A_2 \cdot \bar{A}_1 \cdot A_0 + D_6 \cdot A_2 \cdot A_1 \cdot \bar{A}_0 + D_7 \cdot A_2 \cdot A_1 \cdot A_0)$$

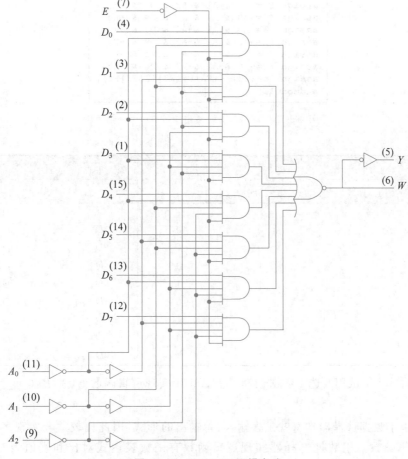

图 4-5-11　74LS151 逻辑电路

由图 4-5-11 所示的 74LS151 逻辑电路图，实现的 74LS151 的 Verilog 程序见图 4-5-12。

```
//由74LS151逻辑电路描述的Verilog代码
module LS151(
input wire  D0,
input wire  D1,
input wire  D2,
input wire  D3,
input wire  D4,
input wire  D5,
input wire  D6,
input wire  D7,
input wire  A0,
input wire  A1,
input wire  A2,
input wire  E,
output wire Y,
output wire W );
wire  F0,F1,F2,F3;
wire  F4,F5,F6,F7,F;
assign W = F;
assign Y = ~F;
assign F7= A0 & A1 & A2 & D7 & ~E;
assign F6=~A0 & A1 & A2 & D6 & ~E;
assign F5= A0 &~A1 & A2 & D5 & ~E;
assign F4=~A0 &~A1 & A2 & D4 & ~E;
assign F3= A0 & A1 &~A2 & D3 & ~E;
assign F2=~A0 & A1 &~A2 & D2 & ~E;
assign F1= A0 &~A1 &~A2 & D1 & ~E;
assign F0=~A0 &~A1 &~A2 & D0 & ~E;
assign F=~(F7|F6|F5|F4|F3|F2|F1|F0);
endmodule
```

图 4-5-12 74LS151 逻辑电路的 Verilog 程序

表 4-5-3 74LS151 功能表

输 入				输 出	
E	A_2	A_1	A_0	Y	W
1	×	×	×	0	1
0	0	0	0	D_0	$\overline{D}_0$
0	0	0	1	D_1	$\overline{D}_1$
0	0	1	0	D_2	$\overline{D}_2$
0	0	1	1	D_3	$\overline{D}_3$
0	1	0	0	D_4	$\overline{D}_4$
0	1	0	1	D_5	$\overline{D}_5$
0	1	1	0	D_6	$\overline{D}_6$
0	1	1	1	D_7	$\overline{D}_7$

【例 4-5-1】 试用 8 选 1 数据选择器 74LS151 实现逻辑函数 $F(A,B,C) = \sum(m_1, m_3, m_7)$

解：由于数据选择器本身就是多输入、单输出的形式，因此比较适合实现多输入、单输出的逻辑函数。用数据选择器实现逻辑函数有函数表达式对比和真值表对比两种方法。

（1）函数表达式对比方法。

8 选 1 数据选择器的输出逻辑函数为

$$Y = \bar{E} \cdot (D_0 \cdot \bar{A}_2 \cdot \bar{A}_1 \cdot \bar{A}_0 + D_1 \cdot \bar{A}_2 \cdot \bar{A}_1 \cdot A_0 + D_2 \cdot \bar{A}_2 \cdot A_1 \cdot \bar{A}_0 + D_3 \cdot$$
$$\bar{A}_2 \cdot A_1 \cdot A_0 + D_4 \cdot A_2 \cdot \bar{A}_1 \cdot \bar{A}_0 + D_5 \cdot A_2 \cdot \bar{A}_1 \cdot A_0 + D_6 \cdot A_2 \cdot A_1 \cdot$$
$$\bar{A}_0 + D_7 \cdot A_2 \cdot A_1 \cdot A_0)$$

令 $A = A_2, B = A_1, C = A_0$，则要实现的逻辑函数为

$$F(A,B,C) = \sum(m_1, m_3, m_7) = \bar{A}_2 \cdot \bar{A}_1 \cdot A_0 + \bar{A}_2 \cdot A_1 \cdot A_0 + A_2 \cdot A_1 \cdot A_0$$

比较两个表达式可得

$$D_1 = D_3 = D_7 = 1, \quad D_0 = D_2 = D_4 = D_5 = D_6 = 0$$

（2）真值表对比方法。

将数据选择器真值表与要实现逻辑函数真值表列在一起并对比，求出 $D_0 \sim D_7$ 值。由逻辑函数列出的真值表如表 4-5-4 所示。图 4-5-13 给出了用 74LS151 实现 $F(A,B,C) = \sum(m_1, m_3, m_7)$ 的逻辑图。

表 4-5-4 【例 4-5-1】的真值表

A	B	C	F	Y	备　注
0	0	0	0	D_0	$D_0 = 0$
0	0	1	1	D_1	$D_1 = 1$
0	1	0	0	D_2	$D_2 = 0$
0	1	1	1	D_3	$D_3 = 1$
1	0	0	0	D_4	$D_4 = 0$
1	0	1	0	D_5	$D_5 = 0$
1	1	0	0	D_6	$D_6 = 0$
1	1	1	1	D_7	$D_7 = 1$

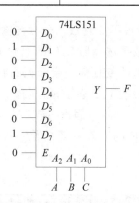

图 4-5-13 【例 4-5-1】的逻辑图

【例 4-5-2】 试用 74LS151、74LS138 以及门电路实现如图 4-5-1 所示的 8 路数据分时传输的功能。

解：根据题目要求，MUX 用 8 选 1 数据选择器 74LS151、DEMUX 用 8 路数据分配

器74LS138,因为总线 BUS 是共用的,连接到总线的输出必须具有三态功能,在不使用时是高阻态,因此 74LS151 输出接高有效的三态缓冲器,逻辑电路见图 4-5-14。

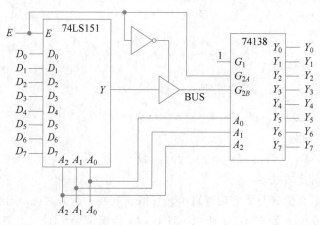

图 4-5-14 【例 4-5-2】的逻辑图

(1) 数据选择器 MUX 模块。

当 $E=0$ 时,8 选 1 数据选择器 74LS151 处于"工作状态";当 $A_2A_1A_0=000$ 时,74LS151 选择输入数据通道 D_0 作为输出。当 $E=1$ 时,74LS151"不选择",输出 Y 为 0;但三态缓冲器输出为高阻态。

(2) 数据分配器 DEMUX 模块。

当 $E=0$ 时,且 $A_2A_1A_0=000$,74LS138 的 Y_0 为输出通道。此时,$G_{2B}=D_0$;若 $D_0=0$,$Y_0=0$,则与 D_0 状态相同;若 $D_0=1$,$G_{2B}=1$,则 74LS138 所有输出全为 1,$Y_0=1$,也与 D_0 状态相同。

当 $A_2A_1A_0=000$ 时,输出为 D_0;当 $A_2A_1A_0=001$ 时,输出为 D_1;以此类推,当 $A_2A_1A_0=111$ 时,输出为 D_7。

74LS151 和 74LS138 一起构成了 8 路数据分时传输功能。

【例 4-5-3】 试用双四选一数据选择器 74LS153 的 1 路四选一,设计开关控制电路。要求用 3 个双位开关控制一盏灯,改变任何一个开关的状态都能控制电灯的亮灭。

解:设 3 个双位开关分别用 A、B、C 表示,用 0 和 1 分别表示开关的两个状态;电灯用 F 表示,灯亮用 1 表示,灯灭用 0 表示。假设 $ABC=000$ 时,$F=0$。从这个状态开始,单独改变任何一个开关的状态,灯 F 的状态都要变化。根据题意列出的真值表如表 4-5-5所示。

表 4-5-5 【例 4-5-3】的真值表

A	B	C	F	备 注
0	0	0	0	$D_0=C$
0	0	1	1	
0	1	0	1	$D_1=\overline{C}$
0	1	1	0	

续表

A	B	C	F	备 注
1	0	0	1	$D_2 = \bar{C}$
1	0	1	0	
1	1	0	0	$D_3 = C$
1	1	1	1	

在图 4-5-15 的 74LS153 双四选一应用逻辑图中,令 $G_1 = 0$, $A_1 = A$, $A_0 = B$, $D_{10} = C$, $D_{11} = \bar{C}$, $D_{12} = \bar{C}$, $D_{13} = C$。设计完成的 Verilog 程序见图 4-5-16。

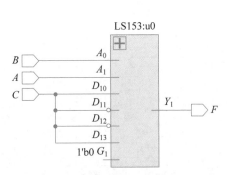

图 4-5-15 【例 4-5-3】的逻辑图

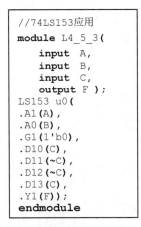

```verilog
//74LS153应用
module L4_5_3(
    input A,
    input B,
    input C,
    output F );
LS153 u0(
.A1(A),
.A0(B),
.G1(1'b0),
.D10(C),
.D11(~C),
.D12(~C),
.D13(C),
.Y1(F));
endmodule
```

图 4-5-16 【例 4-5-2】的 Verilog 程序

4.6 数值比较电路

在数字系统中经常需要比较两个数的大小或是否相等,完成这一逻辑功能的电路称为数值比较器。

4 位数值比较器集成电路 74LS85 的引脚图见图 4-6-1,逻辑电路见图 4-6-2。74LS85 是比较两个四位二进制数 A 和 B 的大小的,$A_3 A_2 A_1 A_0$ 和 $B_3 B_2 B_1 B_0$ 是两个比较数据的输入端,$a>b$、$a<b$、$a=b$ 为级联输入端,$A>B$、$A<B$、$A=B$ 为比较结果输出端。

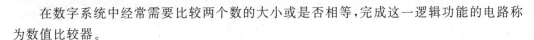

图 4-6-1 74LS85 引脚图

两个四位二进制数进行比较时,首先进行最高位即 A_3 与 B_3 比较,若 $A_3 = 1$, $B_3 = 0$,则 $A_3 > B_3$,此时就可断定 $A > B$;反之,$A < B$。如果 A、B 的最高位相同,则必须比较次高位,按此方法依次比较下去就可得出 A 与 B 的比较结果。

表 4-6-1 为 74LS85 功能表,从表中可以看出,若最高位不等,则通过判断最高位即可得出两数的大小。若最高位相等,比较低位的数值,得出 6 种结果;若 A、B 两数各位均相等,需要比较级联输入端的状态来确定最后的结果。

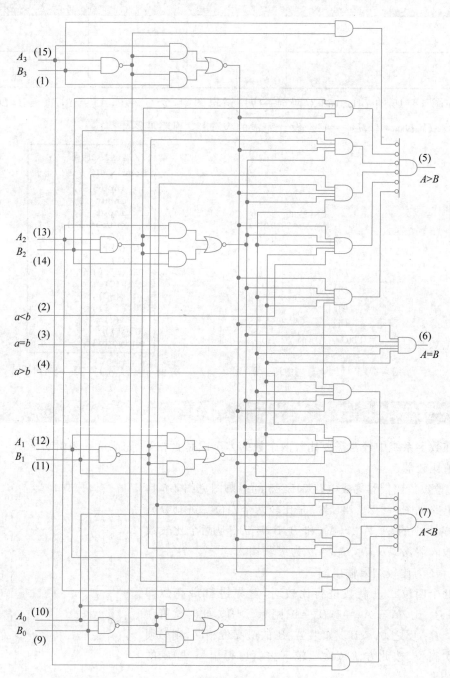

图 4-6-2　74LS85 逻辑电路

表 4-6-1　74LS85 功能表

比 较 输 入				级 联 输 入			输　　出		
$A_3 \cdot B_3$	$A_2 \cdot B_2$	$A_1 \cdot B_1$	$A_0 \cdot B_0$	$a > b$	$a < b$	$a = b$	$A > B$	$A < B$	$A = B$
$A_3 > B_3$	$\times$	$\times$	$\times$	$\times$	$\times$	$\times$	1	0	0
$A_3 < B_3$	$\times$	$\times$	$\times$	$\times$	$\times$	$\times$	0	1	0
$A_3 = B_3$	$A_2 > B_2$	$\times$	$\times$	$\times$	$\times$	$\times$	1	0	0
$A_3 = B_3$	$A_2 < B_2$	$\times$	$\times$	$\times$	$\times$	$\times$	0	1	0
$A_3 = B_3$	$A_2 = B_2$	$A_1 > B_1$	$\times$	$\times$	$\times$	$\times$	1	0	0
$A_3 = B_3$	$A_2 = B_2$	$A_1 < B_1$	$\times$	$\times$	$\times$	$\times$	0	1	0
$A_3 = B_3$	$A_2 = B_2$	$A_1 = B_1$	$A_0 > B_0$	$\times$	$\times$	$\times$	1	0	0
$A_3 = B_3$	$A_2 = B_2$	$A_1 = B_1$	$A_0 < B_0$	$\times$	$\times$	$\times$	0	1	0
$A_3 = B_3$	$A_2 = B_2$	$A_1 = B_1$	$A_0 = B_0$	1	0	0	1	0	0
$A_3 = B_3$	$A_2 = B_2$	$A_1 = B_1$	$A_0 = B_0$	0	1	0	0	1	0
$A_3 = B_3$	$A_2 = B_2$	$A_1 = B_1$	$A_0 = B_0$	0	0	1	0	0	1

由表 4-6-1 所示的 74LS85 功能，实现 74LS85 的 Verilog 程序见图 4-6-3。

```verilog
由74LS85功能表描述的Verilog代码
module LS85(
input wire  B0,
input wire  A0,
input wire  B1,
input wire  A1,
input wire  B2,
input wire  A2,
input wire  B3,
input wire  A3,
input wire  ALBin,
input wire  AEBin,
input wire  AGBin,
output reg  ALBout,
output reg  AEBout,
output reg  AGBout);
wire [3:0] data_a,data_b;
assign  data_a = {A3,A2,A1,A0};
assign  data_b = {B3,B2,B1,B0};
always @ ( * ) begin
  if ( data_a > data_b ) begin
  ALBout = 0; AEBout = 0; AGBout = 1;
  end
  else if ( data_a < data_b ) begin
    ALBout = 1; AEBout = 0; AGBout = 0;
    end
    else if ( data_a == data_b ) begin
      ALBout = ALBin; AEBout = AEBin; AGBout = AGBin;
      end
end
endmodule
```

图 4-6-3　74LS85 功能表的 Verilog 程序

由图 4-6-2 所示的 74LS85 逻辑电路图，实现 74LS85 的 Verilog 程序见图 4-6-4。

```
由74LS85逻辑电路描述的Verilog代码
module LS85(
input wire  B0,
input wire  A0,
input wire  B1,
input wire  A1,
input wire  B2,
input wire  A2,
input wire  B3,
input wire  A3,
input wire  ALBin,
input wire  AEBin,
input wire  AGBin,
output wire ALBout,
output wire AEBout,
output wire AGBout);
//线网类型
wire S1,S2,S3,S4,S5;
wire S6,S7,S8,S9,S10;
wire S11,S12,S13,S14;
//功能定义
assign  S1 = AGBin&S5&S6&S7&S8;
assign  S2 = S7& ~(A2&B2)&A2;
assign  S3 = A1& ~(A1&B1)&S5&S7;
assign  S4 = S7& ~(A2&B2)&B2;
assign  S5 = ~(A2&(~(A2&B2))|(~(A2&B2))&B2;
assign  S6 = ~(A1&(~(A1&B1))|(~(A1&B1))&B1);
assign  S7 = ~(A3&(~(A3&B3))|(~(A3&B3))&B3);
assign  S8 = ~(A0&(~(A0&B0))|(~(A0&B0))&B0);
assign  S9 = S5&S6&S7&(~(A0&B0))&A0;
assign  S10 = AEBin&S5&S6&S7&S8;
assign  S11 = B1& ~(A1&B1)&S7&S5;
assign  S12 = S5&S6&S7&~(A0&B0)&B0;
assign  S13 = S5&S6&S8&S7&ALBin;
assign  S14 = S5&S6&S8&S7&AEBin;
assign  ALBout = ~(S9|S10|S3|S2|S1|A3&(~(A3&B3)));
assign  AEBout = AEBin&S5&S6&S7&S8 ;
assign  AGBout = ~(S11|S12|S13|S14|S4|(~(A3&B3))&B3);
endmodule
```

图 4-6-4 74LS85 逻辑电路的 Verilog 程序

4.7 算术运算器

在数字系统和计算机中,经常会有二进制的加、减、乘、除等运算。

4.7.1 二进制加法运算

1. 半加器和全加器

在数字系统中,加法器是对两个二进制数求和的逻辑电路。对于两个 1 位二进制数相加,加数和被加数为输入,和数与进位为输出的逻辑电路为半加器;若加数、被加数与低位的进位为输入,而和数与向高位的进位为输出的逻辑电路则为全加器。

半加器的逻辑符号见图 4-7-1,真值表见表 4-7-1,其中 A_i 和 B_i 为两个加数,和数及进位输出分别为 S_i 和 C_{i+1}。由真值表得到的半加器的表达式为

$$S_i = A_i \oplus B_i$$
$$C_{i+1} = A_i B_i$$

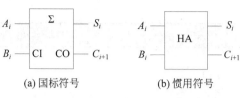

(a) 国标符号　　　　(b) 惯用符号

图 4-7-1　半加器的逻辑符号

表 4-7-1　半加器的真值表

A_i	B_i	S_i	C_{i+1}
0	0	0	0
0	1	1	0
1	0	1	0
1	1	0	1

　　由表达式可以得到半加器的逻辑电路见图 4-7-2。由图 4-7-2 逻辑电路实现半加器的 Verilog 程序见图 4-7-3。

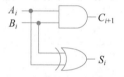

图 4-7-2　半加器的逻辑电路

```
//由半加器逻辑电路描述的Verilog代码
module half_adder(
input   Ai, //输入端口
input   Bi, //输入端口
output  Si, //和输出端口
output  Ciout); //进位输出端口
//用门电路实现半加器
assign Si = Ai ^ Bi;    //直接赋值，异或
assign Ciout = Ai & Bi; //直接赋值，与
endmodule
```

图 4-7-3　半加器逻辑电路的 Verilog 程序

　　全加器的逻辑符号见图 4-7-4，真值表见表 4-7-2，其中 A_i 和 B_i 为两个加数，C_i 为低位的进位输入，和数及向高位进位输出分别为 S_i 和 C_{i+1}。由真值表得到的全加器的表达式为

$$S_i = A_i \oplus B_i \oplus C_i$$
$$C_{i+1} = A_i B_i + C_i (A_i \oplus B_i)$$

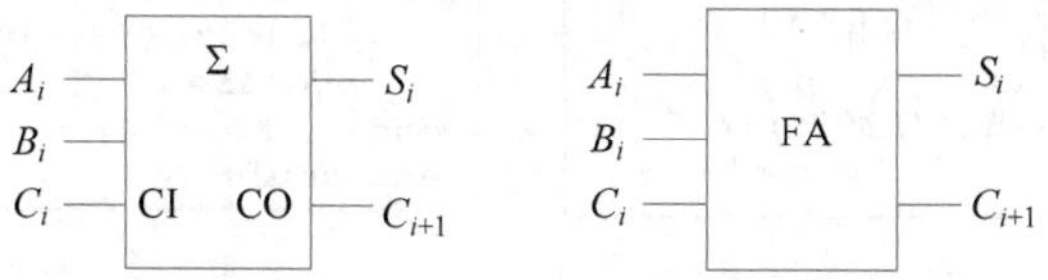

(a) 国标符号　　　　(b) 惯用符号

图 4-7-4　全加器的逻辑符号

表 4-7-2　全加器的真值表

A_i	B_i	C_i	S_i	C_{i+1}
0	0	0	0	0
0	0	1	1	0

续表

A_i	B_i	C_i	S_i	C_{i+1}
0	1	0	1	0
0	1	1	0	1
1	0	0	1	0
1	0	1	0	1
1	1	0	0	1
1	1	1	1	1

由表达式可以得到全加器的逻辑电路见图 4-7-5。

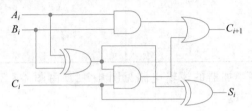

图 4-7-5　全加器的逻辑电路

由图 4-7-5 逻辑电路实现全加器的 Verilog 程序见图 4-7-6。由表 4-7-2 真值表实现全加器的 Verilog 程序见图 4-7-7。

```
//由全加器逻辑电路描述的Verilog代码
module full_adder(Ai,Bi,Ci,Si,Ciout);
input Ai;   //输入端口
input Bi;   //输入端口
input Ci;//低位进位输入端口
output Si;   //本位和输出端口
output Ciout;//向高位进位输出端口
assign Si = Ci^Ai^Bi;
assign Ciout = Ai & Bi|(Ai^Bi) & Ci;
endmodule
```

图 4-7-6　全加器逻辑电路的 Verilog 程序

```
//由全加器真值表描述的Verilog代码
module
full_adder(Ai,Bi,Ci,Si,Ciout);
input   Ai;   //输入端口
input   Bi;   //输入端口
input   Ci;   //低位进位输入端口
output  reg Si;   //本位和输出端口
output  reg Ciout;//向高位进位输出端口
always @ ( Ai,Bi,Ci ) begin
    case ({Ai,Bi,Ci})
    3'b000: {Si,Ciout} = 2'b00;
    3'b001: {Si,Ciout} = 2'b10;
    3'b010: {Si,Ciout} = 2'b10;
    3'b011: {Si,Ciout} = 2'b01;
    3'b100: {Si,Ciout} = 2'b10;
    3'b101: {Si,Ciout} = 2'b01;
    3'b110: {Si,Ciout} = 2'b01;
    3'b111: {Si,Ciout} = 2'b11;
    endcase
end
endmodule
```

图 4-7-7　全加器真值表的 Verilog 程序

比较半加器和全加器的逻辑电路图可知,两个半加器和一个或门能构成全加器,实现全加器的 Verilog 程序见图 4-7-8。

2. 串行进位加法器

对于两个 n 位二进制数相加,按照进位信号产生的方法不同,可分为串行进位加法器和并行进位加法器。串行进位加法器是将 n 个全加器按照图 4-7-9 所示的方式级联,

```
//由2个半加器构成全加器的Verilog代码
module full_adder(
input   Ai,  //输入端口
input   Bi,  //输入端口
input   Ci,  //低位进位,输入端口
output  Si,  //本位和,输出端口
output  Ciout); //向高位进位输出端口
wire    C0,C1,A0; //线网说明
assign Ciout = C0 | C1;//全加器输出
出
//半加器例化
half_adder u0(
    .Ai(Ai), //端口A
    .Bi(Bi), //端口B
    .Si(A0), //端口S
    .Ciout(C0)); //端口C
half_adder u1(
    .Ai(A0), //端口A
    .Bi(Ci), //端口B
    .Si(Si), //端口S
    .Ciout(C1)); //端口C
endmodule
```

图 4-7-8　半加器构成全加器的 Verilog 程序

图中全加器的个数与加数的位数相同,把低位进位输出端接到相邻高位的进位输入端,则该电路中只有低位进位产生后高位相加的结果才能建立起来。这种结构的逻辑电路称为串行进位加法器。串行进位加法器具有电路简单、连接方便等优点,但运算速度明显受到限制。

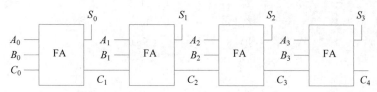

图 4-7-9　串行进位加法器

根据图 4-7-9 给出的串行进位加法器,用 Verilog 语言实现的 4 位串行进位加法器见图 4-7-10。由 4 个全加器级联的串行进位加法器除了第 1 个进位 C_1 有 3 个门延迟外,剩余 3 个全加器生成进位需要 2 个门电路延迟,所以 4 位串行进位加法器最长路径共有"$3+3\times2=9$"个门电路延迟。n 位逐位进位加法器,共有 $2n+1$ 个门电路延迟。

3. 并行进位加法器

为了提高运算速度,通常使用并行进位加法器,也称为超前进位加法器。4 位超前进位加法器 74LS283 的引脚见图 4-7-11,图 4-7-12 是 74LS283 的逻辑电路。

令 $P_i = A_i + B_i, G_i = A_i \cdot B_i, i = 0, 1, 2, 3$

$$C_1 = A_0 \cdot B_0 + C_0(A_0 + B_0) = G_0 + C_0 \cdot P_0$$

$$C_2 = A_1 \cdot B_1 + C_1(A_1 + B_1) = G_1 + C_1 \cdot P_1$$

$$= G_1 + (G_0 + C_0 \cdot P_0) \cdot P_1 = G_1 + G_0 \cdot P_1 + C_0 \cdot P_0 \cdot P_1$$

```
//4位串行加法器
module full_adder4(
input  wire  C0,//低位进位输入
input  wire  [3:0] B,  //输入加数
input  wire  [3:0] A,  //输入被加数
output wire  [3:0] S,  //输出和
output wire  C4 ); //向高位进位输出
//线网类型
wire C1,C2,C3;
//例化4个1位全加器
full_adder  u0(
.Ci(C0),
.Bi(B[0]),
.Ai(A[0]),
.Si(S[0]),
.Ciout(C1));
```

```
full_adder  u1(
.Ci(C1),
.Bi(B[1]),
.Ai(A[1]),
.Si(S[1]),
.Ciout(C2));
full_adder  u2(
.Ci(C2),
.Bi(B[2]),
.Ai(A[2]),
.Si(S[2]),
.Ciout(C3));
full_adder  u3(
.Ci(C3),
.Bi(B[3]),
.Ai(A[3]),
.Si(S[3]),
.Ciout(C4));
endmodule
```

图 4-7-10   4 位串行进位加法器的 Verilog 实现

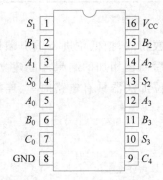

图 4-7-11   74LS283 引脚图

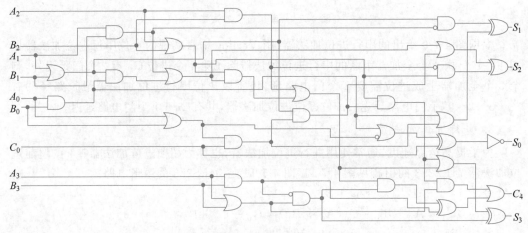

图 4-7-12   74LS283 逻辑电路

$$C_3 = A_2 \cdot B_2 + C_2(A_2 + B_2) = G_2 + C_2 \cdot P_2$$
$$= G_2 + (G_1 + G_0 \cdot P_1 + C_0 \cdot P_0 \cdot P_1) \cdot P_2$$
$$= G_2 + G_1 \cdot P_2 + G_0 \cdot P_1 \cdot P_2 + C_0 \cdot P_0 \cdot P_1 \cdot P_2$$
$$C_4 = A_3 \cdot B_3 + C_3(A_3 + B_3) = G_3 + C_3 \cdot P_3$$
$$= G_3 + (G_2 + G_1 \cdot P_2 + G_0 \cdot P_1 \cdot P_2 + C_0 \cdot P_0 \cdot P_1 \cdot P_2) \cdot P_3$$
$$= G_3 + G_2 \cdot P_3 + G_1 \cdot P_2 \cdot P_3 + G_0 \cdot P_1 \cdot P_2 \cdot P_3 +$$
$$C_0 \cdot P_0 \cdot P_1 \cdot P_2 \cdot P_3$$
$$S_0 = A_0 \oplus B_0 \oplus C_0, \quad S_1 = A_1 \oplus B_1 \oplus C_1,$$
$$S_2 = A_2 \oplus B_2 \oplus C_2, \quad S_3 = A_3 \oplus B_3 \oplus C_3$$

只要知道 A_3、A_2、A_1、A_0、B_3、B_2、B_1、B_0 和 C_0，就可以得到各级进位信号，和数、进位是同时产生的，不必逐级传送，提高了运算速度。

【例 4-7-1】 试用 4 位二进制加法器 74LS283 设计一个将 BCD 码转换为余 3 码的逻辑电路。

解：假设 BCD 用 $A_3 A_2 A_1 A_0$ 表示，余 3 码用 $F_3 F_2 F_1 F_0$ 表示，它们的关系为

$$F_3 F_2 F_1 F_0 = A_3 A_2 A_1 A_0 + 0011$$

74LS283 一组数据输入为 $A_3 A_2 A_1 A_0$，另一组数据输入为 0011，逻辑电路见图 4-7-13。

【例 4-7-2】 用 4 位二进制加法器 74LS283 构成 1 位 BCD 码加法器。

解：1 位 BCD 码加法器的输入、输出都是 BCD 码。用第 1 片 74LS283 完成 4 位二进制数相加，结果是二进制数。用第 2 片 74LS283 将输出的二进制数进行等值转换。表 4-7-3 列出了十进制数 0~19 相应的二进制数到 BCD 码转换。当和大于 9 时，Cout=1；当和不大于 9 时，Cout=0。用 Cout 控制是否需要修正，当 Cout=1 时，和数加 6；当 Cout=0 时，和数不加 6。由表 4-6-3 可知：需转换的十进制数为 10~15 行，$A_3 A_2 + A_3 A_1$；需转换的十进制数为 16~19 行，Cout。求出 Cout 表达式为

$$\text{Cout} = C_4 + A_3 A_2 + A_3 A_1 = \overline{\overline{C_4}\,\overline{A_3 A_2}\,\overline{A_3 A_1}}$$

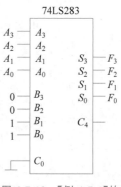

图 4-7-13 【例 4-7-1】的逻辑电路

表 4-7-3 第 2 片 74LS283 二进制数到 BCD 转换

十进制数	74LS283（1）输出					74LS283（2）输出				
	C_4	A_3	A_2	A_1	A_0	Cout	S_3	S_2	S_1	S_0
0	0	0	0	0	0	0	0	0	0	0
1	0	0	0	0	1	0	0	0	0	1
2	0	0	0	1	0	0	0	0	1	0
3	0	0	0	1	1	0	0	0	1	1
4	0	0	1	0	0	0	0	1	0	0

续表

十进 制数	74LS283（1）输出					74LS283（2）输出				
	C_4	A_3	A_2	A_1	A_0	Cout	S_3	S_2	S_1	S_0
5	0	0	1	0	1	0	0	1	0	1
6	0	0	1	1	0	0	0	1	1	0
7	0	0	1	1	1	0	0	1	1	1
8	0	1	0	0	0	0	1	0	0	0
9	0	1	0	0	1	0	1	0	0	1
10	0	1	0	1	0	1	0	0	0	0
11	0	1	0	1	1	1	0	0	0	1
12	0	1	1	0	0	1	0	0	1	0
13	0	1	1	0	1	1	0	0	1	1
14	0	1	1	1	0	1	0	1	0	0
15	0	1	1	1	1	1	0	1	0	1
16	1	0	0	0	0	1	0	1	1	0
17	1	0	0	0	1	1	0	1	1	1
18	1	0	0	1	0	1	1	0	0	0
19	1	0	0	1	1	1	1	0	0	1

用 2 片 4 位二进制加法器 74LS283 完成 1 位 BCD 码的加法运算的逻辑电路如图 4-7-14 所示。

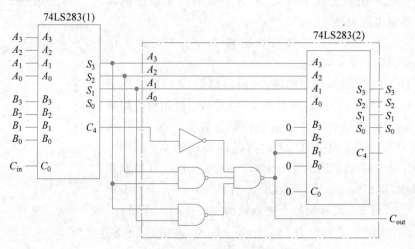

图 4-7-14　【例 4-7-2】的逻辑电路

4.7.2　二进制减法运算

1. 全减器

对于两个 1 位二进制数相减，减数、被减数与低位借位为输入，差值与向高位借位为输出的逻辑电路为全减器。

表 4-7-4 为全减器真值表，由卡诺图化简得到全减器的表达式为

$$D = A \oplus B \oplus C_{in}$$

$$C_o = \overline{A}(B \oplus C_{in}) + B \cdot C_{in}$$

由表达式可以得到全减器的逻辑电路见图 4-7-15。由图 4-7-15 逻辑电路实现全减器的 Verilog 程序见图 4-7-16。

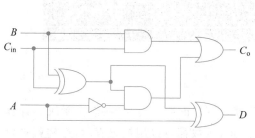

```
//1位全减器
module full_sub(
  input wire    A, //输入被减数
  input wire    B, //输入减数
  input wire    Cin,//低位借位输入
  output wire   D, //本位减输出
  output wire   Co //向高位借位输出
);
assign D =A ^ (B ^ Cin);
assign Co = ~A & (B ^ Cin) | Cin& B;
endmodule
```

图 4-7-15 1 位全减器的逻辑电路　　　图 4-7-16 1 位全减器逻辑电路的 Verilog 程序

表 4-7-4 1 位全减器的真值表

被减数 A	减数 B	低位借位 C_{in}	差 D	借位 C_o
0	0	0	0	0
0	0	1	1	1
0	1	0	1	1
0	1	1	0	1
1	0	0	1	0
1	0	1	0	0
1	1	0	0	0
1	1	1	1	1

【例 4-7-3】　用 Verilog 设计 4 位二进制减法器。输入均为 4 位二进制正数,运算结果为 4 位二进制数,1 位的符号位。如果为负数,1 位的符号位为 1。

解：输入为正数 4 位二进制数,A 为被减数、B 为减数,结果为 S。如果为负数,1 位的符号位 B_{out} 为 1。4 位二进制减法器的 Verilog 程序如图 4-7-17 所示。

```
//4位二进制减法器
module sub4(
input [3:0] A,
input [3:0] B,
output [3:0] D,
output Bout );
reg [4:0] c;
reg [3:0] diff;
integer i;
always @ ( * ) begin
  c[0]=0;
  for ( i=0; i<4 ; i=i+1) begin
    diff[i]= A[i]^ B[i]^c[i];
    c[i+1]= B[i]&~A[i]|~A[i]&c[i]|B[i]&c[i];
  end
  if (c[4] == 1) diff = ~diff + 1;
end
assign Bout = c[4];
assign D = diff;
endmodule
```

图 4-7-17 4 位二进制减法器的 Verilog 程序

仿真结果见图 4-7-18,在 0~10ns,实现 7−1＝6 运算;在 10~20ns,实现 11−2＝9 运算;在 50~60ns,实现 7−12＝−5 运算,此时符号位为 1。

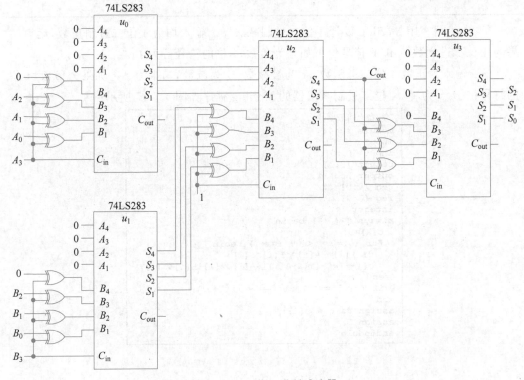

图 4-7-18　4 位二进制减法器的仿真结果

2. 用补码加法完成减法运算

对于减法运算来说,减去一个负数相当于加上一个正数。因此,在数字系统和计算机中,二进制减法运算通常变为加法运算。由于正、负数都可以用补码表示,这样就可以变减法运算为补码加法运算。

【例 4-7-4】 用 74LS283 构成 3 位二进制减法器,输入为 4 位二进制数,最高位是符号位;运算结果为 3 位二进制数,并有 1 位符号位。

解:X 与 Y 的减法运算可以写成 $X−Y＝X＋[−Y]$ 的补码加法运算。对于两个 n 位二进制数进行补码加法运算,若和不超过最大值 $2^n−1$,则无论值为正或是为负,其运算过程:将两加数各自求补码;两个补码相加并丢掉溢出位;运算结果再次求补得到原码值。

可以证明 $[−B]_{补}＝−[B]_{补}$,从 $[B]_{补}$ 求 $[−B]_{补}$ 的法则:对 $[B]_{补}$ 包括符号位"求反且最末位加 1"。

3 位二进制减法器如图 4-7-19 所示,输入数据 $A_3A_2A_1A_0$ 为被减数的原码,A_3 为

图 4-7-19　3 位二进制减法器

符号位；$B_3B_2B_1B_0$ 为减数的原码，B_3 为符号位；输出为 $S_2S_1S_0$，绝对值不大于 7，C_{out} 为符号位。74LS283 的 u_0 和 u_1 分别求被减数和减数的补码，u_2 实现 $[A]_{补}+[-B]_{补}$，u_3 将结果再次求补得到原码。

3 位二进制减法器的 Verilog 程序如图 4-7-20 所示。

```verilog
//3位二进制减法器
module sub3(
input  wire [3:0]  A,  //8421输入
input  wire [3:0]  B,  //8421输入
output wire [3:0]  S,  //和输出
output wire Cout       //进位输出
);
wire  S1;
wire  [3:0] S0,E,F,G,H,I,J,K;
assign  S1 = 1'b1;
assign  S0 = 4'b0000;
assign  Cout = J[3];
//例化74283,实现被加数[A]补
assign  F[0] = A[0] ^ A[3];
assign  F[1] = A[1] ^ A[3];
assign  F[2] = A[2] ^ A[3];
assign  F[3] = A[3] ^ 1'b0;
LS283  u0(
.C0(A[3]),
.A(S0),
.B(F),
.S(E));
//例化74283,实现加数[B]补
assign  G[0] = B[0] ^ B[3];
assign  G[1] = B[1] ^ B[3];
assign  G[2] = B[2] ^ B[3];
assign  G[3] = B[3] ^ 1'b0;

LS283  u1(
.C0(B[3]),
.A(S0),
.B(G),
.S(H));
//例化74283,[A]补+[-B]补
assign  I[0] = H[0] ^ S1;
assign  I[1] = H[1] ^ S1;
assign  I[2] = H[2] ^ S1;
assign  I[3] = H[3] ^ S1;
LS283  u2(
.C0(S1),
.A(E),
.B(I),
.S(J));
//例化74283,[[A]补+[-B]补]补
assign  K[0] = J[0] ^ J[3];
assign  K[1] = J[1] ^ J[3];
assign  K[2] = J[2] ^ J[3];
assign  K[3] = 1'b0;
LS283  u3(
.C0(J[3]),
.A(S0),
.B(K),
.S(S));
endmodule
```

图 4-7-20　【例 4-7-4】3 位二进制减法器的 Verilog 程序

图 4-7-21 是 3 位二进制减法器的仿真结果。在 0～10ns，实现 7−1=6 运算；在 10～20ns，实现 −3−2=−5 运算，$C_{out}=1$ 表示负数；在 50～60ns，实现 7−(−4)=11 运算，由于是 3 位减法运算，运算结果不能大于 7，运算错误。

图 4-7-21　【例 4-7-4】3 位二进制减法器的仿真结果

4.7.3　二进制乘法运算

如果在 Verilog HDL 代码中使用乘法操作符，那么其综合结果与使用的综合软件和目标器件工艺有关，而且有些情况下甚至是不可综合的。本节讨论一个简单的可移植的基于加法器的乘法器，使用的乘法运算的算法非常简单。

两个 4 位二进制数的乘法运算过程如图 4-7-22 所示,具体步骤如下:

(1) 用被乘数乘以乘数每 1 位,得到 $Y_3 \times X$、$Y_2 \times X$、$Y_1 \times X$ 和 $Y_0 \times X$;因为 Y_i 是二进制数,只能取值 0 或者 1,因此 $Y_i \times X$ 只能取值 0 或者 X。$Y_i \times X$ 等价于 Y_i 和 X 之间的按位与操作,即 $Y_i \times X = (Y_i \cdot X_3, Y_i \cdot X_2, Y_i \cdot X_1, Y_i \cdot X_0)$。

(2) 将 $Y_i \times X$ 左移 i 位。

(3) 将左移的结果相加,得到最终的乘积。

被乘数						X_3	X_2	X_1	X_0
乘数					$\times$	Y_3	Y_2	Y_1	Y_0
						Y_0X_3	Y_0X_2	Y_0X_1	Y_0X_0
					Y_1X_3	Y_1X_2	Y_1X_1	Y_1X_0	
				Y_2X_3	Y_2X_2	Y_2X_1	Y_2X_0		
		$+$	Y_3X_3	Y_3X_2	Y_3X_1	Y_3X_0			
乘积	Z_7	Z_6	Z_5	Z_4	Z_3	Z_2	Z_1	Z_0	

图 4-7-22 二进制乘法的计算算法

【例 4-7-5】 用图 4-7-22 的 4 位二进制乘法的计算算法,编写实现 4 位二进制乘法的 Verilog 程序,并用 ModelSim 实现仿真测试。

解:由图 4-7-22 的 4 位二进制数的乘法运算过程,编写实现 4 位二进制乘法的 Verilog 程序见图 4-7-23(a),仿真程序见图 4-7-23(b),仿真结果见图 4-7-24。

```verilog
module mul4(
input [3:0] X,
input [3:0] Y,
output reg [7:0] Z);
reg [7:0] pp,tt;
integer i;
always @ ( * ) begin
    pp = 8'b0000_0000;
    tt = {4'b0000,X};
    for (i=0;i<=3;i=i+1)
    begin
        if ( Y[i] == 1 )
            pp =pp+tt;
        tt = { tt[6:0], 1'b0 };
    end
    Z = pp;
end
endmodule
```

(a) Verilog程序

```verilog
`timescale 1ns/100ps
module mul4_tb;
reg [3:0] X,Y;
wire [7:0] Z;
mul4 DUT(
  .X(X),
  .Y(Y),
  .Z(Z));
initial begin
    X=4'b0111; Y=4'b0011;
#10 X=4'b1011; Y=4'b0010;
#10 X=4'b1110; Y=4'b1001;
#10 X=4'b1101; Y=4'b1101;
#10 X=4'b1111; Y=4'b1111;
#10 X=4'b0110; Y=4'b1000;
#10 $stop;
end
endmodule
```

(b) Verilog仿真程序

图 4-7-23 【例 4-7-5】4 位二进制乘法器的 Verilog 程序

/mul4_tb/X [3:0]	6	7	11	14	13	15	6
/mul4_tb/Y [3:0]	8	3	2	9	13	15	8
/mul4_tb/Z [7:0]	48	21	22	126	169	225	48
Now	60 ns		10 ns	20 ns	30 ns	40 ns	50 ns	60 ns

图 4-7-24 【例 4-7-5】的仿真结果

两个 1 位二进制数相乘的规则如下：

$$0 \times 0 = 0, \quad 0 \times 1 = 0, \quad 1 \times 0 = 0, \quad 1 \times 1 = 1$$

因此 $Y_i \times X_j$ 可以用 1 个与门实现，记为 $P_{ij} = Y_i \times X_j$，两个 4 位二进制乘法器也可以用图 4-7-25 实现，其中乘法单元 MU 见图 4-7-26。

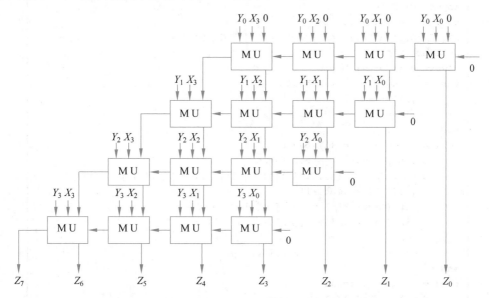

图 4-7-25　基于乘法单元的 4 位二进制乘法器

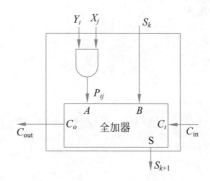

图 4-7-26　乘法单元

【例 4-7-6】　用图 4-7-25 编写实现 4 位二进制乘法的 Verilog 程序。

解：图 4-7-25 中的乘法单元 (MU) 用任务实现，4 位二进制数的乘法运算的 Verilog 程序见图 4-7-27。

【例 4-7-7】　阅读图 4-7-28 的两个 8 位二进制乘法器的 Verilog 程序。8 位乘法运算，其结果为 16 位；整个设计需要 8 个 16 位寄存器，并需要使用 16 位的加法器。为了避免使用 16 位的加法器，而只需要采用 9 位宽的加法器，可用图 4-7-29 的算法。试用图 4-7-29 的算法，编写实现 8 位二进制乘法运算的 Verilog 程序，并用 ModelSim 实现仿真测试。

```
// N位乘M位的二进制串行进位乘法器
module mul4(X, Y, Z);
parameter N = 4,M = 4;
input  [N-1:0] X;
input  [M-1:0] Y;
output reg [N+M-1:0] Z;
reg [M:0] cin[N:0], pin[N:0], cout[N:0], pout[N:0];
integer i, j;
always @ (X or Y) begin
for(i=0; i<=M-1; i=i+1) begin
    cin[i][0] = 1'b0;
    pin[i] = 1'b0;
end
for(i=0; i<=N-1; i=i+1) begin
    for(j=0; j<=M-1; j=j+1) begin
    mul_unit(X[i],Y[j],cin[i][j],pin[i][j],cout[i][j],pout[i][j]);
    cin[i][j+1] = cout[i][j];
        if (j==0) Z[i] = pout[i][j];
        if (j>0) pin[i+1][j-1] = pout[i][j];
        end
        pin[i+1][M-1] = cin[i][M];
end
for(i=0; i<=M-1; i=i+1)
    Z[i+N] = pin[N][i];
end
// 任务实现乘法单元MU运算
task mul_unit(
    input xi, yj, cin, pin,
    output cout, pout );
    reg int_p;
    begin
        int_p = xi & yj;
        cout = cin & pin | cin & int_p | pin & int_p;
        pout = cin ^ int_p ^ pin;
    end
endtask
endmodule
```

图 4-7-27 【例 4-7-6】基于 MU 的 4 位二进制乘法器的 Verilog 程序

解：首先计算 $Y_0 \times X$ 形成部分和 ZZ0；为了后续操作，必须在 $Y_0 \times X$ 左侧填"0"。注意：最终乘积的 LSB 与 ZZ0 的 LSB 是相等的，也就是说 ZZ0[0]对于后续的操作没有任何影响。因此，只需要将部分和 ZZ0 的高位 $Y_1 \times X$ 相加即可得到下一个部分和 ZZ1。注意 ZZ1[0]对于后续操作没有任何影响。重复以上过程可以依次获得其他的部分和。这种描述方式，加法器的宽度已经从 16 位减少为 9 位。实现两个 8 位二进制乘法运算的 Verilog 程序见图 4-7-30，仿真程序见图 4-7-31，仿真结果见图 4-7-32。

```
module mul8
#(parameter WIDTH=8)
(
input wire[WIDTH-1:0] X,Y,
output reg [2*WIDTH-1:0]Z );
reg [WIDTH-1:0]XY0,XY1,XY2,XY3,XY4,XY5,XY6,XY7;
reg [2*WIDTH-1:0]Z0,Z1,Z2,Z3,Z4,Z5,Z6,Z7;
always @ ( * ) begin
XY0 = {8{Y[0]}};
XY1 = {8{Y[1]}};
XY2 = {8{Y[2]}};
XY3 = {8{Y[3]}};
XY4 = {8{Y[4]}};
XY5 = {8{Y[5]}};
XY6 = {8{Y[6]}};
XY7 = {8{Y[7]}};
Z0 = {8'b00000000,XY0&X};
Z1 = {7'b0000000, XY1&X,1'b0};
Z2 = {6'b000000, XY2&X,2'b00};
Z3 = {5'b00000, XY3&X,3'b000};
Z4 = {4'b0000, XY4&X,4'b0000};
Z5 = {3'b000, XY5&X,5'b00000};
Z6 = {2'b00, XY6&X,6'b000000};
Z7 = {1'b0, XY7&X,7'b0000000};
Z=((Z0+Z1)+(Z2+Z3))+((Z4+Z5)+(Z6+Z7));
end
endmodule
```

图 4-7-28　两个 8 位二进制乘法器的 Verilog 程序

被乘数					X_3	X_2	X_1	X_0
乘数				$\times$	Y_3	Y_2	Y_1	Y_0
					Y_0X_3	Y_0X_2	Y_0X_1	Y_0X_0
部分积				$ZZ0_4$	$ZZ0_3$	$ZZ0_2$	$ZZ0_1$	$ZZ0_0$
			$+$	Y_1X_3	Y_1X_2	Y_1X_1	Y_1X_0	
部分积			$ZZ1_4$	$ZZ1_3$	$ZZ1_2$	$ZZ1_1$	$ZZ1_0$	
		$+$	Y_2X_3	Y_2X_2	Y_2X_1	Y_2X_0		
部分积		$ZZ2_4$	$ZZ2_3$	$ZZ2_2$	$ZZ2_1$	$ZZ2_0$		
	$+$	Y_3X_3	Y_3X_2	Y_3X_1	Y_3X_0			
部分积	$ZZ3_4$	$ZZ3_3$	$ZZ3_2$	$ZZ3_1$	$ZZ3_0$			
乘积	$ZZ3_4$	$ZZ3_3$	$ZZ3_2$	$ZZ3_1$	$ZZ3_0$	$ZZ2_0$	$ZZ1_0$	$ZZ0_0$

图 4-7-29　组合逻辑乘法器算法

```verilog
module mul8
#(parameter WIDTH=8)
(
input wire [WIDTH-1:0]  X,Y,
output reg [2*WIDTH-1:0] Z );
reg [WIDTH-1:0]XY0, XY1, XY2, XY3, XY4, XY5, XY6, XY7;
reg [WIDTH:0] ZZ0, ZZ1, ZZ2, ZZ3, ZZ4, ZZ5, ZZ6, ZZ7;
always @ * begin
XY0 = {8{Y[0]}};
XY1 = {8{Y[1]}};
XY2 = {8{Y[2]}};
XY3 = {8{Y[3]}};
XY4 = {8{Y[4]}};
XY5 = {8{Y[5]}};
XY6 = {8{Y[6]}};
XY7 = {8{Y[7]}};
ZZ0 = {1'b0,XY0&X};
ZZ1 = {1'b0,ZZ0[WIDTH:1]}+{1'b0,(XY1&X)};
ZZ2 = {1'b0,ZZ1[WIDTH:1]}+{1'b0,(XY2&X)};
ZZ3 = {1'b0,ZZ2[WIDTH:1]}+{1'b0,(XY3&X)};
ZZ4 = {1'b0,ZZ3[WIDTH:1]}+{1'b0,(XY4&X)};
ZZ5 = {1'b0,ZZ4[WIDTH:1]}+{1'b0,(XY5&X)};
ZZ6 = {1'b0,ZZ5[WIDTH:1]}+{1'b0,(XY6&X)};
ZZ7 = {1'b0,ZZ6[WIDTH:1]}+{1'b0,(XY7&X)};
Z = {ZZ7,ZZ6[0],ZZ5[0],ZZ4[0],ZZ3[0],ZZ2[0],ZZ1[0],ZZ0[0]};
end
endmodule
```

图 4-7-30 【例 4-7-7】两个 8 位二进制乘法运算的 Verilog 程序

```verilog
`timescale 1ns/100ps
module mul8_tb;
reg [7:0] X,Y;
wire [15:0] Z;
mul8 DUT(
  .X(X),
  .Y(Y),
  .Z(Z));
initial begin
    X=8'b0000_0111; Y=8'b0000_0011;
#10  X=8'b1100_1011; Y=8'b0000_0010;
#10  X=8'b1100_1110; Y=8'b1100_1001;
#10  X=8'b0000_1101; Y=8'b1100_1101;
#10  X=8'b1111_1111; Y=8'b1111_1111;
#10  X=8'b1000_0110; Y=8'b1000_1000;
#10  $stop;
end
endmodule
```

图 4-7-31 【例 4-7-7】仿真的 Verilog 程序

/mul8_tb/X [7:0]	134	7	203	206	13	255	134
/mul8_tb/Y [7:0]	136	3	2	201	205	255	136
/mul8_tb/Z [15:0]	18224	21	406	41406	2665	65025	18224
	Now	60 ns	ns　　10 ns　　20 ns　　30 ns　　40 ns　　50 ns　　60 ns

图 4-7-32　【例 4-7-7】的仿真结果

4.7.4　算术逻辑单元

算术逻辑单元(Arithmetic and Logic Unit,ALU)可以做加法、减法等算术运算,还可以实现与、或、非、异或、比较等逻辑运算,是一种具有多种运算功能的运算器件。

74LS181 曾经是 8088CPU 计算机的主要运算器件,主要进行两个 4 位操作数的算术或逻辑运算。图 4-7-33 是 74LS181 引脚图,引脚功能如下:

(1) 8 个数据输入端,A_0、A_1、A_2、A_3、B_0、B_1、B_2、B_3,其中 A_3 和 B_3 是高位;

(2) 4 个控制输入端 S_0、S_1、S_2、S_3,控制两个 4 位输入数据的运算;

(3) M 模式控制输入端,$M=0$ 是算术运算,$M=1$ 是逻辑运算;

(4) 级联进位输入端 C_n,低有效;

(5) 级联进位输出端 C_{n4},低有效;

(6) 输出端 G 先行进位产生,输出端 P 先行进位传递函数;

(7) 4 个数据输出端 F_0、F_1、F_2、F_3,以 4 位二进制形式输出运算结果,其中 F_3 是高位;

(8) 输出端 $A=B$,当 F_0、F_1、F_2、F_3 均为高电平时,$A=B$ 为高电平。

图 4-7-33　74LS181 引脚图

74LS181 的逻辑电路如图 4-7-34 所示,74LS181 正逻辑的功能见表 4-7-5。

74LS181 仿真结果见图 4-7-35,基于 74LS181 逻辑图的 Verilog 程序见图 4-7-36。

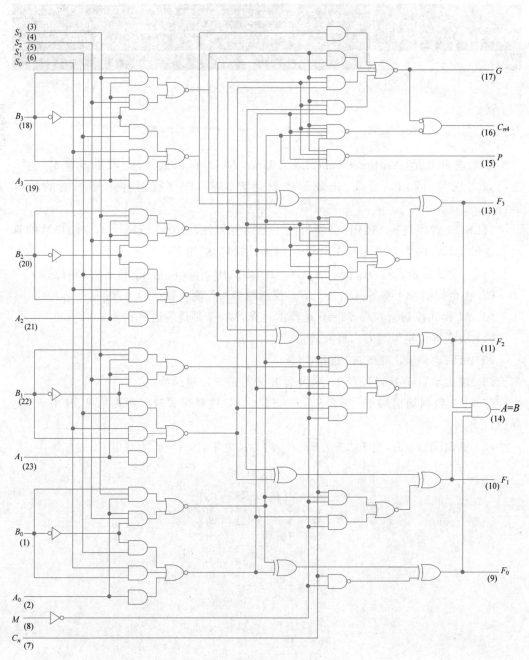

图 4-7-34   74LS181 逻辑电路图

表 4-7-5　正逻辑的 74LS181 功能

方式选择 $S_3S_2S_1S_0$	$M=1$ 逻辑运算	$M=0$ 算术运算	
		$C_n=1$（无进位）	$C_n=0$（有进位）
0000	$F=\overline{A}$	$F=A$	$F=A$ 加 1
0001	$F=\overline{A+B}$	$F=A+B$	$F=(A+B)$ 加 1
0010	$F=\overline{A} \cdot B$	$F=A+\overline{B}$	$F=(A+\overline{B})$ 加 1
0011	$F=0$	$F=$ 减 1（补码形式）	$F=0$
0100	$F=\overline{A \cdot B}$	$F=A$ 加 $A \cdot \overline{B}$	$F=A$ 加 $A \cdot \overline{B}$ 加 1
0101	$F=\overline{B}$	$F=(A+B)$ 加 $A \cdot \overline{B}$	$F=(A+B)$ 加 $A \cdot \overline{B}$ 加 1
0110	$F=A \oplus B$	$F=A$ 减 B 减 1	$F=A$ 减 B
0111	$F=A \cdot \overline{B}$	$F=A \cdot \overline{B}$ 减 1	$F=A \cdot \overline{B}$
1000	$F=\overline{A}+B$	$F=A$ 加 $A \cdot B$	$F=A$ 加 $A \cdot B$ 加 1
1001	$F=\overline{A \oplus B}$	$F=A$ 加 B	$F=A$ 加 B 加 1
1010	$F=B$	$F=(A+\overline{B})$ 加 $A \cdot B$	$F=(A+\overline{B})$ 加 $A+B$ 加 1
1011	$F=A \cdot B$	$F=A+B$ 减 1	$F=A+B$
1100	$F=1111$	$F=A$ 加 A	$F=A$ 加 A 加 1
1101	$F=A+\overline{B}$	$F=(A+B)$ 加 A	$F=(A+B)$ 加 A 加 1
1110	$F=A+B$	$F=(A+\overline{B})$ 加 A	$F=(A+\overline{B})$ 加 A 加 1
1111	$F=A$	$F=A$ 减 1	$F=A$

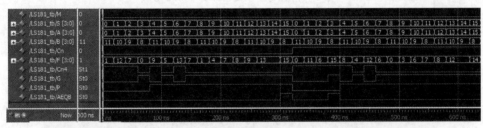

(a) $M=0$

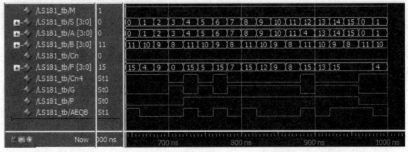

(b) $M=1$

图 4-7-35　74LS181 的 ModelSim 仿真结果

```
module LS181(
input wire  Cn,
input wire  M,
input wire  [3:0] A,
input wire  [3:0] B,
input wire  [3:0] S,
output wire AEQB,
output wire P,
output wire G,
output wire Cn4,
output wire [3:0] F);
wire    W1,W2,W3,W4,W5;
wire    W6,W7,W8,W9,W10;
wire    W11,W12,W13,W14,W15,W16;
wire    W17,W18,W19,W20,W21,W22;
assign  W1 = ~(A[0] & S[3] & B[0] | ~B[0] & S[2] & A[0]);
assign  W2 = ~(A[0] | S[0] & B[0] | ~B[0] & S[1]);
assign  W3 = ~(A[1] & S[3] & B[1] | ~B[1] & S[2] & A[1]);
assign  W4 = ~(A[1] | S[0] & B[1] | ~B[1] & S[1]);
assign  W5 = ~(A[2] & S[3] & B[2] | ~B[2] & S[2] & A[2]);
assign  W6 = ~(A[2] | S[0] & B[2] | ~B[2] & S[1]);
assign  W7 = ~(A[3] & S[3] & B[3] | ~B[3] & S[2] & A[3]);
assign  W8 = ~(A[3] | S[0] & B[3] | ~B[3] & S[1]);
assign  W9 = (W1 ^ W2) ^ (~(Cn & ~M));
assign  W10 = W16 ^ W15;
assign  W11 = W14 ^ W13;
assign  W12 = W7 ^ W8 ^ W20;
assign  W13 = ~(W4 & ~M | ~M & W2 & W3 | W22);
assign  W14 = W5 ^ W6;
assign  W15 = ~(~M & W1 & Cn | W2 & ~M);
assign  W16 = W3 ^ W4;
assign  W17 = Cn & W1 & W3 & Cn & W5 & ~M;
assign  W18 = ~(W5 & W3 & W1 & W7 & Cn & Cn);
assign  W19 = ~(W8 | W7&W6 | W4&W5&W7 | W7&W5&W3&W2);
assign  W20 = ~(W17 | W21 | ~M&W4&W5 | W6&~M);
assign  W21 = W3 & W5 & W2 & ~M;
assign  W22 = Cn & W1 & W3 & ~M;
assign  F = {W12,W11,W10,W9};
assign  P = ~(W7 & W5 & W3 & W1);
assign  G = W19;
assign  Cn4 = ~(W19 & W18);
assign  AEQB = W12 & W11 & W10 & W9;
endmodule
```

图 4-7-36　基于 74LS181 逻辑图的 Verilog 程序

4.8　奇偶校验电路

在数字系统工作过程中,常有大量的数据需要进行传输,而传输时又可能会产生错误,因此需要进行检验。奇偶校验就是根据传输码的奇偶性质,检查数据传输过程中是否出现错误。

4.8.1　奇偶校验的基本原理

图 4-8-1 是 n 位奇偶校验的原理框图。为了能够检测到数据在传输过程中有没有发生错误,通常在待发送的有效数据位(信息码)之外,通过奇偶发生器再增加一位奇或偶校验位(又称为监督码)构成传输码。在传输码中含 1 个数的奇偶性,构成奇校验或偶校

验。在接收端通过奇偶校验器，检查接收到的传输码中 1 的个数的奇偶性，来判断传输过程的正确性。若传输正确，则向接收端发出接收命令；否则，发出报警信号。

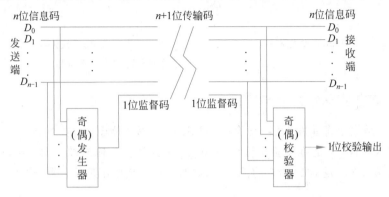

图 4-8-1 奇偶校验的原理框图

【例 4-8-1】 结合图 4-8-1 所示的原理图，试设计 3 位二进制信息码的奇发生及奇校验电路。

解：假设 3 位二进制信息码用 A、B、C 组合表示，奇发生器产生的奇校验位用 W_{odd1} 表示，奇校验器的奇校验输出用 W_{odd2} 表示。

根据传输原理，列出如表 4-8-1 所示的 3 位二进制信息码的奇校验传输码表。当进行奇校验时，若发送端 3 位二进制代码中有偶数个 1，则 $W_{odd1}=1$；若发送端 3 位二进制代码有奇数个 1，则 $W_{odd1}=0$。若传输正确，则 $W_{odd2}=1$；若传输有误，则 $W_{odd2}=0$。由表可得奇发生器的奇校验位（监督码）输出表达式：

$$W_{odd1}=\overline{A \oplus B \oplus C}$$

奇校验器的奇校验位输出表达式为

$$W_{odd2}=A \oplus B \oplus C \oplus W_{odd1}$$

由奇发生器表达式得奇发生器的逻辑电路如图 4-8-2(a)所示，奇校验器的逻辑电路如图 4-8-2(b)所示。

表 4-8-1 三位二进制码的奇校验传输码表

发 送 码			监 督 码	传 输 码				校 验 码
A	B	C	W_{odd1}	W_{odd1}	A	B	C	W_{odd2}
0	0	0	1	1	0	0	0	1
0	0	1	0	0	0	0	1	1
0	1	0	0	0	0	1	0	1
0	1	1	1	1	0	1	1	1
1	0	0	0	0	1	0	0	1
1	0	1	1	1	1	0	1	1
1	1	0	1	1	1	1	0	1
1	1	1	0	0	1	1	1	1

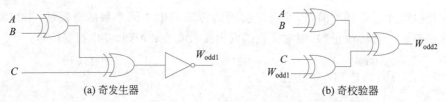

(a) 奇发生器   (b) 奇校验器

图 4-8-2　3 位二进制信息码的奇发生及奇校验逻辑电路

4.8.2　集成奇偶发生器/校验器

图 4-8-3 是集成奇偶发生器/校验器 74LS280 引脚功能图,其中 $A,B,C,\cdots,I$ 是 9 位信息码的输入端,W_{odd} 是奇校验位输出端,W_{even} 是偶校验位输出端。图 4-8-4 是 74LS280 逻辑电路。表 4-8-2 是 74LS280 功能表。74LS280 可作为奇偶发生器,也可作为奇偶校验器。

图 4-8-3　74LS280 引脚功能图

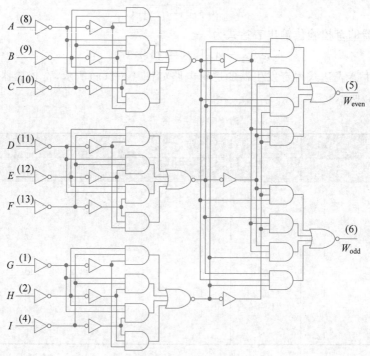

图 4-8-4　74LS280 逻辑电路

表 4-8-2　74LS280 功能表

输　　入	输　　出	
$A, B, \cdots, I$ 中 1 的个数	W_{odd}	W_{even}
偶数个 1 $(0, 2, 4, 6, 8)$	0	1
奇数个 1 $(1, 3, 5, 7, 9)$	1	0

74LS280 逻辑电路的 Verilog 程序如图 4-8-5 所示。

```verilog
//74LS280
module LS280(
input wire  A, //输入
input wire  B, //输入
input wire  C, //输入
input wire  D, //输入
input wire  E, //输入
input wire  F, //输入
input wire  G, //输入
input wire  H, //输入
input wire  I, //输入
output wire Weven, //输出
output wire Wodd  //输出
);
//线网类型
wire    S1,S2,S3;
wire    S1n,S2n,S3n;
//功能定义
assign  S1 = ~(A&~C&~B|B&~C&~A|C&~A&~B|A&B&C);
assign  S2 = ~(D&~F&~E|E&~F&~D|F&~D&~E|D&E&F);
assign  S3 = ~(G&~I&~H|H&~I&~G|I&~G&~H|G&H&I);
assign  S1n =  ~S1;
assign  S2n =  ~S2;
assign  S3n =  ~S3;
assign  Weven = ~(S1n&S3&S2|S2n&S3&S1|S3n&S2&S1|S3n&S2n&S1n);
assign  Wodd  = ~(S1&S3n&S2n|S3n&S1n&S2|S3&S1n&S2n|S3&S1&S2);
endmodule
```

图 4-8-5　74LS280 逻辑电路的 Verilog 程序

【例 4-8-2】　用 2 片 74LS280 实现具有偶校验的 8 位数据传输逻辑电路。

解：图 4-8-6 是由 2 片 74LS280 构成的 8 位偶校验逻辑电路。假设在传输中不会同时发生 2 位以上信息码的误传。在发送端若 8 位信息码 $D_0 \sim D_7$ 中有偶数个 1，偶发生器 74LS280 的 W_{even1} 输出信号为 0。

$$W_{even1} = \overline{[D_0 \oplus D_1 \oplus D_2 \oplus D_3 \oplus D_4 \oplus D_5 \oplus D_6 \oplus D_7] \oplus 1}$$

在接收端，偶校验器 74LS280 的输入端 I 接收 1 位监督码，若传输正确，偶校验器 74LS280 的 W_{even2} 输出信号为 1；否则，说明传输有错误。

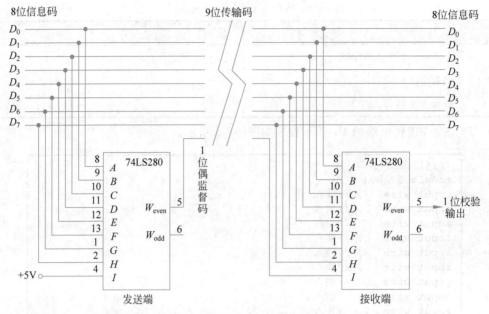

图 4-8-6　具有偶校验的 8 位数据传输逻辑电路

4.9　集成电路构成的组合电路分析与设计

4.9.1　组合逻辑电路的分析

以集成电路为核心构成的组合逻辑电路的分析方法,与用门电路构成的组合电路的分析方法有不同之处。由于集成电路的多样性和复杂性,给组合电路的分析带来一定的困难。对于由集成电路为核心构成的组合逻辑电路的分析通常采用功能块电路分析方法,如图 4-9-1 所示。功能块组合逻辑电路的分析比较灵活,但需要熟记常用集成电路的功能,才能正确分析出中规模集成电路构成的组合电路的功能。

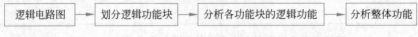

图 4-9-1　集成电路构成的组合电路的分析方法流程图

在分析过程中,首先要对给定的逻辑电路图加以分析,根据电路的复杂程度和器件类型,将电路划分为一个或多个逻辑功能块。分成几个功能块和怎样划分功能块,这取决于对常用功能电路的熟悉程度和经验。

其次要分析各功能块的逻辑功能。利用常用集成电路的知识,分析各功能块的逻辑功能。如果需要,可以写出每个功能块的逻辑函数式或功能表以辅助功能分析。

最后在对各功能块电路分析的基础上,对整个电路进行整体功能的分析。需要注意的是即使电路只有一个功能块,整体电路的逻辑功能也不一定是这个功能块原来的逻辑功能。

【例 4-9-1】　试分析图 4-9-2 所示逻辑图的功能,其中使能端 E 低有效。

解：当使能信号 $E=1$ 时，$F=0$；当 $E=0$ 时，4 选 1 数据选择器具有"选择功能"。将 E 写入表达式中，有

$$F=(\overline{A_1}\,\overline{A_0}D_0+\overline{A_1}A_0D_1+A_1\overline{A_0}D_2+A_1A_0D_3)\cdot\overline{E}$$

将 $A=E,B=A_1,C=A_0,D_0=1,D_1=0,D_2=0,D_3=0$ 代入上式，可得

$$F=\overline{B}\,\overline{C}\,\overline{A}=\overline{A+B+C}$$

因此，逻辑电路实现了"或非"功能。

【**例 4-9-2**】 试分析图 4-9-3 所示逻辑图的功能。

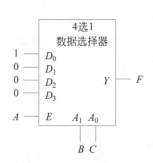

图 4-9-2 【例 4-9-1】的逻辑图   图 4-9-3 【例 4-9-2】的逻辑图

解：根据逻辑图，以及 74LS138 的功能表可以列出真值表，见表 4-9-1。由真值表可以得出，该逻辑电路实现偶校验功能。

表 4-9-1 【例 4-9-2】的真值表

A	B	C	F
0	0	0	1
0	0	1	0
0	1	0	0
0	1	1	1
1	0	0	0
1	0	1	1
1	1	0	1
1	1	1	0

4.9.2 组合逻辑电路的设计

在复杂的数字逻辑电路设计中，以常用集成器件和相应的功能电路为基本单元，取代门级组合电路，可以使设计过程大为简化。

一般地，用集成电路设计组合电路按以下步骤进行：

（1）将逻辑电路划分为功能块。

（2）设计功能块电路。

列真值表，写逻辑函数表达式，将逻辑函数表达式变换成与所用中规模集成电路逻辑函数表达式相似的形式，比较逻辑函数表达式或比较真值表。比较时可能出现以下几种情况：

若组合电路的逻辑函数与某种集成器件的逻辑函数一样,则选用该集成逻辑器件最好;若组合电路的逻辑函数表达式是某种集成逻辑器件的逻辑函数表达式的一部分,则对多出的输入变量和乘积项适当处理(接 1 或接 0),即可得到组合电路的逻辑函数,或者用多片集成逻辑器件和少量的逻辑门进行扩展得到组合电路的逻辑函数。

对于多输入、单输出的组合电路的逻辑函数,选用数据选择器较方便。多输入、多输出的组合电路的逻辑函数选用译码器和逻辑门较好。当组合电路的逻辑函数与集成器件的逻辑函数相同之处较少时,不宜选用集成器件,最好使用 FPGA 的 Verilog 设计实现。

根据对比结果画出功能块逻辑图。

(3) 画出整体逻辑电路图。

【例 4-9-3】 试用 3 线-8 线译码器 74LS138 和门电路,实现一组多输出逻辑函数:

$$Y_1 = A\bar{C} + \bar{A}BC + A\bar{B}C$$

$$Y_2 = BC + \bar{A}\bar{B}C$$

$$Y_3 = A + \bar{A}BC$$

$$Y_4 = \bar{A}\bar{B}\bar{C} + \bar{B}C + ABC$$

解:将 $Y_1 \sim Y_4$ 化为最小项之和形式,即

$$Y_1 = A\bar{C} + \bar{A}BC + A\bar{B}C = AB\bar{C} + A\bar{B}\bar{C} + \bar{A}BC + A\bar{B}C$$

$$= m_3 + m_4 + m_5 + m_6 = \overline{\bar{m}_3 \bar{m}_4 \bar{m}_5 \bar{m}_6}$$

$$Y_2 = BC + \bar{A}\bar{B}C = \bar{A}BC + ABC + \bar{A}\bar{B}C = m_1 + m_3 + m_7 = \overline{\bar{m}_1 \bar{m}_3 \bar{m}_7}$$

$$Y_3 = A + \bar{A}BC = A\bar{B}\bar{C} + AB\bar{C} + A\bar{B}C + ABC + \bar{A}BC$$

$$= m_3 + m_4 + m_5 + m_6 + m_7 = \overline{\bar{m}_3 \bar{m}_4 \bar{m}_5 \bar{m}_6 \bar{m}_7}$$

$$Y_4 = \bar{A}\bar{B}\bar{C} + \bar{B}C + ABC = \bar{A}\bar{B}\bar{C} + A\bar{B}\bar{C} + \bar{A}\bar{B}C + ABC$$

$$= m_0 + m_2 + m_4 + m_7 = \overline{\bar{m}_0 \bar{m}_2 \bar{m}_4 \bar{m}_7}$$

在图 4-9-4 中,译码器 74LS138 的输入为 ABC,其中 A 为最低位;在表达式中 A 为最高位。$m_0 \sim m_7$ 与译码器 74LS138 输出 $Y_0 \sim Y_7$ 对应。

要得到逻辑电路的输出 $Y_1 \sim Y_4$,需要在译码器之外使用 4 个与非门,逻辑电路连接如图 4-9-4 所示。

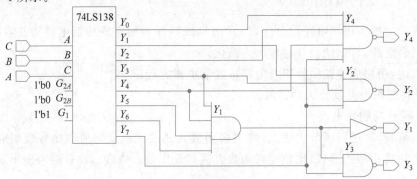

图 4-9-4 【例 4-9-3】的逻辑图

用 74LS138 实现例 4-9-3 的 Verilog 程序见图 4-9-5，仿真结果见图 4-9-6。

```
module L4_9_3(
input  wire A,
input  wire B,
input  wire C,
output wire Y1,
output wire Y2,
output wire Y3,
output wire Y4);
wire    m0n,m1n,m2n,m3n;
wire    m4n,m5n,m6n,m7n;
LS138 u0(
    .A(C),
    .B(B),
    .C(A),
    .G1(1),
    .G2A(0),
    .G2B(0),
    .Y0(m0n),
    .Y1(m1n),
    .Y2(m2n),
    .Y3(m3n),
    .Y4(m4n),
    .Y5(m5n),
    .Y6(m6n),
    .Y7(m7n));
assign  Y1 = ~(m3n & m4n & m5n & m6n);
assign  Y2 = ~(m1n & m3n & m7n);
assign  Y3 = ~(m3n & m4n & m5n & m6n & m7n);
assign  Y4 = ~(m0n & m2n & m4n & m7n);
endmodule
```

图 4-9-5　【例 4-9-3】的 Verilog 程序

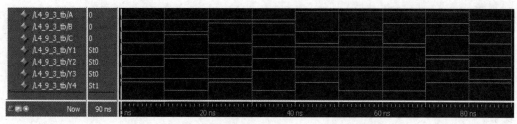

图 4-9-6　【例 4-9-3】的仿真结果

　　【例 4-9-4】　用 Verilog 实现图 4-7-14 的用 2 片 74LS283 构成 1 位 BCD 码加法器。

　　解：由图 4-7-14 可知，通过例化 74LS283 可实现 1 位 8421BCD 码加法器，Verilog 程序见图 4-9-7。

　　1 位 8421BCD 码加法器的仿真结果见图 4-9-8。

```
//1位8421BCD码加法器
module L4_9_4(
input  wire  Cin,       //进位输入
input  wire [3:0] A, //8421输入
input  wire [3:0] B, //8421输入
output wire [3:0] S, //和输出
output wire Cout        //进位输出
);
wire   C4,Co;
wire  [3:0] F;
assign  Co = C4 | F[3]&F[2] | F[3]&F[1];
assign  Cout = Co;
LS283  u0(
.C0(Cin),
.A (A),
.B (B),
.C4(C4),
.S (F));
LS283  u1(
.C0(1'b0),
.A (F),
.B ({1'b0,Co,Co,1'b0}),
.S (S));
endmodule
```

图 4-9-7 【例 4-9-4】的 Verilog 程序

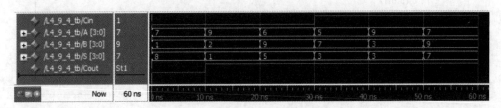

图 4-9-8 【例 4-9-4】的仿真结果

4.10 组合逻辑电路的竞争-冒险

4.10.1 竞争-冒险现象

在设计组合逻辑时,最简的逻辑表达式不一定是最优的,可能就会出现竞争-冒险现象。

在前面讨论组合电路时,都是输入、输出处于稳定状态下进行的,实际上受电路的延迟等因素的影响,原本正常的逻辑关系会发生混乱,这就会产生竞争-冒险现象。

在图 4-10-1 所示的与非门逻辑电路中,与非门两个输入信号 A 和 B 同时向相反的状态变化,即 A 从 0 变 1,B 从 1 变 0。假设这两个信号的逻辑电平跳变过程中,边沿的变化缓慢且不一致,使得 A 上升到超过阈值电压 V_T 时,B 还没有下降到低于阈值电压,这就造成在 $t_1 \sim t_2$ 期间两输入电平均超过阈值电压 V_T,从而使输出产生了尖脉冲。

　　这种逻辑电路的两个输入信号从不同电平同时向相反电平跳变,而变化的时间有差异的现象称为竞争。由于竞争在输出端产生与逻辑电平相违背的尖脉冲的现象称为冒险。

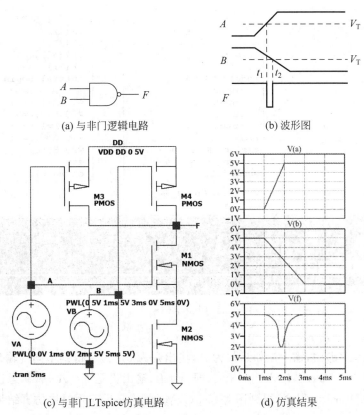

(a) 与非门逻辑电路　　　　　　　(b) 波形图

(c) 与非门LTspice仿真电路　　　　(d) 仿真结果

图 4-10-1　边沿缓慢变化竞争产生尖脉冲

　　【例 4-10-1】　图 4-10-2(a)所示逻辑电路,在什么情况下可能产生尖脉冲?

　　解:图 4-10-2(a)所示电路中 $F=A\overline{A}$ 应该始终为 0,但输入信号经过具有不同传输延迟时间的两条途径到达与门的输入端,可使输出产生正尖脉冲,仿真结果见图 4-10-2(d)。

　　在图 4-10-2(b)中,输入端如果仅为 A,输出则为 0。为了得到不同传输延迟时间对输出的影响,用 2 个输入端,输入波形相同,即 $A=B$,输出仍是 $F=A\overline{A}$。运行图 4-10-2(c)的 ModelSim Verilog 程序,得到图 4-10-2(d)后实现时序仿真结果。

　　【例 4-10-2】　图 4-10-3(a)所示逻辑电路,在什么情况下可能产生尖脉冲?

　　解:图 4-10-3(a)所示电路中 $F=A+\overline{A}$ 应该始终为 1,但输入信号经过具有不同传输延迟时间的两条途径到达或门的输入端,可使输出产生负尖脉冲,仿真结果见图 4-10-3(c)。

　　在图 4-10-3(b)的 LTspice 仿真电路中,M_1 和 M_2 为非门,$M_3 \sim M_6$ 为或非门,M_7 和 M_8 为非门,输出 $F=A+\overline{A}$。A 由 1 变为 0 后,由于延迟的作用会使输出产生负尖脉冲,如图 4-10-3(c)所示的仿真结果。

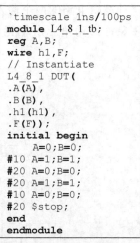

```
`timescale 1ns/100ps
module L4_8_1_tb;
reg A,B;
wire h1,F;
// Instantiate
L4_8_1 DUT(
.A(A),
.B(B),
.h1(h1),
.F(F));
initial begin
    A=0;B=0;
#10 A=1;B=1;
#20 A=0;B=0;
#20 A=1;B=1;
#10 A=0;B=0;
#20 $stop;
end
endmodule
```

```
`timescale 1ns /
100ps
module L4_8_1 (
    input    A,
    input    B,
    output   h1,
    output   F);
//功能定义
assign  #1 h1 = ~B;
assign  F = A & h1;
endmodule
```

(a) 逻辑电路　　　　　　　　(b) Verilog程序　　　　　　　　(c) 仿真用Verilog程序

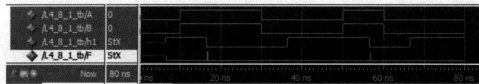

(d) 仿真结果

图 4-10-2　竞争产生的正尖脉冲

在图 4-10-3(d)中,输入端如果仅为 A,输出则为 0。为了得到不同传输延迟时间对输出的影响,用 2 个输入端,输入波形相同,即 $A=B$,输出仍是 $F=A+\overline{A}$。运行图 4-10-3(e)的 ModelSim Verilog 程序,得到图 4-10-3(f)ModelSim 后实现时序仿真结果。

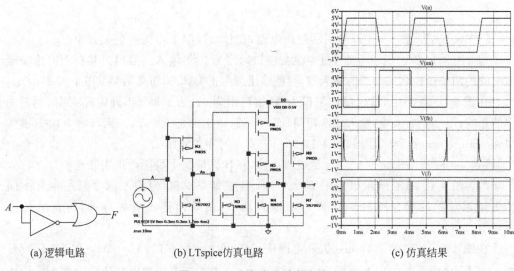

(a) 逻辑电路　　　　　　(b) LTspice仿真电路　　　　　　(c) 仿真结果

图 4-10-3　竞争产生的负尖脉冲

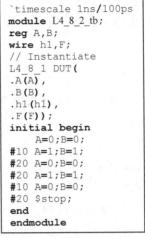

```
`timescale 1ns/100ps
module L4_8_2_tb;
reg A,B;
wire h1,F;
// Instantiate
L4_8_1 DUT(
  .A(A),
  .B(B),
  .h1(h1),
  .F(F));
initial begin
    A=0;B=0;
#10 A=1;B=1;
#20 A=0;B=0;
#20 A=1;B=1;
#10 A=0;B=0;
#20 $stop;
end
endmodule
```

```
`timescale 1ns /
100ps
module L4_8_2 (
  input    A,
  input    B,
  output   h1,
  output   F);
//功能定义
assign #1 h1 = ~B;
assign    F = A | h1;
endmodule
```

(d) Verilog程序   (e) 仿真用Verilog程序

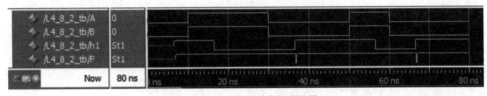

(f) ModelSim后实现时序仿真结果

图 4-10-3 （续）

4.10.2 竞争-冒险的判断

1. 表达式法

在逻辑函数表达式中,某个变量以原变量和反变量出现时,其他变量取 1 或取 0,若得到表达式为 $F = A + \overline{A}$ 或 $F = A\overline{A}$,则可以判定存在竞争-冒险。但是当输入变量的数目较多,从逻辑函数表达式上难以找出所有可能产生的竞争-冒险。

2. 卡诺图法

首先将逻辑关系用卡诺图表示,若在卡诺图画包围圈时,出现两个包围圈相切而不相交的情况,则其对应的逻辑电路将存在竞争-冒险。如图 4-10-4 所示,表达式为 $F = A\overline{B} + \overline{A}C$;当 $B = 0, C = 1$ 时,$F = A + \overline{A}$,存在竞争-冒险。

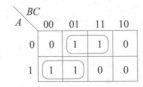

图 4-10-4 存在竞争-冒险的卡诺图

3. 软件仿真及实验法

借助计算机辅助分析软件也为检查复杂数字电路的竞争-冒险现象提供了有效的手

段。通过采用标准化的典型参数或做一些近似,在计算机上运行数字电路的仿真程序,能够在一定程度上查出电路是否会存在竞争-冒险现象。而通过实验的方法可以最终确定有无竞争-冒险。

4.10.3 竞争-冒险的消除

在逻辑电路设计时,器件及电路等多种因素的影响,使得竞争-冒险的产生比较复杂,而消除竞争-冒险也有多种方法。

1. 修改逻辑设计

通过在逻辑函数表达式上加上冗余项,即可消除竞争-冒险。图 4-10-5 所示逻辑电路,若加上冗余项 $\overline{B}C$,表达式变为 $F=A\overline{B}+\overline{A}C+\overline{B}C$;当 $B=0$,$C=1$ 时,$F=A+\overline{A}+1=1$,因此不会产生竞争-冒险。此种方法适用范围有限。

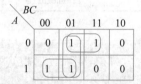

图 4-10-5　存在竞争-冒险的卡诺图

2. 输出端接滤波电容

由于竞争-冒险而产生的尖峰脉冲一般很窄,所以只要在输出端并接一个几十至几百皮法的滤波电容,就可以把尖峰脉冲的幅度削弱至门电路的阈值电压以下。

3. 引入选通脉冲

组合电路中竞争-冒险的产生一般是信号传输延时引起的。为了不使竞争-冒险产生的尖脉冲得以输出,可以在电路达到稳定状态之后加入选通脉冲,竞争-冒险产生的尖脉冲就不会输出了。

习题

4-1　分析图 4-P-1 所示的电路,写出 F_1、F_2 逻辑表达式,列出真值表,并说明电路的逻辑功能。

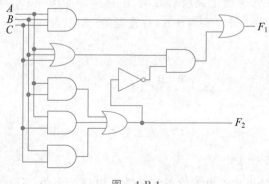

图　4-P-1

4-2 试写出图 4-P-2 所示逻辑电路的输出 Y 表达式。

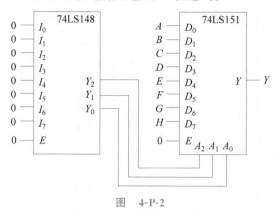

图 4-P-2

4-3 试分析图 4-P-3 所示逻辑电路的逻辑功能。

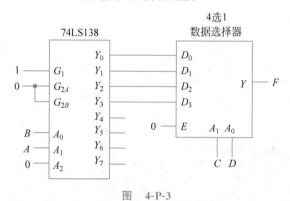

图 4-P-3

4-4 试分析图 4-P-4 所示逻辑电路的逻辑功能。

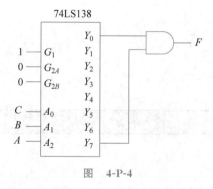

图 4-P-4

4-5 试说明图 4-P-5 所示两个逻辑图的功能是否相同。

4-6 由 3 线-8 线译码器 74LS138 和 8 选 1 数据选择器 74LS151 构成的逻辑电路如图 4-P-6 所示,试问: $X_2 X_1 X_0 = Z_2 Z_1 Z_0$ 时,输出 $F=?$,$X_2 X_1 X_0 \neq Z_2 Z_1 Z_0$ 时,输出 $F=?$

4-7 试用与非门设计一个数据选择逻辑电路,功能见表 4-P-1。S_1、S_0 为选择端,A、B 为数据输入端(可以反变量输入)。

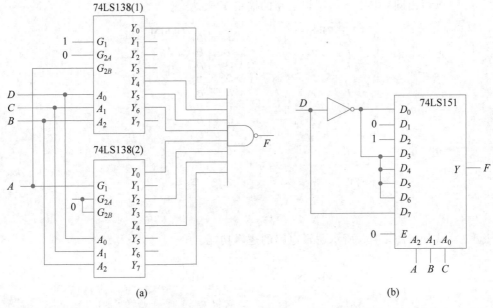

图 4-P-5

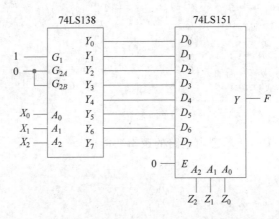

图 4-P-6

表 4-P-1

S_1	S_0	F
0	0	AB
0	1	$A+B$
1	0	$A \odot B$
1	1	$A \oplus B$

4-8 试用与非门设计实现函数 $F(A,B,C,D)=\sum m(2,6,10,13,14,15)$ 组合逻辑电路。

4-9 试用基本逻辑门设计三变量的奇数判别电路。若输入变量中 1 的个数为奇数,则输出为 1;否则,输出为 0。

4-10 试用 3 线-8 线译码器 74LS138 和逻辑门设计组合逻辑电路。该逻辑电路输入为 X,输出为 F,且均为 3 位二进制数。二者之间关系:当 $2 \leqslant X \leqslant 5$ 时,$F = X + 2$;当 $X < 2$ 时,$F = 1$;当 $X > 5$ 时,$F = 0$。

4-11 试用 74LS138 和 74LS151 实现 4 位二进制数比较器,其功能:当两个二进制数相等时,输出为 1;否则输出为 0。

4-12 试用 2 片 74LS138 实现 8421 BCD 码的译码。

4-13 仅用一片 4 选 1 数据选择器设计判定电路。该电路输入为 8421 BCD 码,当输入数大于 1 小于 6 时输出为 1;否则输出为 0。(提示:可用无关项化简。)

4-14 用 74LS138 和与非门实现下列逻辑函数。

$$Y_1 = \sum m(3,4,5,6)$$

$$Y_2 = \sum m(0,2,6,8,10)$$

$$Y_3 = \sum m(7,8,13,14)$$

$$Y_4 = \sum m(1,3,4,9)$$

4-15 用 Verilog 设计一个带控制端的半加/半减器,控制端 $X = 0$ 时为半加器,$X = 1$ 时为半减器。

4-16 试用 3 线-8 线译码器 74LS138 和必要的门电路,设计具有控制端 K 的一位全减运算电路。当 $K = 1$ 时,全减运算被禁止;当 $K = 0$ 时,做全减运算。

4-17 试用 74283 实现二进制数 11001010 和 1100111 的加法运算,写出 Verilog 程序,给出 ModelSim 仿真结果。

4-18 试用 4 位数据比较器 74LS85 设计一个判别电路。若输入的 8421BCD 码 $D_3 D_2 D_1 D_0 > 0101$ 时,判别电路输出为 1;否则,输出为 0。

4-19 试用 8 选 1 数据选择器 74LS151 和必要的门电路,设计一个 4 位二进制码偶校验的校验码产生逻辑电路。

4-20 试用逻辑门设计一个满足表 4-P-2 要求的监督码产生逻辑电路。

表 4-P-2

数 据			监 督 码	传 输 码			
A	B	C	W_{OD}	W_{OD}	A	B	C
0	0	0	1	1	0	0	0
0	0	1	0	0	0	0	1
0	1	0	0	0	0	1	0
0	1	1	1	1	0	1	1
1	0	0	0	0	1	0	0
1	0	1	1	1	1	0	1
1	1	0	1	1	1	1	0
1	1	1	0	0	1	1	1

4-21 阅读图 4-P-7 的 Verilog 程序,画出模块 T4_21 的逻辑图,列出真值表,说明该逻辑电路的功能。

```
//74LS138应用
module T4_21(
 input wire C,
 input wire B,
 input wire A,
 output wire F
);
wire W0,W1,W2,W3,W4,W5,W6,W7;
assign F = ~(W0&W3&W5&W6);
//例化74138
LS138 u0(
.G1 (1'b1),
.G2A(1'b0),
.G2B(1'b0),
.A2 (A),
.A1 (B),
.A0 (C),
.Y0 (W0),
.Y1 (W1),
.Y2 (W2),
.Y3 (W3),
.Y4 (W4),
.Y5 (W5),
.Y6 (W6),
.Y7 (W7));
endmodule
```

```
//74LS138 Function table
module LS138(
    input  wire G1,
    input  wire G2A,
    input  wire G2B,
    input  wire A2,
    input  wire A1,
    input  wire A0,
    output wire Y0,
    output wire Y1,
    output wire Y2,
    output wire Y3,
    output wire Y4,
    output wire Y5,
    output wire Y6,
    output wire Y7
    );
reg [7:0] Dout;
assign {Y0,Y1,Y2,Y3,Y4,Y5,Y6,Y7} = Dout;
always @ ( * ) begin
    if( G1 & ~G2A & ~G2B )
       case({ A2, A1, A0 })
       3'b000: Dout = 8'b01111111;
       3'b001: Dout = 8'b10111111;
       3'b010: Dout = 8'b11011111;
       3'b011: Dout = 8'b11101111;
       3'b100: Dout = 8'b11110111;
       3'b101: Dout = 8'b11111011;
       3'b110: Dout = 8'b11111101;
       3'b111: Dout = 8'b11111110;
       endcase
       else       Dout = 8'b11111111;
    end
endmodule
```

图 4-P-7

4-22 共阳七段数码管译码显示的逻辑电路如图 4-P-8 所示,阅读图 4-P-9 所示共阳七段数码管译码显示的 Verilog 程序,根据 $A3\sim A0$ 数值 $0000,0001,\cdots,1110,1111$ 填写图 4-P-10 的显示字型。

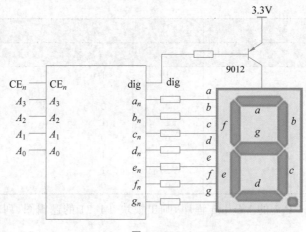

图 4-P-8

```verilog
module T4_22(
input  CEn,
input  A3,A2,A1,A0,
output dig,
output an,bn,cn,dn,en,fn,gn );
wire [3:0] addr;
reg [6:0] data;
assign dig =1'b0;
assign addr ={A3,A2,A1,A0};
assign {an,bn,cn,dn,en,fn,gn} = data;
always @ ( * ) begin
  if ( CEn == 0 )
  begin
    case ( addr )
    0:    data <= 7'b0000001;
    1:    data <= 7'b1001111;
    2:    data <= 7'b0010010;
    3:    data <= 7'b0000110;
    4:    data <= 7'b1001100;
    5:    data <= 7'b0100100;
    6:    data <= 7'b0100000;
    7:    data <= 7'b0001111;
    8:    data <= 7'b0000000;
    9:    data <= 7'b0001100;
    10:   data <= 7'b0001000;
    11:   data <= 7'b1100000;
    12:   data <= 7'b1110010;
    13:   data <= 7'b1000010;
    14:   data <= 7'b0110000;
    15:   data <= 7'b0111000;
    endcase
  end
  else
    data <= 7'bzzzzzzz;
end
endmodule
```

图 4-P-9

图 4-P-10

4-23 判断图 4-P-11 所示两个逻辑电路是否存在竞争-冒险现象？通过 Verilog 编程和 ModelSim 仿真,给出具有门延时的波形仿真结果。

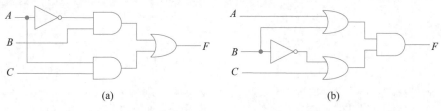

(a)   (b)

图 4-P-11

第5章

锁存器和触发器

在数字系统中为了存储二进制信息,常用触发器作为存储元件。在不断电的条件下,触发器可以长期地保持二进制 0 或 1 状态,直到有输入信号引导它转换到另一个状态为止。触发器可以按照输入端数目、输入信号对触发器输出端的状态影响以及触发方式分成各种不同类型。

5.1　锁存器

锁存器是一种对脉冲电平敏感的双稳态电路,具有 0 或 1 两个稳定状态;一旦状态被确定,就能自行保持;直到有外部特定输入脉冲电平作用在逻辑电路一定位置时,才能改变状态。锁存器可用于置入和存储 1 位二进制数据。

5.1.1　基本 SR 锁存器

基本 SR 锁存器由两个或非门首尾相接构成,如图 5-1-1 所示。两个或非门的输出端分别称为 Q 和 $\bar{Q}$。触发器有两个稳定状态:$Q=1$,$\bar{Q}=0$ 和 $Q=0$,$\bar{Q}=1$。正常工作时,Q 和 $\bar{Q}$ 互为取非的关系。通常把 Q 的状态定义为锁存器的状态:当 $Q=1$ 时,锁存器处于 1 状态,简称 1 态;当 $Q=0$ 时,锁存器处于 0 状态,简称 0 态。

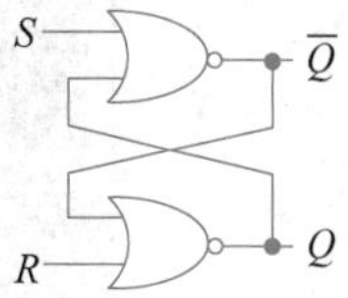

在图 5-1-1 逻辑电路中,当或非门的两个输入信号中有任何一个为高电平时,输出即为低电平。只有两个输入信号全为低电平时,输出才为高电平。由图 5-1-1 可见,或非门的两个输入端,

图 5-1-1　基本 SR 锁存器逻辑电路

均有一个是由输出信号反馈而来的,因此在改变输入信号时,输出端的状态与之前的 Q 和 $\bar{Q}$ 的状态有关,因此锁存器具有记忆功能。令锁存器原有的输出状态称为现态,用 Q^n 表示;锁存器在输入作用下将转换输出状态称为次态,用 Q^{n+1} 表示。

(1) 假设 $S=0$,$R=0$。若锁存器的初态为 $Q^n=0$,则 $Q^{n+1}=0$;若锁存器的初态为 $Q^n=1$,则 $Q^{n+1}=1$。也就是说,当 $S=0$,$R=0$ 时,锁存器保持原状态不变。

(2) 假设 $S=1$,$R=0$。若锁存器的初态为 $Q^n=0$,则 $Q^{n+1}=1$;若锁存器的初态为 $Q^n=1$,则 $Q^{n+1}=1$。也就是说,当 $S=1$,$R=0$ 时,无论锁存器原状态如何,次态 Q^{n+1} 输出都将为 1,因此 S 端称为置位端。

(3) 假设 $S=0$,$R=1$。若锁存器的初态为 $Q^n=0$,则 $Q^{n+1}=0$;若锁存器的初态为 $Q^n=1$,则 $Q^{n+1}=0$。也就是说,当 $S=0$,$R=1$ 时,无论锁存器原状态如何,次态 Q^{n+1} 输出都将为 0,因此 R 端称为复位端。

(4) 假设 $S=1$,$R=1$。无论锁存器原状态如何,Q 和 $\bar{Q}$ 次态都为 0,这违背了 Q 和 $\bar{Q}$ 互补的原则。此时,若撤掉输入信号,触发器状态将不确定;正常工作时,应禁止该状态出现。

由图 5-1-1 逻辑电路实现的基本 SR 锁存器 Verilog 程序见图 5-1-2(a),基本 SR 锁存器仿真 Verilog 程序见图 5-1-2(b),仿真结果见图 5-1-2(c)。由图 5-1-2(c)可知,在 30～40ns 时,$S=1$,$R=1$,输出均为 0,是错误的。

```
`timescale 1ns / 10ps
module SRLatch_tb;
reg S, R;
wire Q, Qn;
SRLatch DUT(
.S(S),
.R(R),
.Q(Q),
.Qn(Qn));
initial begin
    S = 1'b1; R = 1'b0;
#10 S = 1'b0; R = 1'b1;
#10 S = 1'b0; R = 1'b0;
#10 S = 1'b1; R = 1'b1;
#10 S = 1'b1; R = 1'b0;
#10 $stop;
end
endmodule
```

```
//或门构成的基本SR锁存器
module SRLatch(
input wire S,
input wire R,
output wire Q,
output wire Qn);
//功能定义
assign Q = ~ (Qn | R);
assign Qn = ~ (Q | S);
endmodule
```

(a) 基本SR锁存器的Verilog程序　　　　(b) 基本SR锁存器的仿真Verilog程序

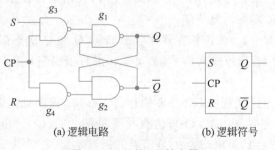

(c) 基本SR锁存器的仿真结果

图 5-1-2　基本 SR 锁存器的 Verilog 编程和仿真

5.1.2　门控 SR 锁存器

在数字系统中为协调各部分动作,常需要某些锁存器在同一时刻动作。为此,必须引入同步信号,使这些锁存器只有在同步信号到达时才按输入信号改变状态。通常把这一同步信号称作时钟脉冲,或时钟信号,用 CP(Clock Pulse)或 CLK 表示。这种受时钟控制的锁存器,称为门控锁存器或同步锁存器,以区别于基本 SR 锁存器。

门控 SR 锁存器如图 5-1-3(a)所示,该电路由两部分构成:与非门 g_1、g_2 组成低有效的基本 SR 锁存器,与非门 g_3、g_4 组成的控制电路。图 5-1-3(b)为门控 SR 锁存器的逻辑符号。

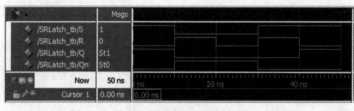

　　　　　(a) 逻辑电路　　　　　　　　　(b) 逻辑符号

图 5-1-3　门控 SR 锁存器

当 CP＝0 时，无论 S、R 为何值，与非门 g_3、g_4 输出为 1。也就是，输入信号 S、R 不会影响输出端的状态，锁存器保持原状态不变。

当 CP＝1 时，与非门 g_3、g_4 打开，输入信号 S、R 经 g_3、g_4 反相后加到由 g_1、g_2 组成低有效的基本 SR 锁存器的输入端，此时 Q 和 $\bar{Q}$ 的状态就完全由输入信号 S、R 控制，S 端称为同步置位端，R 端称为同步复位端。由于该锁存器是在 CP 为高电平期间被触发的，因此也称为电平触发 SR 锁存器。门控 SR 锁存器的特性表如表 5-1-1 所示。

表 5-1-1　门控 SR 锁存器的特性表

CP	S	R	Q^n	Q^{n+1}	功　能
0	×	×	0	0	保持
0	×	×	1	1	保持
1	0	0	0	0	保持
1	0	0	1	1	保持
1	1	0	0	1	置1
1	1	0	1	1	置1
1	0	1	0	0	置0
1	0	1	1	0	置0
1	1	1	0	1[①]	禁止
1	1	1	1	1[①]	禁止

①表示若 S、R 信号不变，CP 由高电平回到低电平后状态不定。

门控 SR 锁存器是由时钟脉冲 CP 控制的，当 CP＝0 时，输入信号 S、R 对锁存器状态无影响；当 CP＝1 时，触发器的特性与基本 SR 锁存器特性相同，如果输入信号中有干扰信号时，那么可能出现多次翻转的问题。此外，输入信号也须遵循约束条件 SR＝0。

由表 5-1-1 门控 SR 锁存器的特性表的逻辑关系，在 CP＝1 时，将 SR 锁存器的次态写成逻辑函数式，得 SR 锁存器的特性方程：

$$\begin{cases} Q^{n+1} = S + \bar{R}Q^n \\ SR = 0 \end{cases}$$

状态转换图是将锁存器或触发器可能出现的两个状态以两个圆圈表示，用箭头表示转换方向，在箭头的一侧注明状态转换的条件。图 5-1-4 为 SR 锁存器的状态转换图，状态转换图形象地描述了锁存器状态变化的过程。

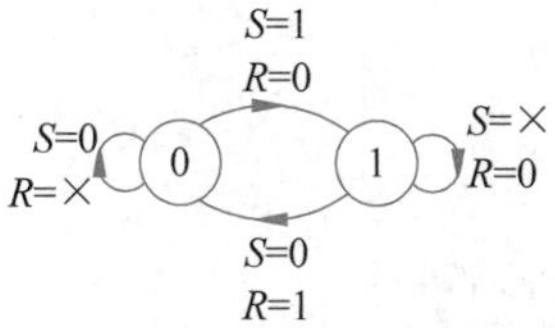

图 5-1-4　门控 SR 锁存器的状态转换图

由图 5-1-3 逻辑电路，实现的门控 SR 锁存器 Verilog 程序见图 5-1-5(a)，其仿真 Verilog 程序见图 5-1-5(b)，仿真结果见图 5-1-5(c)。由图 5-1-5(c)可知，在 CP＝1 时，S＝1，R＝1，输出均为 1，是错误的。

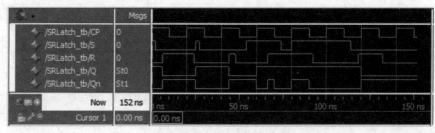

```
//与非门构成的门控SR锁存器
module SRLatch(
input  wire CP,
input  wire S,
input  wire R,
output wire Q,
output wire Qn);
//功能定义
wire g3,g4;
assign g3 = ~ (CP & S);
assign g4 = ~ (CP & R);
assign Q = ~ (Qn & g3);
assign Qn = ~ (Q & g4);
endmodule
```

(a) 门控SR锁存器的Verilog程序

```
`timescale 1ns /
10ps
module SRLatch_tb;
reg  CP, S, R;
wire Q, Qn;
SRLatch DUT(
.CP(CP),
.S(S),
.R(R),
.Q(Q),
.Qn(Qn));
initial begin
CP = 1'b1;
S  = 1'b1;
R  = 1'b0;
end
always #10 CP = ~ CP;
```

(b) 门控SR锁存器的仿真Verilog程序

```
initial begin
#2   S = 1'b0;
#23  S = 1'b1;
#2   S = 1'b0;
#27  S = 1'b1;
#20  S = 1'b0;
#6   S = 1'b1;
#34  S = 1'b0;
#50 S = 1'b1;
end
initial begin
#6   R = 1'b1;
#18  R = 1'b0;
#20  R = 1'b1;
#4   R = 1'b0;
#18  R = 1'b1;
#26  R = 1'b0;
#26  R = 1'b1;
#14  R = 1'b0;
#20 $stop;
end
endmodule
```

(c) 门控SR锁存器的仿真结果

图 5-1-5　门控 SR 锁存器的 Verilog 编程和仿真

5.1.3　门控 D 锁存器

将门控 SR 锁存器的 S 端接 D、R 端经反相器后接 D,构成门控 D 锁存器,如图 5-1-6 所示。

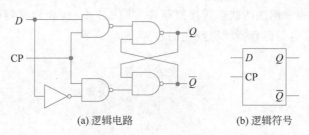

(a) 逻辑电路　　　　　　　　(b) 逻辑符号

图 5-1-6　门控 D 锁存器

由图 5-1-6(a)可见,当 CP=0 时,D 锁存器保持原输出状态。

当 CP=1 时,若 $D=1$,则锁存器输出 $Q^{n+1}=1$;若 $D=0$,则锁存器输出 $Q^{n+1}=0$。

由此可见,在 CP=1 期间,D 锁存器的状态随输入端 D 的状态变化而变化。表 5-1-2

是门控 D 锁存器的特性表。

表 5-1-2 门控 D 锁存器的特性表

CP	D	Q^n	Q^{n+1}
0	×	0	0
0	×	1	1
1	0	×	0
1	1	×	1

由表 5-1-2 门控 D 锁存器的特性表的逻辑关系,在 CP＝1 时,将 D 锁存器次态写成逻辑函数式,得 D 锁存器的特性方程为 $Q^{n+1}=D$。

门控 D 锁存器的状态转换图如图 5-1-7 所示。

$$D=0 \quad \boxed{0} \quad \overset{D=1}{\underset{D=0}{\rightleftarrows}} \quad \boxed{1} \quad D=1$$

图 5-1-7 门控 D 锁存器的状态转换图

由图 5-1-6 逻辑电路,实现的门控 D 锁存器 Verilog 程序见图 5-1-8(a),其仿真 Verilog 程序见图 5-1-8(b),仿真结果见图 5-1-8(c)。由图 5-1-8(c)可知,在 CP＝1 时,如果 D 发生变化,输出也变化。因此,在使用门控 D 锁存器时,要求在 CP＝1 期间,D 信号保持不变。

```
//门控D锁存器
module DLatch(
input  wire CP,
input  wire D,
output wire Q,
output wire Qn);
//功能定义
assign Q  = ~(Qn & ~(CP & D));
assign Qn = ~(Q  & ~(CP &~D));
endmodule
```

(a) 门控D锁存器的Verilog程序

```
`timescale
1ns/10ps
module DLatch_tb;
reg CP, D;
wire Q, Qn;
DLatch DUT(
.CP(CP),
.D(D),
.Q(Q),
.Qn(Qn));
initial begin
CP = 1'b0;
D = 1'b0;
end
always #10 CP=~CP;
```
```
initial begin
#6  D = 1'b1;
#18 D = 1'b0;
#20 D = 1'b1;
#12 D = 1'b0;
#8  D = 1'b1;
#4  D = 1'b0;
#8  D = 1'b1;
#8  D = 1'b0;
#10 D = 1'b1;
#4  D = 1'b0;
#10 $stop;
end
endmodule
```

(b) 门控D锁存器的仿真Verilog程序

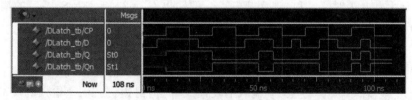

(c) 门控D锁存器的仿真结果

图 5-1-8 门控 D 锁存器的 Verilog 编程和仿真

5.2 触发器

锁存器是在门控信号或时钟信号为高电平期间输出更新状态,输出会随着输入发生变化。而很多时序电路要求仅对时钟信号的上升沿或下降沿敏感,而其他时刻保持状态不变。触发器是具有记忆功能的、能够存储 1 位二值信号的基本逻辑电路,具有 0 或 1 两个稳定状态,对时钟信号边沿敏感,其状态只在时钟信号的上升沿或下降沿的瞬间改变。

5.2.1 维持阻塞 D 触发器

维持阻塞 D 触发器的逻辑电路和逻辑符号如图 5-2-1 所示,也就是集成 D 触发器 74LS74。SET 是异步置 1 输入端、CLR 异步置 0 输入端,低电平有效;D 为数据输入端,CP 为时钟输入端;Q 和 $\bar{Q}$ 为输出端。该触发器由 6 个与非门组成,其中 g_1 和 g_2 构成基本 SR 锁存器,g_3 和 g_4 组成钟控电路,g_5 和 g_6 组成数据输入电路。

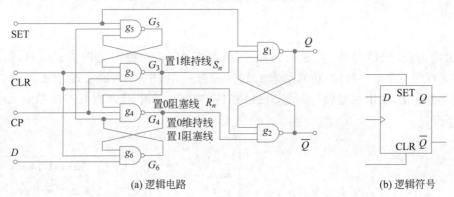

(a) 逻辑电路　　　　　　　　　(b) 逻辑符号

图 5-2-1　维持阻塞 D 触发器

异步置 1 输入 SET、异步置 0 输入 CLR 接至基本 SR 锁存器的输入端。当 SET=1 且 CLR=0 时,输入端 D 的值不影响输出,$Q=0$、$\bar{Q}=1$,即触发器置 0;当 SET=0 且 CLR=1 时,$Q=1$、$\bar{Q}=0$,触发器置 1。

当 CP=0 时,与非门 g_3 和 g_4 被封锁,g_3、g_4 输出 $G_3=G_4=1$,触发器状态不变。由于 g_3 的输出 G_3 接至 g_5 输入,g_4 的输出 G_4 接到 g_6 输入,将 g_5、g_6 门打开,g_6 可接收输入信号 D,g_5 可接收输入信号 $\bar{D}$,g_5 的输出 $G_5=D$,g_6 的输出 $G_6=\bar{D}$。

当 CP 由 0 变 1 时,g_3 和 g_4 门打开,g_3 的输出 $G_3=\bar{G}_5=\bar{D}=S_n$,$g_4$ 的输出 $Q_4=\bar{G}_6=D=R_n$,基本 SR 锁存器的输入始终是互补的。由基本 SR 锁存器功能可知 $Q=D$,此时的 D 是 CP 上升沿之前的逻辑值。

在 CP=1 时,g_3 和 g_4 打开之后,g_3 的输出 G_3 和 g_4 的输出 G_4 状态是互补的,必定有一个是 0。若 $G_3=0$,接至 g_5 输入的反馈线将 g_5 封锁,接至 g_4 输入的反馈线将 g_4 封锁。由于 g_5 输入的反馈线起到维持 $S_n=0$,也就维持了 $Q=1$,故称为**置 1 维持线**。在 $CP=1$ 期间,g_3 输出 G_3 接至 g_4 输入的反馈线将 g_4 封锁,也就阻塞了 D 的信号输入,同时保证 $R_n=1$,阻止了 $Q=0$,故称为**置 0 阻塞线**。若 $G_4=0$,接至 g_6 输入的反馈

线将 g_6 封锁，D 通往基本 SR 锁存器的路径也被封锁；G_4 接至 g_6 输入的反馈线起到使触发器维持在 0 状态的作用，称为**置 0 维持线**，也起到阻止触发器置 1 的作用，也称为**置 1 阻塞线**。

因此，该触发器常称为维持阻塞触发器。在 CP 上升沿前接收输入信号，在上升沿时 $Q=D$，上升沿后输入被封锁，所以称为边沿触发器。

表 5-2-1 是维持阻塞 D 触发器特性表，在 CP 上升沿时，特性方程为 $Q^{n+1}=D$。

表 5-2-1　维持阻塞 D 触发器的特性表

CLR	SET	CP	D	Q^{n+1}
0	1	×	×	0
1	0	×	×	1
1	1	↑	0	0
1	1	↑	1	1

由表 5-2-1 维持阻塞 D 触发器的特性表，实现的 D 触发器 Verilog 程序见图 5-2-2(a)；由图 5-2-1(a) 逻辑电路，实现的 D 触发器 Verilog 程序见图 5-2-2(b)。D 触发器的仿真结果见图 5-2-2(c)。

```verilog
//D触发器的功能描述
module ffd(
  input  wire CLR,
  input  wire SET,
  input  wire CP,
  input  wire D,
  output wire Q,
  output wire Qn
  );
//功能定义
reg QF;
assign Q  = QF;
assign Qn = ~QF;
always @(posedge CP or negedge CLR
or negedge SET)
begin
   if( !CLR )  QF  <= 0;
      else if ( !SET )  QF  <= 1;
        else  QF  <= D;
   end
endmodule
```

(a) D触发器特性表的Verilog程序

```verilog
//74LS74维持阻塞D触发器
module LS74(
  input  wire CLR,
  input  wire SET,
  input  wire CP,
  input  wire D,
  output wire Q,
  output wire Qn );
//功能定义
wire g3,g4,g5,g6;
assign g6 = ~( CLR &D &g4 );
assign g5 = ~( SET &g6 &g3 );
assign g3 = ~( CLR &CP &g5 );
assign g4 = ~( g3 &CP &g6 );
assign Q  = ~( SET &Qn &g3 );
assign Qn = ~( CLR &Q &g4 );
endmodule
```

(b) D触发器逻辑电路的Verilog程序

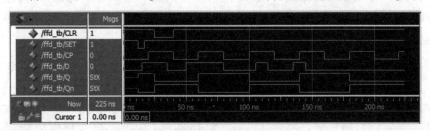

(c) D触发器的仿真结果

图 5-2-2　D 触发器的 Verilog 编程和仿真

5.2.2 负边沿 JK 触发器

负边沿 JK 触发器的逻辑电路和逻辑符号如图 5-2-3 所示,也就是集成 JK 触发器 74LS76。当 CP 为 0 时,触发器处于一个稳态;CP 由 0 变 1 时,做好接收输入信号的准备;CP 由 1 变 0 时,在 CP 下降沿前接收信号,在下降沿后触发器被封锁。

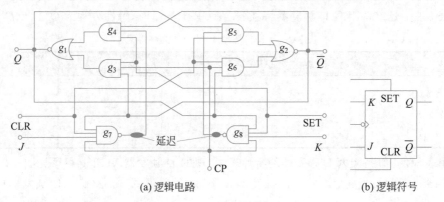

(a) 逻辑电路　　　　　　　　(b) 逻辑符号

图 5-2-3　负边沿 JK 触发器

当 CP=0 时,g_7、g_8 被封锁,不论 J、K 为何种状态,g_7、g_8 输出均为 1;g_3、g_6 也被 CP 封锁,因而由与、或非门组成 RS 锁存器处于一个稳定状态,使输出 Q、$\overline{Q}$ 状态不变。

当 CP 由 0 变 1 时,先设触发器原状态为 $Q=0$,$Q=1$,有两个信号通道影响输出状态,一个是 g_3 和 g_6 打开,直接影响输出,另一个是 g_7 和 g_8 打开,再经 g_4 和 g_5 影响输出状态。前一个通道只经一级与门,而后一个通道则要经一级与非门和一级与门,显然 CP 的跳变经前者影响输出比经后者要快得多。在 CP 由 0 变 1 时,g_3 的输出首先由 0 变 1,这时无论 g_4 为何种状态(无论 J、K 为何状态),都使 Q 仍为 0。由于 Q 同时连接 g_6 和 g_5 的输入端,因此它们的输出均为 0,使 g_2 的输出 $\overline{Q}=1$,触发器的状态不变。

当 CP 由 0 变 1 后,CP=1,打开 g_7 和 g_8,为接收输入信号 J、K 做好准备。

当 CP 由 1 变 0 时,先设输入信号 $J=1$,$K=0$,则 g_7 输出 $G_7=0$,g_8 输出 $G_8=1$,g_5 和 g_4 的输出均为 0。在 CP 下降沿到来时,g_3 输出由 1 变 0,则有 $Q=1$,使 g_5 输出为 1,$\overline{Q}=0$,触发器转换。在 CP 变 0 后,CP=0,g_7、g_8、g_6 和 g_3 封锁,g_7 输出 $G_7=1$,g_8 输出 $G_8=1$,但由于与非门的延迟时间比与门长(在制造工艺上予以保证),因此 g_7 和 g_8 这一新状态的稳定是在触发器转换之后。由此可知,该触发器在 CP 下降沿触发转换,CP 一旦到 0 电平,将触发器输入封锁。

表 5-2-2 是负边沿 JK 触发器特性表,在 CP 下降沿时,特性方程为 $Q^{n+1}=J\overline{Q^n}+\overline{K}Q^n$。

表 5-2-2　负边沿 JK 触发器特性表

CLK	J	K	Q^n	Q^{n+1}	功　　能
↓	0	0	0	0	保持
↓	0	0	1	1	

续表

CLK	J	K	Q^n	Q^{n+1}	功　能
↓	0	1	0	0	置 0
↓	0	1	1	0	
↓	1	0	0	1	置 1
↓	1	0	1	1	
↓	1	1	0	1	翻转
↓	1	1	1	0	

JK 触发器的状态转换图如图 5-2-4 所示。

由表 5-2-2 负边沿 JK 触发器特性表,实现的 JK 触发器 Verilog 程序见图 5-2-5(a);由图 5-2-3(a)逻辑电路,实现的 JK 触发器 Verilog 程序见图 5-2-5(b)。JK 触发器的仿真结果见图 5-2-5(c)。

由图 5-2-5(a)得到的 RTL 原理图见图 5-2-6,这是由 D 触发器和门电路构成的 JK 触发器。

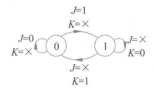

图 5-2-4　JK 触发器的
状态转换图

```verilog
//JK触发器的功能描述
module ffjk(
  input  wire CLR,
  input  wire SET,
  input  wire CP,
  input  wire J,
  input  wire K,
  output wire Q,
  output wire Qn);
//功能定义
reg QF;
assign Q = QF;
assign Qn = ~QF;
always @ (negedge CP or negedge CLR
        or negedge SET) begin
if( !CLR )  QF <= 0;
  else if ( !SET )  QF <= 1;
    else
      QF <= ~QF&J | QF&~K;
end
endmodule
```

(a) JK触发器特性表的Verilog程序

```verilog
//74LS76 verilog
`timescale 1ns / 10ps
module LS76(
  input  wire CLR,
  input  wire SET,
  input  wire CP,
  input  wire J,
  input  wire K,
  output wire Q,
  output wire Qn );
//功能定义
wire g3,g4,g5,g6,g7,g8;
assign g3 = SET & CP & Qn;
assign g4 = SET & g7 & Qn;
assign g5 = CLR & g8 & Q;
assign g6 = CLR & CP & Q;
assign #1 g7 = ~( CLR & J & CP & Qn);
assign #1 g8 = ~( SET & K & CP & Q);
assign Q = ~( g3 | g4 );
assign Qn = ~( g5 | g6 );
endmodule
```

(b) JK触发器逻辑电路的Verilog程序

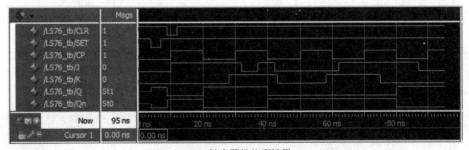

(c) JK触发器的仿真结果

图 5-2-5　JK 触发器的 Verilog 编程和仿真

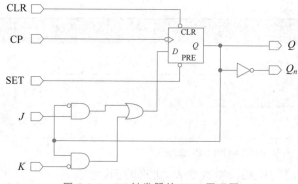

图 5-2-6　JK 触发器的 RTL 原理图

5.2.3　SR 触发器

时钟信号上升沿触发的 SR 触发器逻辑符号如图 5-2-7 所示,SR 触发器的特性方程为

$$\begin{cases} Q^{n+1} = S + \bar{R}Q^n \\ SR = 0 \end{cases}$$

图 5-2-7　SR 触发器
逻辑符号

SR 触发器的 Verilog 程序见图 5-2-8(a),其仿真 Verilog 程序见图 5-2-8(b),仿真结果见图 5-2-8(c)。

由图 5-2-8(a)得到 RTL 原理图见图 5-2-9,这是由 D 触发器和门电路构成的 SR 触发器。

```
//SR触发器的功能描述
module ffsr(
input  wire CLR,
input  wire SET,
input  wire CP,
input  wire S,
input  wire R,
output wire Q,
output wire Qn);
//功能定义
reg QF;
assign Q = QF;
assign Qn = ~QF;
always @ (posedge CP or
         negedge CLR or
         negedge SET) begin
if( !CLR ) QF <= 0;
   else if ( !SET ) QF <= 1;
   else QF <= S | QF & ~R;
end
endmodule
```

(a) SR触发器的Verilog程序

```
`timescale 1ns / 10ps
module ffsr_tb;
reg  CLR,SET,CP,S,R;
wire Q, Qn;
ffsr DUT(
.CLR(CLR),
.SET(SET),
.CP(CP),
.S(S),
.R(R),
.Q(Q),
.Qn(Qn));
initial begin
CLR = 1'b1;
SET = 1'b1;
CP  = 1'b0;
S   = 1'b0;
R   = 1'b0;
end
always #10 CP= ~CP;
```

```
initial begin
#8 CLR =1'b0;
#5 CLR =1'b1;
end
initial begin
#2 SET =1'b0;
#5 SET =1'b1;
end
initial begin
#25 S = 1'b1;
#36 S = 1'b0;
#15 S = 1'b1;
#5  S = 1'b0;
end
initial begin
#27 R = 1'b1;
#15 R = 1'b0;
#15 R = 1'b1;
#21 R = 1'b0;
#20 $stop;
end
endmodule
```

(b) SR触发器的仿真Verilog程序

图 5-2-8　SR 触发器的 Verilog 编程和仿真

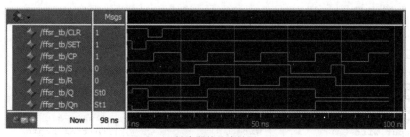

(c) SR触发器的仿真结果

图 5-2-8 （续）

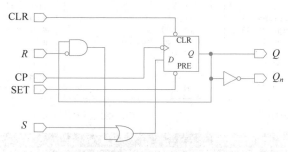

图 5-2-9 SR 触发器的 RTL 原理图

5.2.4 T 触发器

T 触发器有一个控制信号 T，当 T 信号为 1 时，触发器每来一个时钟脉冲，T 触发器就翻转一次，而当 T 信号为 0 时，触发器状态保持不变。因此，当 $T=1$ 时，T 触发器可以记录时钟脉冲的个数。图 5-2-10 表示了上升沿触发的 T 触发器图形符号，T 触发器的特性表如表 5-2-3 所示。

图 5-2-10 T 触发器的图形符号

表 5-2-3 T 触发器的特性表

T	Q^n	Q^{n+1}
0	0	0
0	1	1
1	0	1
1	1	0

根据特性表的逻辑关系，T 触发器的特性方程为

$$Q^{n+1} = \overline{T}Q^n + T\overline{Q}^n$$

T 触发器的状态转换图如图 5-2-11 所示。

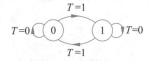

图 5-2-11 T 触发器的状态转换图

T 触发器的 Verilog 程序见图 5-2-12(a),其仿真 Verilog 程序见图 5-2-12(b),仿真结果见图 5-2-12(c)。

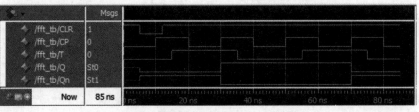

```
//T触发器的功能描述
module fft(
input wire CLR,
input wire CP,
input wire T,
output wire Q,
output wire Qn);
//功能定义
reg QF;
assign Q = QF;
assign Qn = ~QF;
always @ (posedge CP
    or negedge CLR)
begin
if( !CLR ) QF <= 0;
  else QF <= T^QF;
end
endmodule
```

(a) T触发器的Verilog程序

```
`timescale 1ns/100ps
module fft_tb;
reg CLR,CP,T;
wire Q,Qn;
fft DUT(
.CLR(CLR),
.CP(CP),
.T(T),
.Q(Q),
.Qn(Qn));
initial begin
CLR = 1'b1;
CP = 1'b0;
T  = 1'b0 ;
end
```

```
always #10 CP= ~CP;
initial begin
#5 CLR =1'b0;
#7 CLR =1'b1;
end
initial begin
#15 T = 1'b1;
#20 T = 1'b0;
#20 T = 1'b1;
#20 T = 1'b0;
#10 $stop;
end
endmodule
```

(b) T触发器的仿真Verilog程序

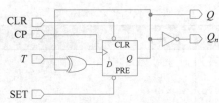

(c) T触发器的仿真结果

图 5-2-12　T 触发器的 Verilog 编程和仿真

由图 5-2-12(a)得到 RTL 原理图见图 5-2-13,这是由 D 触发器和门电路构成的 T 触发器。

图 5-2-13　T 触发器的 RTL 原理图

若 T 触发器的输入 T 接高电平,则特性方程为

$$Q^{n+1} = \overline{Q^n}$$

时钟脉冲每触发一次,触发器状态翻转一次,这种特殊的 T 触发器称为 T′触发器。

习题

5-1　图 5-P-1(a)是由或非门组成的基本 SR 锁存器,输入端 S、R 波形如图 5-P-1(b)所示,画出输出端 Q 的波形,并用 ModelSim 验证输出 Q 波形的正确性。

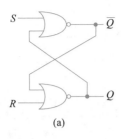 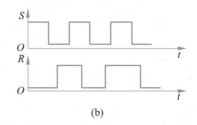

(a)   (b)

图 5-P-1

5-2 在图 5-P-2(a)门控 SR 锁存器中,CP、S、R 的波形如图 5-P-2(b)所示,试画出输出 Q 的波形,并用 ModelSim 验证输出 Q 波形的正确性。

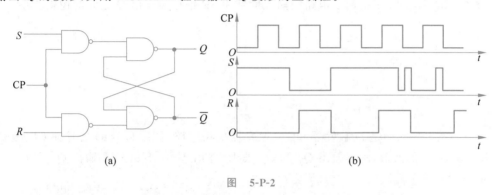

(a)   (b)

图 5-P-2

5-3 试分析图 5-P-3 所示的时序逻辑电路功能,写出 Q^{n+1} 方程。

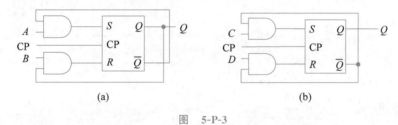

(a)   (b)

图 5-P-3

5-4 由与非门构成的基本 SR 锁存器如图 5-P-4(a)所示,输入信号 S、R 的波形见图 5-P-4(b),画出输出 Q 的波形(设 Q 初始状态为 0)。

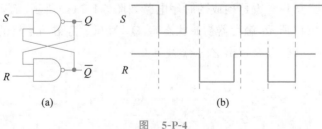

(a)   (b)

图 5-P-4

5-5 时钟脉冲 CP 及输入信号 R、S 的波形见图 5-P-5,画出门控 SR 锁存器输出 Q 的波形(设 Q 初始状态为 1),并用 ModelSim 验证输出 Q 波形的正确性。

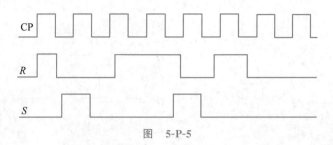

图 5-P-5

5-6　试写出图 5-P-6 所示电路的输入信号和门控 SR 锁存器输出 Q 之间的逻辑关系。

5-7　试写出图 5-P-7 所示电路的输入信号和 SR 锁存器输出 Q 之间的逻辑关系。

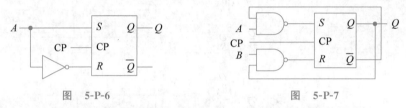

图　5-P-6　　　　　　　　　　　　　　图　5-P-7

5-8　图 5-P-8(a)是 D 触发器和 JK 触发器应用电路,图 5-P-8(b)是时钟 CP、复位 CLR 和输入 D 的波形,画出输出 Q_1 和 Q_2 波形,并用 ModelSim 验证输出 Q_1 和 Q_2 波形的正确性。

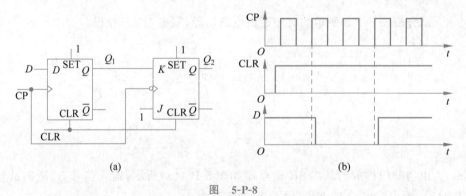

图　5-P-8

5-9　由维持阻塞 D 触发器构成的时序电路如图 5-P-9(a)所示,输入信号 A 及时钟 CP 波形如图 5-P-9(b)所示,触发器初始状态 Q_1Q_0 为 00;考虑门电路的传输延时时间,画出触发器输出 Q_1、Q_0 以及输出 Z_1、Z_0 波形。

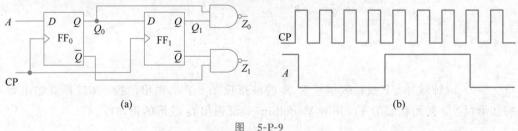

图　5-P-9

5-10 由负边沿 JK 触发器构成的时序电路如图 5-P-10(a)所示,清零信号 CLR 及时钟 CP 波形如图 5-P-10(b)所示,触发器初始状态 Q_1Q_0 为 11,试画出触发器输出 Q_1、Q_0 以及输出 Z 波形。

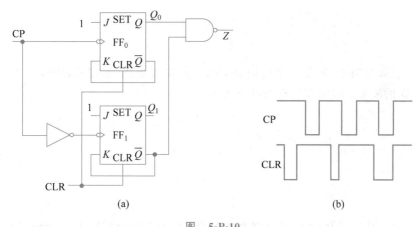

图 5-P-10

5-11 由负边沿 JK 触发器构成的时序电路如图 5-P-11(a)所示,时钟 CP 波形如图 5-P-11(b)所示,触发器初始状态 Q_1Q_0 为 00；画出触发器输出 Q_1、Q_0 以及输出 Z 波形。

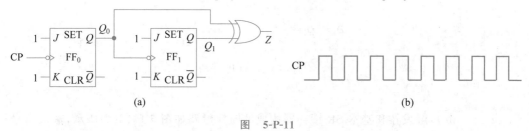

图 5-P-11

5-12 由维持阻塞 D 触发器构成的时序电路如图 5-P-12(a)所示,清零信号 CLR 及时钟 CP_0、CP_1 波形如图 5-P-12(b)所示,触发器初始状态 Q_1Q_0 为 11；画出触发器输出 Q_1、Q_0 波形。

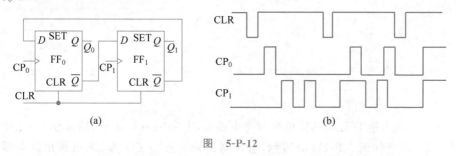

图 5-P-12

5-13 将图 5-P-13 所示的波形分别加到正边沿 JK 触发器以及负边沿 JK 触发器,设触发器初始状态为 0,试分别画出输出 Q 波形。

5-14 有一个下降沿触发的 D 触发器,在图 5-P-14 所示的 CP 脉冲和输入 D 信号的作用下,试画出输出端 Q 的波形。设 D 触发器的初始状态为 0。

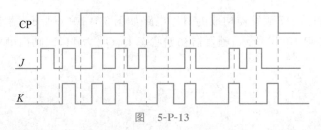

图 5-P-13

5-15 已知负边沿 JK 触发器的时钟 CP,以及输入 J、K 的波形如图 5-P-15 所示,试画出输出 Q 的波形。设触发器初始状态为 1。

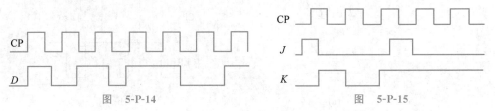

图 5-P-14   图 5-P-15

5-16 试写出图 5-P-16 所示时序电路的输入信号和触发器输出 Q 之间的逻辑关系。

5-17 由 D 触发器构成的时序电路如图 5-P-17 所示,触发器初始状态 Q_1Q_0 为 00,试画出触发器在时钟信号 CP 作用下输出 Q_1、Q_0 波形。

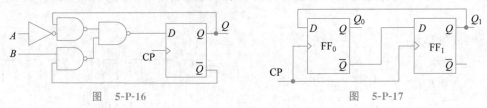

图 5-P-16   图 5-P-17

5-18 由 D 触发器和基本 SR 锁存器构成的时序电路如图 5-P-18(a)所示,输入信号 A 及时钟 CP 波形如图 5-P-18(b)所示,触发器初始状态 Q 为 1,试画出基本 SR 锁存器输出 B 和触发器输出 Q 的波形。

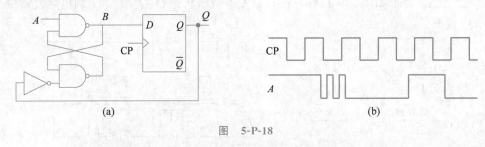

(a)   (b)

图 5-P-18

5-19 由负边沿 D 触发器构成的时序电路如图 5-P-19(a)所示,清零信号 CLR 及时钟 CP_0、CP_1 波形如图 5-P-19(b)所示,触发器初始状态 Q_1Q_0 为 00,试画出触发器输出 Q_1、Q_0 波形。

5-20 由负边沿 D 触发器构成的时序电路如图 5-P-20(a)所示,输入信号 A 及时钟 CP 波形如图 5-P-20(b)所示,触发器初始状态 Q_1Q_0 为 00,试画出输出 Z 和触发器输出 Q_1、Q_0 波形。

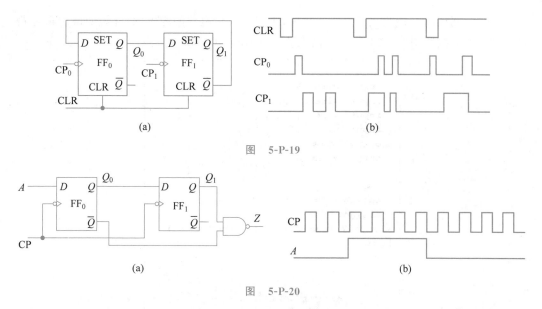

图 5-P-19

图 5-P-20

5-21 阅读图 5-P-21 的 Verilog 程序,画出该逻辑电路的逻辑图,并说明该逻辑电路的逻辑功能;按照图 5-P-22 给出的输入波形,画出输出波形,并说明该电路存在的问题。

```verilog
module P5 21(
input wire CP,
input wire K,
input wire J,
input wire SET,
output wire    Sn,
output wire    Rn,
output wire    Qn,
output wire    Q
);
wire    WQ,WQn,WRn,WSn;
assign Qn = WQn;
assign Q = WQ;
assign Sn = WSn;
assign Rn = WRn;
assign WRn = ~(CP & K & WQ);
assign WSn = ~(WQn & J & CP);
assign WQn = ~(WRn & WQ);
assign WQ  = ~(SET & WSn & WQn);
endmodule
```

图 5-P-21

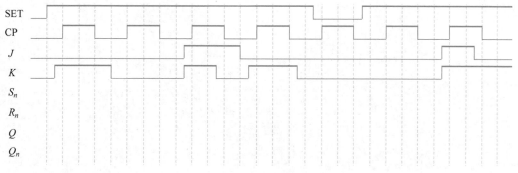

图 5-P-22

5-22 阅读图 5-P-23 的 Verilog 程序,画出该逻辑电路的逻辑图,并说明该逻辑电路的逻辑功能;按照图 5-P-24 给出的输入波形,画出输出波形。

```verilog
module P5_22(
  input  wire SET,
  input  wire CP,
  input  wire J,
  input  wire K,
  output wire Q,
  output wire Qn
  );
  reg QF;
  assign Q  = QF;
  assign Qn = ~QF;
always @ (posedge CP or negedge SET)
begin
 if ( !SET )
    QF  <= 1;
    else
    QF  <=  J & ~QF| ~K & QF;
end
endmodule
```

图 5-P-23

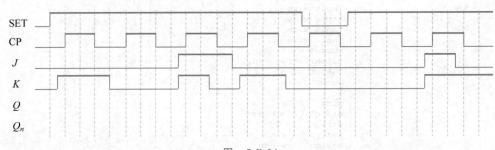

图 5-P-24

第 6 章

时序逻辑电路

组合逻辑电路的特点是电路任意时刻的稳态输出仅取决于该时刻的输入信号,而与电路原来的状态无关。时序逻辑电路在逻辑功能上的特点是任意时刻的输出不仅取决于该时刻的输入,而且与电路的原状态有关。时序逻辑电路在结构上的特点主要有两个:一个是电路包含有存储元件,通常由触发器构成;另一个是存储元件的输出和电路输入之间存在着反馈连接。

根据存储电路中状态变化情况,可以将时序电路分为同步时序电路和异步时序电路两大类。在同步时序电路中,所有存储电路的状态变化都在统一时钟脉冲到达时同时发生;而在异步时序电路中,没有统一的时钟脉冲,其存储电路的状态变化是在各自的时钟脉冲信号有效时发生的。

时序逻辑电路按照输出方式分为米利(Mealy)型和摩尔(Moore)型两类。米利型时序电路的输出状态与输入变量的状态和存储电路的状态有关,摩尔型时序电路的输出状态仅取决于存储电路的状态。

6.1 时序逻辑电路的分析与设计

由于时序逻辑电路包含组合电路和存储电路,因此时序电路的描述方法和组合逻辑电路的描述也有所不同。时序逻辑电路的表示方法除了逻辑函数表达式之外,还有状态转换真值表、状态转换图和时序波形图等表示方法,可以更直观、更完整地表示出时序电路功能。

6.1.1 同步时序逻辑电路的分析

分析一个时序逻辑电路,就是根据给定的逻辑电路图,找出在输入信号和时钟信号作用下电路状态和电路输出的变化规律,从而了解其逻辑功能。

基于触发器的时序逻辑电路的分析通常按照以下步骤进行:

(1) 分析电路组成,写出三个方程式。根据给定电路,写出各触发器的驱动方程和时钟方程,并写出输出方程。注意:输出方程与触发器现态 Q^n 有关。

(2) 求状态方程。将步骤(1)中得到的各触发器的驱动方程代入各自的特性方程中,求出每个触发器的状态方程。状态方程反映了触发器次态 Q^{n+1} 与现态 Q^n、输入之间的逻辑关系。

(3) 列状态转换真值表,画状态转换图。将任何一组外部输入变量及电路的初始状态的取值代入状态方程和输出方程,求出电路的次态值和相应输出值,然后继续这个过程,直到考虑了所有可能的状态为止。将这些结果列成真值表的形式,就得到状态转换真值表,画出状态转换图或时序波形图。在状态转换图中以圆圈形式表示电路的各个状态,状态转移的方向用箭头表示,在箭头旁注明转换时的外部输入变量和电路输出变量的值。

(4) 分析逻辑功能。根据状态转换真值表或状态转换图,经过分析,确定出它的逻辑功能。

下面举例介绍具体的时序电路的分析方法。

【例 6-1-1】 试分析图 6-1-1 所示的同步时序逻辑电路的逻辑功能。FF_0、FF_1、FF_2 是三个 D 触发器,时钟脉冲为上升沿触发。

解:(1)写驱动方程和输出方程。根据图 6-1-1 所示时序逻辑电路,写出电路的驱动方程和输出方程。

驱动方程为

$$D_0 = Q_1^n \overline{Q_0^n} + Q_2^n$$

$$D_1 = Q_1^n Q_0^n + Q_2^n \overline{Q_0^n}$$

$$D_2 = \overline{Q_2^n}\ \overline{Q_1^n}\ \overline{Q_0^n}$$

输出方程为

$$F = \overline{Q_2^n}\ \overline{Q_1^n}\ \overline{Q_0^n}$$

(2)求状态方程。将前面得到的各触发器的驱动方程代入 D 触发器的特性方程 $Q^{n+1}=D$ 中,得到相应的状态方程为

$$Q_0^{n+1} = Q_1^n \overline{Q_0^n} + Q_2^n$$

$$Q_1^{n+1} = Q_1^n Q_0^n + Q_2^n \overline{Q_0^n}$$

$$Q_2^{n+1} = \overline{Q_2^n}\ \overline{Q_1^n}\ \overline{Q_0^n}$$

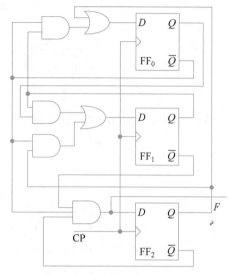

图 6-1-1 【例 6-1-1】的逻辑电路

(3)列状态转换真值表,画状态转换图及时序波形图。假设触发器初始状态为 000,将初始状态代入状态方程、输出方程,计算输出状态 $F=1$,次态 $Q_0^{n+1}=0$,$Q_1^{n+1}=0$,$Q_2^{n+1}=1$,将此计算结果作为新的初始状态代入状态方程,得到新的次态,如此计算下去。当 $Q_2^n Q_1^n Q_0^n = 001$ 时,输出 $F=0$,次态 $Q_2^{n+1}Q_1^{n+1}Q_0^{n+1}=000$,返回到最初设定的初态。得到的状态转换真值表如表 6-1-1 所示。

表 6-1-1 【例 6-1-1】的状态转换真值表

Q_2^n	Q_1^n	Q_0^n	Q_2^{n+1}	Q_1^{n+1}	Q_0^{n+1}	F
0	0	0	1	0	0	1
0	0	1	0	0	0	0
0	1	0	0	0	1	0
0	1	1	0	1	0	0
1	0	0	0	1	1	0
1	0	1	0	0	1	0
1	1	0	0	1	1	0
1	1	1	0	1	1	0

需要指出的是一个触发器的状态组合有 8 种,而状态转换表中有效状态只有 5 种状态,缺少 $Q_2^n Q_1^n Q_0^n = 101$、$Q_2^n Q_1^n Q_0^n = 110$、$Q_2^n Q_1^n Q_0^n = 111$ 这 3 个状态,经过计算分别得到它们的次态及输出结果,见表 6-1-1。

根据状态转换真值表,画出状态转换图如图 6-1-2 所示。在状态转换图中通常将输入变量取值写在斜线上方,将输出值写在斜线下方。因为图 6-1-1 电路没有输入逻辑变量,所以斜线上方为空。

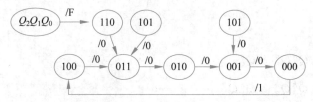

图 6-1-2 【例 6-1-1】的状态转换图

画出的时序波形图如图 6-1-3 所示。

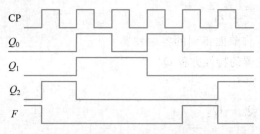

图 6-1-3 【例 6-1-1】的时序波形图

(4) 分析逻辑功能。随着时钟信号的作用,状态转换的规律是每经过 5 个时钟脉冲,状态循环变化一次。该逻辑电路为同步五进制计数器,输出 F 为借位信号。

从逻辑电路的状态看,100、011、010、001、000 这 5 个状态为有效状态,构成有效循环。另外的 101、110 和 111 状态则是无效状态,若在 CP 时钟脉冲作用下可以返回到有效状态,则表明电路能够自启动。

为此,该逻辑电路为能自启动的同步五进制减法计数器。

图 6-1-1 逻辑电路的 Verilog 程序见图 6-1-4(a),仿真 Verilog 程序见图 6-1-4(b),仿真结果见图 6-1-4(c)。由图 6-1-4(c)可知,该逻辑电路是五进制减法计数器。

【例 6-1-2】 试分析图 6-1-5 所示的同步时序逻辑电路的逻辑功能。FF_0、FF_1、FF_2 是 3 个 JK 触发器,时钟脉冲为下降沿触发。

解:(1) 根据图 6-1-5 所示时序逻辑电路,写出逻辑电路的驱动方程和输出方程。

驱动方程为

$$J_0 = \overline{X}Q_1^n + X\overline{Q_2^n}\,\overline{Q_1^n}, \quad K_0 = 1$$

$$J_1 = X(Q_0^n + Q_2^n), \quad K_1 = Q_0^n$$

$$J_2 = XQ_1^nQ_0^n, \quad K_2 = 1$$

输出方程为

$$Z = Q_2^n$$

(2) 求状态方程。将前面得到的各触发器的驱动方程代入到 JK 触发器的特性方程 $Q^{n+1} = J\overline{Q^n} + \overline{K}Q^n$ 中,得到相应的状态方程为

```
//例6-1-1
module L6_1_1(
input  wire CP,
input  wire CLRn,
output wire F,
output wire [2:0] Q);
//功能定义
wire D0,D1,D2;
reg  QF0,QF1,QF2;
assign  Q = {QF2,QF1,QF0};
assign  F = ~QF0& ~QF1& ~QF2;
assign  D0 = QF2 | QF1 & ~QF0;
assign  D1 = QF0 & QF1 | QF2 & ~QF0;
assign  D2 = ~QF0& ~QF1& ~QF2;
always @ (posedge CP or negedge CLRn)
begin
  if (!CLRn)
  {QF2,QF1,QF0} <= 3'b000;
  else
    {QF2,QF1,QF0} <= {D2,D1,D0};
end
endmodule
```

```
`timescale 1ns/100ps
module L6_1_1_tb;
reg  CLRn,CP;
wire F;
wire [2:0] Q;
L6_1_1 DUT(
.CLRn(CLRn),
.CP(CP),
.Q (Q),
.F (F));
initial begin
CLRn = 1'b1;
CP   = 1'b1;
end
always #10 CP = ~CP;
initial begin
#5   CLRn =1'b0;
#10  CLRn =1'b1;
#150 $stop;
end
endmodule
```

(a) Verilog程序   (b) 仿真Verilog程序

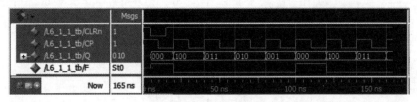

(c) 仿真结果

图 6-1-4 【例 6-1-1】的 Verilog 编程和仿真

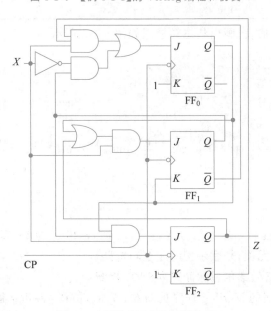

图 6-1-5 【例 6-1-2】的逻辑电路

$$Q_0^{n+1}=(\overline{X}Q_1^n+XQ_2^n\ \overline{Q_1^n})\overline{Q_0^n}=\overline{X}Q_1^n\overline{Q_0^n}+XQ_2^n\ \overline{Q_1^n}\ \overline{Q_0^n}$$

$$Q_1^{n+1}=X(Q_0^n+Q_2^n)\overline{Q_1^n}+\overline{Q_0^n}Q_1^n=XQ_1^n Q_0^n+XQ_2^n\overline{Q_1^n}+Q_1^n\overline{Q_0^n}$$

$$Q_2^{n+1}=XQ_1^n Q_0^n\overline{Q_2^n}=X\overline{Q_2^n}Q_1^n Q_0^n$$

（3）列状态转换真值表,画状态转换图。假设触发器初始状态为000,将初始状态代入状态方程、输出方程,得到的状态转换真值表如表 6-1-2 所示。

表 6-1-2 【例 6-1-2】的状态转换真值表

X	Q_2^n	Q_1^n	Q_0^n	Q_2^{n+1}	Q_1^{n+1}	Q_0^{n+1}	Z
0	0	0	0	0	0	0	0
0	0	0	1	0	0	0	0
0	0	1	0	0	1	1	0
0	0	1	1	0	0	0	0
0	1	0	0	0	0	0	1
0	1	0	1	0	0	0	1
0	1	1	0	0	1	1	1
0	1	1	1	0	0	0	1
1	0	0	0	0	0	1	0
1	0	0	1	0	0	0	0
1	0	1	0	0	0	0	0
1	0	1	1	1	0	0	0
1	1	0	0	0	1	0	1
1	1	0	1	0	0	0	1
1	1	1	0	0	1	0	1
1	1	1	1	0	0	0	1

根据状态转换真值表,画出状态转换图如图 6-1-6 所示。

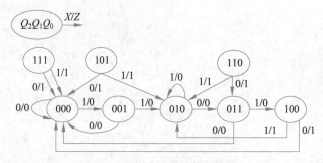

图 6-1-6 【例 6-1-2】的状态转换图

（4）分析逻辑功能。当输入信号 X 为 1101 时,输出 Z 为 1;其他情况下,输出 Z 为 0。输出 Z 与输入 X 无关,是摩尔型时序逻辑电路。

为此,该逻辑电路为摩尔型脉冲序列 1101 检测器。

图 6-1-5 逻辑电路的 Verilog 程序见图 6-1-7(a),仿真 Verilog 程序见图 6-1-7(b),仿真结果见图 6-1-7(c)。由图 6-1-7(c)可知,该逻辑电路是摩尔型脉冲序列 1101 检测器。

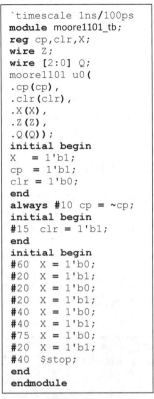

```
//例6-1-2 moore 1101序列检测器
module moore1101(
  input wire   cp,
  input wire   clr,
  input wire   X,
  output wire  Z,
  output wire  [2:0] Q );
//功能定义
reg       QF0,QF1,QF2;
assign Q = {QF2,QF1,QF0};
assign Z = QF2;
always @ (posedge cp or negedge clr)
begin
if (!clr) {QF2,QF1,QF0} <= 3'b000;
  else begin
  QF0 <=~X&QF1&~QF0|X&~QF2&~QF1&~QF0;
  QF1 <=QF1&~QF0|X&QF2&~QF1|X&~QF1&QF0;
  QF2 <=X&~QF2&QF1&QF0;
  end
end
endmodule
```

(a) Verilog程序

```
`timescale 1ns/100ps
module moore1101_tb;
reg cp,clr,X;
wire Z;
wire [2:0] Q;
moore1101 u0(
.cp(cp),
.clr(clr),
.X(X),
.Z(Z),
.Q(Q));
initial begin
X   = 1'b1;
cp = 1'b1;
clr = 1'b0;
end
always #10 cp = ~cp;
initial begin
#15  clr = 1'b1;
end
initial begin
#60  X = 1'b0;
#20  X = 1'b1;
#20  X = 1'b0;
#20  X = 1'b1;
#40  X = 1'b0;
#40  X = 1'b1;
#75  X = 1'b0;
#20  X = 1'b1;
#40  $stop;
end
endmodule
```

(b) 仿真Verilog程序

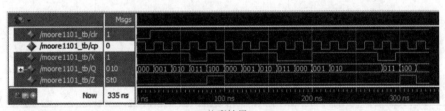

(c) 仿真结果

图 6-1-7 【例 6-1-2】的 Verilog 编程和仿真

6.1.2 异步时序逻辑电路的分析

异步时序逻辑电路的分析方法和同步时序逻辑电路的分析方法具有相同之处,即两者都先求驱动方程、输出方程和状态方程,而后列出状态转换表等分析方法。但是也有不同之处,在异步时序逻辑电路中,每个触发器的时钟端并不是接同一时钟信号,也就是说每次逻辑电路状态发生转换时,并不是所有触发器都有时钟信号。只有那些有时钟信号到来的触发器,其状态方程才能成立,而没有时钟信号的触发器将保持原来状态。

【例 6-1-3】 试分析图 6-1-8 所示的异步时序逻辑电路的逻辑功能。FF_0、FF_1、FF_2 是 3 个 JK 触发器,时钟脉冲为下降沿触发。

解:(1)图 6-1-8 所示时序逻辑电路为无输入、无输出的异步逻辑电路,其驱动方

程为

$$J_0 = \overline{Q_2^n Q_1^n}, \quad K_0 = 1$$

$$J_1 = Q_0^n, \quad K_1 = \overline{\overline{Q_2^n}\ \overline{Q_0^n}}$$

$$J_2 = 1, \quad K_2 = 1$$

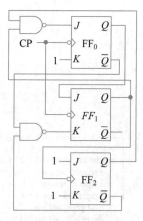

图 6-1-8 【例 6-1-3】逻辑电路

(2) 将前面得到的各触发器的驱动方程代入 JK 触发器的特性方程 $Q^{n+1} = J\overline{Q^n} + \overline{K}Q^n$ 中,得到相应的状态方程,只有当时钟下降沿到来时,按照状态方程得到次态。

$$Q_0^{n+1} = \overline{\overline{Q_2^n Q_1^n}\ \overline{Q_0^n}} = \overline{Q_2^n}\ \overline{Q_0^n} + \overline{Q_1^n}\ \overline{Q_0^n}, \quad \text{CP 下降沿有效}$$

$$Q_1^{n+1} = \overline{Q_1^n}Q_0^n + \overline{Q_2^n}Q_1^n\overline{Q_0^n}, \quad \text{CP 下降沿有效}$$

$$Q_2^{n+1} = \overline{Q_2^n}, \quad Q_1 \text{ 下降沿有效}$$

(3) 列状态转换真值表,画状态转换图。假设触发器初始状态为 000,将初始状态代入状态方程、输出方程,得到的状态转换真值表如表 6-1-3 所示。

表 6-1-3 【例 6-1-3】的状态转换真值表

Q_2^n	Q_1^n	Q_0^n	Q_2^{n+1}	Q_1^{n+1}	Q_0^{n+1}	CP	Q_1
0	0	0	0	0	1	↓	
0	0	1	0	1	0	↓	
0	1	0	0	1	1	↓	
0	1	1	1	0	0	↓	↓
1	0	0	1	0	1	↓	
1	0	1	1	1	0	↓	
1	1	0	0	0	0	↓	↓
1	1	1	0	0	0	↓	↓

根据状态转换真值表,画出状态转换图如图 6-1-9 所示。

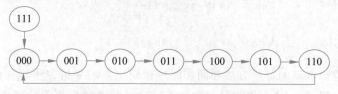

图 6-1-9 【例 6-1-3】的状态转换图

(4) 分析逻辑功能。从逻辑电路的状态看,有 7 个状态 000~110 构成有效循环,111 状态则是无效状态,在 CP 时钟脉冲作用下可以返回到有效状态 000,表明电路能够自启动。为此,该逻辑电路为能自启动的异步七进制加法计数器。

图 6-1-8 逻辑电路的 Verilog 程序见图 6-1-10(a),仿真 Verilog 程序见图 6-1-10(b),仿真结果见图 6-1-10(c)。由图 6-1-10(c)可知,该逻辑电路是异步七进制加法计数器。

```
//例6-1-3
module L6_1_3(
input wire  CP,
input wire  CLRn,
output wire  [2:0] Q);
reg QF0,QF1,QF2;
assign  Q = {QF2,QF1,QF0};
always @ (negedge CP or negedge CLRn)
begin
if (!CLRn) begin
    QF0 <= 0;QF1 <= 0;
    end
    else begin
    QF0 <= ~QF2&~QF0|~QF1&~QF0;
    QF1 <= ~QF1&QF0|~QF2&QF1&~QF0;
    end
end
always @ (negedge QF1 or negedge CLRn)
begin
    if (!CLRn) QF2 <= 0;
    else    QF2 <= ~QF2;
end
endmodule
```

```
`timescale 1ns / 100ps
module L6_1_3_tb;
reg  CLRn,CP;
wire [2:0] Q;
L6_1_3 DUT(
.CLRn(CLRn),
.CP(CP),
.Q (Q));
initial begin
CLRn = 1'b1;
CP  = 1'b0;
end
always #10 CP = ~CP;
initial begin
#5  CLRn =1'b0;
#10  CLRn =1'b1;
#300 $stop;
end
endmodule
```

(a) 逻辑电路的Verilog程序   (b) 仿真Verilog程序

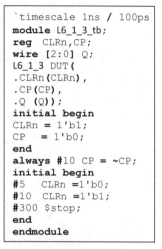

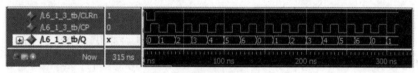

(c) 仿真结果

图 6-1-10 【例 6-1-3】的 Verilog 编程和仿真

6.1.3 同步时序逻辑电路的设计

同步时序逻辑电路的设计是分析的逆过程。根据给出的具体逻辑问题,求出实现这一逻辑功能的逻辑电路。用触发器设计同步时序逻辑电路时,一般按如下步骤进行:

(1) 画出原始状态转换图。将文字描述的实际逻辑关系转换为状态转换图。首先分析给定的逻辑问题,确定输入变量、输出变量以及逻辑电路的状态数;然后定义输入、输出逻辑状态的含义,并将状态顺序编号;最后按照题意画出原始状态转换图。

(2) 状态化简。在确定了原始状态转换图之后,在状态转换图中出现了等价状态就需要进行化简。等价状态是指在相同的输入条件下状态转换具有相同的次态及同样的输出。由于等价状态是重复的,因此可以合并为一项,从而达到了状态的简化。

(3) 选择触发器,并进行状态分配(状态编码)。每个触发器有两个状态 0 和 1,n 个触发器能表示 2^n 个状态。若用 M 表示时序电路的状态数,则有 $2^{n-1} < M \leqslant 2^n$,可以确定触发器的数目 n。由于不同类型的触发器驱动方式不同,设计出的逻辑电路也不一样,因此在设计具体的逻辑电路时要选定触发器的类型。

状态分配也称为状态编码,是指对原始状态转换图中的每个状态进行编码。编码方案选择得当,可以使设计结果简单。

(4)求状态方程、驱动方程和输出方程。根据编码后的状态转换图画出次态卡诺图,从次态卡诺图可以求得状态方程。若设计中的输出量不是触发器的直接输出,则还需要写出输出方程;然后根据状态方程与选定的触发器的特性方程相比较,求出驱动方程。

(5)根据得到的驱动方程和输出方程,画出逻辑电路图。

(6)检查电路能否自启动。时序逻辑电路设计完成后,一般要求上电后能自启动。自启动是指上电后,经过若干时钟脉冲返回到有效循环中。若电路不能自启动,则需修改设计使之能自启动。

【例 6-1-4】 试用 D 触发器设计一个具有借位输出的同步七进制减法计数器。

解:(1)画出原始状态转换图。具有借位输出的七进制减法计数器共有 7 个状态,分别为 S_0,S_1,$\cdots$,S_6,其原始状态转换图如图 6-1-11 所示。

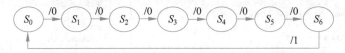

图 6-1-11 具有借位输出七进制减法计数器原始状态图

(2)状态化简。从图 6-1-11 可以看出不存在等价状态,无须进行状态化简。

(3)进行状态分配。题目已经给出了触发器类型,只需要状态分配。由于七进制计数器的状态数是 7,根据公式 $2^{n-1} < M \leqslant 2^n$,因此得 $n=3$。设计中选择 3 个 D 触发器。将 $110 \sim 000$ 分配给 S_0,S_1,$\cdots$,S_6,画出编码之后的状态转换图如图 6-1-12 所示。

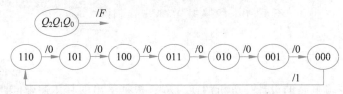

图 6-1-12 七进制减法计数器编码状态图

(4)求状态方程、驱动方程和输出方程。根据图 6-1-12 画出表示次态逻辑函数和借位输出逻辑函数的卡诺图,如图 6-1-13 所示。图 6-1-14 为分解的卡诺图。

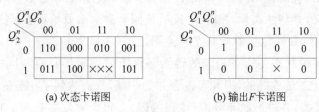

(a) 次态卡诺图　　　　　　(b) 输出 F 卡诺图

图 6-1-13 七进制减法计数器的卡诺图

由图 6-1-13(b)的输出 F 卡诺图,写出输出方程为

$$F = \overline{Q_2^n}\ \overline{Q_1^n}\ \overline{Q_0^n}$$

由图 6-1-14 分解次态卡诺图,写出触发器的状态方程。由于选用 D 触发器完成计数

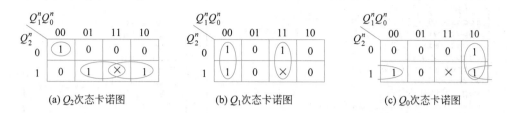

图 6-1-14　七进制减法计数器的分解次态卡诺图

器的设计，因此化简要求尽可能符合 D 触发器特性方程的形式。

$$Q_2^{n+1} = \overline{Q_2^n}\ \overline{Q_1^n}\ \overline{Q_0^n} + Q_2^n Q_0^n + Q_2^n Q_1^n$$

$$Q_1^{n+1} = \overline{Q_1^n}\ \overline{Q_0^n} + Q_1^n Q_0^n$$

$$Q_0^{n+1} = Q_1^n \overline{Q_0^n} + Q_2^n \overline{Q_0^n}$$

将状态方程和 D 触发器的特性方程比较，得驱动方程为

$$D_2 = \overline{Q_2^n}\ \overline{Q_1^n}\ \overline{Q_0^n} + Q_2^n Q_0^n + Q_2^n Q_1^n$$

$$D_1 = \overline{Q_1^n}\ \overline{Q_0^n} + Q_1^n Q_0^n = Q_1^n \odot Q_0^n$$

$$D_0 = Q_1^n \overline{Q_0^n} + Q_2^n \overline{Q_0^n} = (Q_1^n + Q_2^n)\overline{Q_0^n}$$

（5）根据驱动方程和输出方程画出逻辑图，如图 6-1-15 所示。

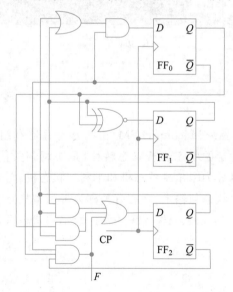

图 6-1-15　【例 6-1-4】同步七进制减法计数器逻辑电路

（6）检查电路能否自启动。由于未使用状态 111 经 1 个时钟脉冲进入有效状态 110，故能自启动。

图 6-1-15 逻辑电路的 Verilog 程序见图 6-1-16(a)，仿真 Verilog 程序见图 6-1-16(b)，仿真结果见图 6-1-16(c)。由图 6-1-16(c)可知，该逻辑电路是七进制减法计数器。

```
//例6-1-4
module L6_1_4(
input  wire CP,
input  wire CLRn,
output wire F,
output wire [2:0] Q);
wire D0,D1,D2;
reg QF0,QF1,QF2;
assign Q = {QF2,QF1,QF0};
assign F = ~QF2& ~QF1& ~QF0;
assign D0 = (QF1|QF2)&~QF0;
assign D1 = QF1&QF0|~QF1&~QF0;
assign D2 = ~QF2&~QF1&~QF0|QF2&QF0|QF2&QF1;
always @ (posedge CP or negedge CLRn)
begin
  if (!CLRn)
    {QF2,QF1,QF0} <= 3'b000;
    else
    {QF2,QF1,QF0} <= {D2,D1,D0};
end
endmodule
```

```
`timescale 1ns/100ps
module L6_1_4_tb;
reg  CLRn,CP;
wire F;
wire [2:0] Q;
L6_1_4 DUT (
.CLRn(CLRn),
.CP(CP),
.Q (Q),
.F (F));
initial begin
CLRn = 1'b1;
CP  = 1'b1;
end
always #10 CP = ~CP;
initial begin
#5   CLRn =1'b0;
#10  CLRn =1'b1;
#300 $stop;
end
endmodule
```

(a) 逻辑电路Verilog程序　　　　　　　　　　(b) 仿真Verilog程序

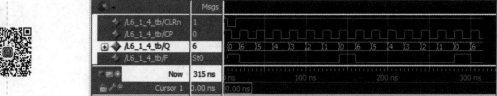

(c) 仿真结果

图 6-1-16　【例 6-1-4】的 Verilog 编程和仿真

6.1.4　有限状态机的设计

有限状态机(Finite State Machine,FSM)由状态寄存器和组合逻辑电路构成,能够根据控制信号按照预先设定的状态进行状态转移,是协调相关信号动作、完成特定操作的控制中心。有限状态机分为摩尔型状态机和米利型状态机。

时序逻辑电路的输出状态与输入、现态有关称为米利型状态机,见图 6-1-17;时序逻辑电路的输出状态仅与现态有关、与输入无关称为摩尔型状态机,见图 6-1-18。

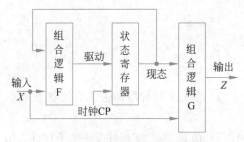

图 6-1-17　米利型状态机结构图

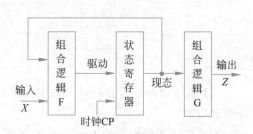

图 6-1-18　摩尔型状态机结构图

【例 6-1-5】 试设计一个摩尔型串行数据 1101 序列检测器。当连续输入 1101 时,检测器输出为 1;否则,输出为 0。

解:(1)画出原始状态转换图。摩尔型串行数据检测器,有一个数据输入端 X 和一个数据输出端 Z,输出 Z 仅与现态有关、与输入无关。根据题意,可以写出输入序列 X 与输出结果 Z:

$$输入序列 \ X:01101 \ 00110 \ 11011 \ 01100$$

$$输出结果 \ Z:00001 \ 00000 \ 10010 \ 01000$$

设状态 S_0、S_1、S_2、S_3、S_4 分别表示未检测到有效输入、已输入 1、已输入 11、已输入 110、已输入 1101,则根据题意,可以画出原始状态转换图如图 6-1-19 所示。根据状态转换图可列出原始状态转换表,见表 6-1-4。

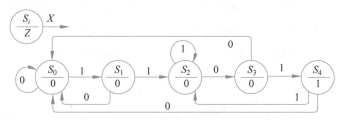

图 6-1-19　原始状态转换图

表 6-1-4　【例 6-1-5】的原始状态转换表

现　　态	次　　态		输出 Z
	$X=0$	$X=1$	
S_0	S_0	S_1	0
S_1	S_0	S_2	0
S_2	S_3	S_2	0
S_3	S_0	S_4	0
S_4	S_0	S_2	1

（2）状态化简。从原始的状态转换图或状态转换表可见,在相同输入条件下,没有输出相同,而且次态也相同的,故无等价状态。

（3）选择触发器,并进行状态分配。在状态化简之后,状态转换图中的状态有 5 个,需要 3 个触发器,选用 D 触发器。令触发器状态 $Q_2Q_1Q_0$ 的 000、001、010、011、100 分别代表 S_0、S_1、S_2、S_3、S_4。

（4）求状态方程、输出方程和驱动方程。根据图 6-1-19 所示,画出表示次态逻辑函数的卡诺图(简称次态卡诺图),以及输出卡诺图,如图 6-1-20 所示。图 6-1-21 为分解的次态卡诺图,化简后求得状态方程为

$$Q_2^{n+1}=XQ_1^nQ_0^n$$

$$Q_1^{n+1}=X\overline{Q_1^n}Q_0^n+XQ_2^n+Q_1^n\overline{Q_0^n}$$

$$Q_0^{n+1}=XQ_2^n\ \overline{Q_1^n}\ \overline{Q_0^n}+\overline{X}Q_1^n\overline{Q_0^n}$$

将状态方程和 D 触发器的特性方程比较,得驱动方程为

$$D_2 = XQ_1^n Q_0^n$$

$$D_1 = X\overline{Q_1^n}Q_0^n + XQ_2^n + Q_1^n\overline{Q_0^n}$$

$$D_0 = X\overline{Q_2^n}\ \overline{Q_1^n}\ \overline{Q_0^n} + \overline{X}Q_1^n\overline{Q_0^n}$$

由图 6-1-20(b)可得输出方程为

$$Z = Q_2^n$$

XQ_2^n \ $Q_1^n Q_0^n$	00	01	11	10
00	000	000	000	011
01	000	×××	×××	×××
11	010	×××	×××	×××
10	001	010	100	010

(a) 次态的卡诺图

XQ_2^n \ $Q_1^n Q_0^n$	00	01	11	10
00	0	0	0	0
01	1	×	×	×
11	1	×	×	×
10	0	0	0	0

(b) 输出 Z 的卡诺图

图 6-1-20　卡诺图

XQ_2^n \ $Q_1^n Q_0^n$	00	01	11	10
00	0	0	0	0
01	0	×	×	×
11	0	×	×	×
10	0	0	1	0

(a) Q_2^{n+1} 的卡诺图

XQ_2^n \ $Q_1^n Q_0^n$	00	01	11	10
00	0	0	0	1
01	0	×	×	×
11	1	×	×	×
10	0	1	0	1

(b) Q_1^{n+1} 的卡诺图

XQ_2^n \ $Q_1^n Q_0^n$	00	01	11	10
00	0	0	0	1
01	0	×	×	×
11	0	×	×	×
10	1	0	0	0

(c) Q_0^{n+1} 的卡诺图

图 6-1-21　分解的次态卡诺图

（5）根据驱动方程和输出方程画出逻辑电路图,如图 6-1-22 所示。

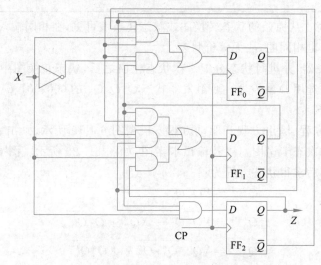

图 6-1-22　【例 6-1-5】的逻辑电路图

（6）检查电路能否自启动。将输入 $X=0$ 或 $X=1$，以及无效状态 101、110、111 分别代入状态方程，在 CP 作用下逻辑电路的状态可以进入有效状态，所以逻辑电路能够自启动。

图 6-1-22 逻辑电路的 Verilog 程序见图 6-1-23(a)，仿真 Verilog 程序见图 6-1-23(b)，仿真结果见图 6-1-23(c)。由图 6-1-23(c)可知，该逻辑电路是摩尔型 1101 序列检测器。

```
//例6-1-5 moore 1101序列检测器
module moore1101(
  input wire  CP,
  input wire  clr,
  input wire  X,
  output wire Z,
  output wire [2:0] Q );
//功能定义
reg    QF0,QF1,QF2;
wire   D0,D1,D2;
assign Q  = {QF2,QF1,QF0};
assign D0 = ~X&QF1&~QF0|X&~QF2&~QF1&~QF0;
assign D1 = QF1&~QF0|X&QF2|X&~QF1&QF0;
assign D2 = X&QF1&QF0;
assign Z  = QF2;
always @ (posedge CP or negedge clr)
begin
  if (!clr) {QF2,QF1,QF0} <= 3'b000;
  else {QF2,QF1,QF0} <= {D2,D1,D0};
end
endmodule
```

(a) 逻辑电路的Verilog程序

```
`timescale 1ns/100ps
module moore1101_tb;
reg CP,clr,X;
wire Z;
wire [2:0] Q;
moore1101 u0(
.CP(CP),
.clr(clr),
.X(X),
.Z(Z),
.Q(Q));
initial begin
    X   = 1'b1;
    CP  = 1'b1;
    clr = 1'b0;
#15 clr = 1'b1;
end
always #10 CP = ~CP;
initial begin
#60 X = 1'b0;
#20 X = 1'b1;
#20 X = 1'b0;
#20 X = 1'b1;
#40 X = 1'b0;
#40 X = 1'b1;
#75 X = 1'b0;
#20 X = 1'b1;
#40 $stop;
end
endmodule
```

(b) 仿真Verilog程序

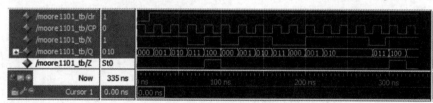

(c) 仿真结果

图 6-1-23 【例 6-1-5】的 Verilog 编程和仿真

【例 6-1-6】 试设计一个米利型串行数据 1101 序列检测器。当连续输入 1101 时，检测器输出为 1；否则，输出为 0。

解：（1）画出原始状态转换图。米利型串行数据检测器有一个数据输入端 X 和一个数据输出端 Z，输出 Z 不仅与现态有关，而且与输入有关。根据题意，可以写出输入序列 X 与输出结果 Z：

输入序列 X：01101 00110 11011 01100

输出结果 Z：00001 00000 10010 01000

设状态 S_0、S_1、S_2、S_3、S_4 分别表示未检测到有效输入、已输入 1、已输入 11、已输入 110、已输入 1101,则根据题意,可以画出原始状态转换图如图 6-1-24 所示。根据状态转换图可列出原始状态转换表,见表 6-1-5。

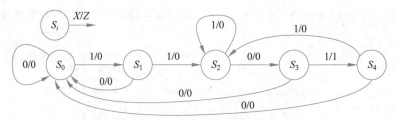

图 6-1-24　原始状态转换图

表 6-1-5　【例 6-1-6】的原始状态转换表

现　　态	次态		输出 Z	
	$X=0$	$X=1$	$X=0$	$X=1$
S_0	S_0	S_1	0	0
S_1	S_0	S_2	0	0
S_2	S_3	S_2	0	0
S_3	S_0	S_4	0	1
S_4	S_0	S_2	0	0

(2) 状态化简。从原始状态转换图或状态转换表可见,状态 S_1 和状态 S_4 在相同输入条件下,有输出相同,而且次态也相同的,故 S_1 和 S_4 是等价状态。化简后的状态转换图见图 6-1-25。

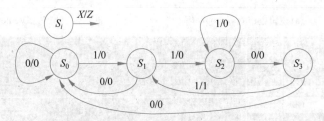

图 6-1-25　化简后的状态转换图

(3) 选择触发器,并进行状态分配。在状态化简之后,状态转换图中的状态有 4 个,需要 2 个触发器,选用 D 触发器。令触发器状态 Q_1Q_0 的 00、01、10、11 分别代表 S_0、S_1、S_2、S_3。

(4) 求状态方程、输出方程和驱动方程。根据图 6-1-25,画出次态卡诺图,以及输出卡诺图,如图 6-1-26 所示。图 6-1-27 为分解的次态卡诺图,化简后求得状态方程为

$$Q_1^{n+1} = X\overline{Q_1^n}\,Q_0^n + Q_1^n\overline{Q_0^n}$$

$$Q_0^{n+1} = X\overline{Q_1^n}\,\overline{Q_0^n} + \overline{X}Q_1^n\overline{Q_0^n} + XQ_1^nQ_0^n$$

将状态方程和 D 触发器的特性方程比较,得驱动方程为

$$D_1 = X\overline{Q_1^n}\,Q_0^n + Q_1^n\overline{Q_0^n}$$

$$D_0 = X\overline{Q_1^n}\,\overline{Q_0^n} + \overline{X}Q_1^n\overline{Q_0^n} + XQ_1^nQ_0^n$$

由图 6-1-26(b)可得输出方程为

$$Z = XQ_1^nQ_0^n$$

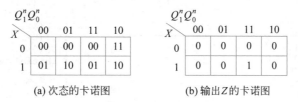

(a) 次态的卡诺图   (b) 输出 Z 的卡诺图

图 6-1-26 【例 6-1-6】的卡诺图

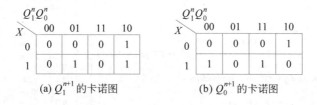

(a) Q_1^{n+1} 的卡诺图   (b) Q_0^{n+1} 的卡诺图

图 6-1-27 【例 6-1-6】次态分解的卡诺图

（5）根据驱动方程和输出方程画出逻辑电路图，如图 6-1-28 所示。

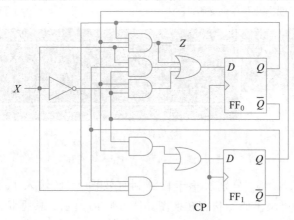

图 6-1-28 【例 6-1-6】的逻辑电路图

图 6-1-28 逻辑电路的 Verilog 程序见图 6-1-29（a），仿真 Verilog 程序见图 6-1-29（b），仿真结果见图 6-1-29（c）。由图 6-1-29（c）可知，该逻辑电路是米利型 1101 序列检测器。

【例 6-1-7】 试设计一个采用独热码编码的摩尔型串行数据 111 序列检测器。当连续输入 111 时，检测器输出为 1；否则，输出为 0。

解：（1）画出原始状态转换图。摩尔型串行数据检测器有一个数据输入端 X 和一个数据输出端 Z，输出 Z 仅与现态有关而与输入无关。

```
`timescale 1ns/100ps
module mealy1101_tb;
reg CP,clr,X;
wire Z;
wire [1:0] Q;
mealy1101 u0 (
.CP(CP),
.clr(clr),
.X(X),
.Z(Z),
.Q(Q));
initial begin
    X = 1'b1;
    CP = 1'b1;
    clr = 1'b0;
#10 clr = 1'b1;
end
always #10 CP = ~CP;
initial begin
#50  X = 1'b0;
#20  X = 1'b1;
#20  X = 1'b0;
#20  X = 1'b1;
#40  X = 1'b0;
#40  X = 1'b1;
#75  X = 1'b0;
#20  X = 1'b1;
#60  $stop;
end
endmodule
```

```
//例6-1-6 mealy 1101
module mealy1101(
input wire  CP,
input wire  clr,
input wire  X,
output wire  Z,
output wire  [1:0]Q );
//功能定义
reg   QF0,QF1;
wire  D0,D1;
assign Q  = {QF1,QF0};
assign D1 = QF1&~QF0|X&~QF1&QF0;
assign D0 = X&~QF1&~QF0|X&QF1&QF0|~X&QF1&~QF0;
assign Z  = X&QF1&QF0;
always @ (posedge CP or negedge clr)
begin
if (!clr) {QF1,QF0} <= 0;
else  {QF1,QF0} <= {D1,D0};
end
endmodule
```

(a) 逻辑电路Verilog程序 (b) 仿真Verilog程序

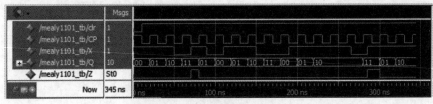

(c) 仿真结果

图 6-1-29 【例 6-1-6】的 Verilog 编程和仿真

设状态 S_0、S_1、S_2、S_3 分别表示未检测到有效输入、已输入 1、已输入 11、已输入 111,则根据题意,可以画出原始状态转换图如图 6-1-30 所示。根据状态转换图可列出原始状态转换表,见表 6-1-6。

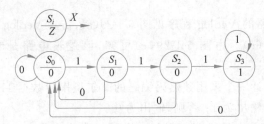

图 6-1-30 原始状态转换图

表 6-1-6 【例 6-1-7】的原始状态转换表

现态	次态		输出 Z
	$X=0$	$X=1$	
S_0	S_0	S_1	0
S_1	S_0	S_2	0
S_2	S_0	S_3	0
S_3	S_0	S_3	1

(2) 状态化简。从原始的状态转换图或状态转换表可见，在相同输入条件下，没有输出相同而且次态也相同的，故无等价状态。

(3) 选择触发器，并进行状态分配。在状态化简之后，状态转换图中的状态有 4 个，采用独热码编码，需要 4 个触发器，选用 D 触发器。令触发器状态 $Q_3Q_2Q_1Q_0$ 的 0001、0010、0100、1000 分别代表 S_0、S_1、S_2、S_3。

(4) 求状态方程、输出方程和驱动方程。根据图 6-1-30 画出次态卡诺图、输出卡诺图，如图 6-1-31 所示，化简后求得状态方程为

$$Q_3^{n+1}=XQ_2^n+XQ_3^n$$

$$Q_2^{n+1}=XQ_1^n$$

$$Q_1^{n+1}=XQ_0^n$$

$$Q_0^{n+1}=\overline{X}$$

将状态方程和 D 触发器的特性方程比较，可得驱动方程为

$$D_3=XQ_2^n+XQ_3^n$$

$$D_2=XQ_1^n$$

$$D_1=XQ_0^n$$

$$D_0=\overline{X}$$

由图 6-1-31(b)可得输出方程为

$$Z=Q_3^n$$

$XQ_3^nQ_2^n$ \ $Q_1^nQ_0^n$	00	01	11	10
000	××××	0001	××××	0001
001	0001	××××	××××	××××
011	××××	××××	××××	××××
010	0001	××××	××××	××××
110	1000	××××	××××	××××
111	××××	××××	××××	××××
101	1000	××××	××××	××××
100	××××	0010	××××	0100

(a) 次态的卡诺图

$XQ_3^nQ_2^n$ \ $Q_1^nQ_0^n$	00	01	11	10
000	×	0	×	0
001	0	×	×	×
011	×	×	×	×
010	1	×	×	×
110	1	×	×	×
111	×	×	×	×
101	0	×	×	×
100	×	0	×	0

(b) 输出Z的卡诺图

图 6-1-31 卡诺图

（5）根据驱动方程和输出方程画出逻辑电路图,如图 6-1-32 所示。

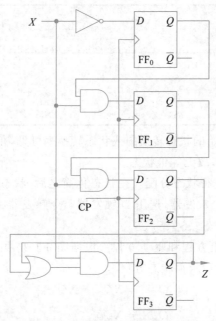

图 6-1-32 【例 6-1-7】的逻辑电路图

图 6-1-32 逻辑电路的 Verilog 程序见图 6-1-33(a),图 6-1-30 状态转换图的 Verilog 程序见图 6-1-33(b),仿真 Verilog 程序见图 6-1-33(c),仿真结果见图 6-1-33(d)。由图 6-1-33(d)可知,该逻辑电路是摩尔型 111 序列检测器。

```
//例6-1-7 moore 111序列检测器
module moore111(
  input  wire  CP,
  input  wire  clr,
  input  wire  X,
  output wire  Z,
  output wire  [3:0] Q);
//功能定义;
reg     QF0,QF1,QF2,QF3;
wire    D0,D1,D2,D3;
assign  Q  = {QF3,QF2,QF1,QF0};
assign  D0 = ~X;
assign  D1 = X&QF0;
assign  D2 = X&QF1;
assign  D3 = X&(QF2|QF3);
assign  Z  = QF3;
always @ (posedge CP or negedge clr)
begin
if (!clr)
  {QF3,QF2,QF1,QF0} <= 4'b0001;
  else
  {QF3,QF2,QF1,QF0} <= {D3,D2,D1,D0};
end
endmodule
```

(a) 逻辑电路的Verilog程序

图 6-1-33 【例 6-1-7】的 Verilog 编程和仿真

```
//Moore型111序列检测器的状态机描述
module moore111(CP,CLRn,X,Z,Q);
input CP,CLRn,X;
output Z;
output [3:0] Q;
parameter [3:0] zero = 4'b0001, one  = 4'b0010,
                two = 4'b0100, three = 4'b1000;
reg[3:0] current_state,next_state;
reg Zout;
assign Z = Zout;
assign Q = current_state;
//组合逻辑F
always@(X or current_state)
begin
    case (current_state)
    zero:  if(X==1)  next_state <= one;
           else      next_state <= zero;
    one:   if(X==1)  next_state <= two;
           else      next_state <= zero;
    two:   if(X==1)  next_state <= three;
           else      next_state <= zero;
    three: if(X==1)  next_state <= three;
           else      next_state <= zero;
    default:         next_state <= zero;
    endcase
end
//状态寄存器
always@(posedge CP or negedge CLRn)
begin
    if (CLRn==0) current_state <= zero;
    else         current_state <= next_state;
end
//组合逻辑G
always @ ( X or current_state or CLRn )
begin
    if( ~CLRn )    Zout <= 0;
    else if (current_state == three )
        Zout <= 1;
        else   Zout <= 0;
end
endmodule
```

(b) 状态转换图的Verilog程序

```
`timescale 1ns/100ps
module moore111_tb;
reg CP,CLRn,X;
wire Z;
wire [3:0] Q;
moore111 u0 (
.CP  (CP),
.CLRn(CLRn),
.X   (X),
.Z   (Z),
.Q   (Q) );
initial begin
X    = 1'b1;
CP   = 1'b1;
CLRn = 1'b0;
#10  CLRn = 1'b1;
end
always #10 CP = ~CP;
initial begin
#55 X = 1'b0;
#20 X = 1'b1;
#20 X = 1'b0;
#20 X = 1'b1;
#40 X = 1'b0;
#40 X = 1'b1;
#75 X = 1'b0;
#20 X = 1'b1;
#70 $stop;
end
endmodule
```

(c) 仿真Verilog程序

(d) 仿真结果

图 6-1-33 （续）

【例 6-1-8】 试设计一个具有输出的四进制可逆计数器。当输入 $X=0$ 时,为四进制加法计数器;当输入 $X=1$ 时,为四进制减法计数器。

解:(1)画出原始状态转换图。具有输出的四进制计数器共有 4 个状态,分别为 S_0、S_1、S_2、S_3,其原始状态转换图如图 6-1-34 所示。

(2)状态化简。从图 6-1-34 可以看出不存在等价状态,无须进行状态化简。

(3)进行状态分配。由于四进制计数器的状态数是 4,因此得 $n=2$。设计中选择 2 个 D 触发器。将 00、01、10、11 分配给 S_0、S_1、S_2、S_3,画出编码之后的状态转换图如图 6-1-35 所示。

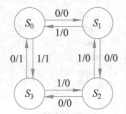

图 6-1-34 具有输出的四进制可逆
计数器原始状态图

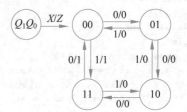

图 6-1-35 四进制可逆计数器
编码状态图

(4)求状态方程、驱动方程、输出方程。根据图 6-1-35 画出表示次态逻辑函数和输出逻辑函数的卡诺图,如图 6-1-36 所示。

X \ $Q_1^n Q_0^n$	00	01	11	10
0	01	10	00	11
1	11	00	10	01

X \ $Q_1^n Q_0^n$	00	01	11	10
0	0	0	1	0
1	1	0	0	0

(a) 次态卡诺图 　　　　　　　　(b) 输出Z的卡诺图

图 6-1-36 四进制可逆计数器的卡诺图

由图 6-1-36(a)次态卡诺图可写出触发器的状态方程为

$$Q_1^{n+1} = X \oplus Q_1^n \oplus Q_0^n$$

$$Q_0^{n+1} = \overline{Q_0^n}$$

将状态方程和 D 触发器的特性方程比较,可得驱动方程为

$$D_1 = X \oplus Q_1^n \oplus Q_0^n$$

$$D_0 = \overline{Q_0^n}$$

由图 6-1-36(b)输出 Z 的卡诺图可写出输出方程为

$$Z = X \overline{Q_1^n} \, \overline{Q_0^n} + \overline{X} Q_1^n Q_0^n$$

(5)根据驱动方程和输出方程画出逻辑电路图,如图 6-1-37 所示。

图 6-1-37 逻辑电路的 Verilog 程序见图 6-1-38(a),仿真 Verilog 程序见图 6-1-38(b),仿真结果见图 6-1-38(c)。由图 6-1-38(c)可知,该逻辑电路是米利型四进制可逆计数器。

【例 6-1-9】 用图 6-1-18 所示的摩尔型状态机结构图,设计一个摩尔型状态机"11001"序列检测器,编写 Verilog 程序,并给出仿真结果。

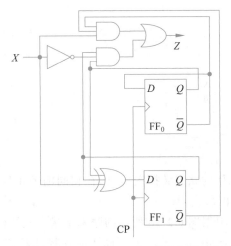

图 6-1-37 【例 6-1-8】的四进制可逆计数器逻辑电路

```
//例6-1-8
module L6_1_8(
input  wire CP,
input  wire CLRn,
input  wire X,
output wire Z,
output wire [1:0] Q);
//功能定义
wire D0,D1;
reg  QF0,QF1;
assign  Q = {QF1,QF0};
assign  Z = X&~QF1&~QF0|~X&QF1&QF0;
assign  D0 = ~QF0;
assign  D1 = X^QF1^QF0;
always @ (posedge CP or negedge CLRn)
begin
  if (!CLRn) {QF1,QF0} <= 2'b00;
  else  {QF1,QF0} <= {D1,D0};
end
endmodule
```

(a) 逻辑电路的Verilog程序

```
`timescale 1ns/100ps
module L6_1_8_tb;
reg  CLRn,CP,X;
wire Z;
wire [1:0] Q;
L6_1_8 u0(
.CLRn(CLRn),
.CP(CP),
.X (X),
.Q (Q),
.Z (Z));
initial begin
CP  = 1'b1;
X  = 1'b0;
CLRn = 1'b0;
#10  CLRn =1'b1;
end
always #10 CP = ~CP;
initial begin
#150  X =1'b1;
#140  X =1'b0;
#40 $stop;
end
endmodule
```

(b) 仿真Verilog程序

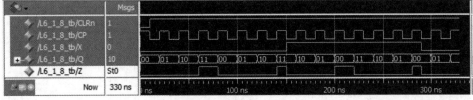

(c) 仿真结果

图 6-1-38 【例 6-1-8】的 Verilog 编程和仿真

解：(1) 画出原始状态转换图。摩尔型"11001"序列检测器有一个数据输入端 X 和一个数据输出端 Z，输出 Z 仅与现态有关而与输入无关。设状态 S_0、S_1、S_2、S_3、S_4、S_5 分别表示未检测到有效输入、已输入 1、已输入 11、已输入 110、已输入 1100、已输入 11001，则根据题意可以画出原始状态转换图如图 6-1-39 所示。

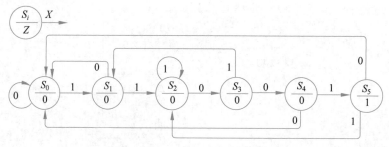

图 6-1-39　原始状态转换图

（2）状态化简。从原始的状态转换图可见，在相同输入条件下，没有输出相同，而且次态也相同的，故无等价状态。

（3）三段式状态机。根据图 6-1-18 所示的摩尔型状态机结构图，使用三个 always 模块，对应三个处理框。一个 always 模块采用同步时序描述状态转移；一个 always 采用组合逻辑 F 判断状态转移条件，描述状态转移规律；一个 always 模块描述状态输出 G。由图 6-1-39 状态转换图编写的三段式状态机 Verilog 程序如图 6-1-40 所示。

```verilog
//Moore型11001序列检测器的状态机描述
module moore11001(
input  CP,CLRn,X,
output Z,
output [2:0] Q );
parameter [2:0] S0=3'b000, S1=3'b001, S2=3'b010,
                S3=3'b011, S4=3'b100, S5=3'b101;
reg[2:0] cur_state,next_state;
reg Zout;
assign Z = Zout;
assign Q = cur_state;
always @ ( * )
begin: com_part_F
    case ( cur_state )
    S0: if( X )  next_state <= S1;
        else     next_state <= S0;
    S1: if( X )  next_state <= S2;
        else     next_state <= S0;
    S2: if( X )  next_state <= S2;
        else     next_state <= S3;
    S3: if( X )  next_state <= S1;
        else     next_state <= S4;
    S4: if( X )  next_state <= S5;
        else     next_state <= S0;
    S5: if( X )  next_state <= S2;
        else     next_state <= S0;
    endcase
end
always@(posedge CP or negedge CLRn)
begin: seq
    if (CLRn == 0) cur_state <= S0;
    else           cur_state <= next_state;
end
always @ ( * )
begin:com_part_G
    if( !CLRn )    Zout <= 0;
    else if (cur_state == S5 ) Zout <= 1;
        else Zout <= 0;
end
endmodule
```

图 6-1-40　【例 6-1-9】的 Verilog 程序

仿真验证 Verilog 程序如图 6-1-41 所示。

```verilog
`timescale 1ns/100ps
module moore11001_tb;
 reg CP;
 reg X;
 reg CLRn;
 wire Z;
 wire [2:0] Q;
moore11001 DUT(
 .CP  (CP),
 .CLRn(CLRn),
 .X   (X),
 .Q   (Q),
 .Z   (Z));
initial begin
 X = 1'b1;
 CP = 1'b1;
 CLRn = 1'b0;
end
always #10 CP = ~ CP;
initial begin
#5  CLRn = 1'b1;
end
initial begin
#13  X = 1'b0;
#20  X = 1'b1;
#42  X = 1'b0;
#40  X = 1'b1;
#90  X = 1'b0;
#42  X = 1'b1;
#18  X = 1'b0;
#20  X = 1'b1;
#20  $stop;
end
endmodule
```

图 6-1-41 【例 6-1-9】的仿真程序

若编写的 Verilog 程序是状态机,则综合器是可以识别出来的。选择"Netlist Viewers"下的"State Machine Viewer"或者打开 RTL 视图,如图 6-1-42 所示,其中 cur_state 就是综合器自动识别出的状态机;双击进去也可以查看状态转换图,如图 6-1-43 所示。

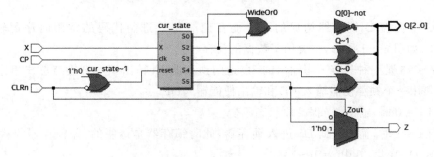

图 6-1-42 【例 6-1-9】的 RTL 视图

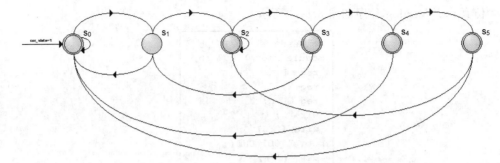

图 6-1-43 【例 6-1-9】的状态机视图

将图 6-1-39 与图 6-1-43 对比,状态转换图一致。

(4) 仿真验证。运行 ModelSim 的仿真程序,如图 6-1-41 所示;得到仿真结果见图 6-1-44。当输入序列是 11001 时,输出为 1。

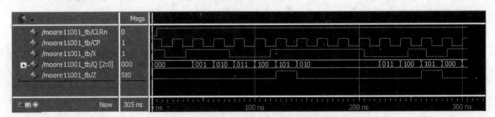

图 6-1-44 【例 6-1-9】的仿真结果

6.2 寄存器

在计算机或数字系统中,寄存器是用于存储代码或数据的逻辑部件,主要由存储逻辑电路和一些逻辑门电路组成。寄存器的存储逻辑电路由锁存器或触发器构成,1 个锁存器或触发器能存储 1 位二进制数,N 个锁存器或触发器可以构成 N 位寄存器。

按照寄存器功能的不同,分为基本寄存器(简称寄存器)和移位寄存器。基本寄存器可以并行送入数据,也可以并行输出。移位寄存器可以在移位脉冲作用下将数据依次逐位右移或左移,数据既可以并行输入、并行输出,也可以串行输入、串行输出。

6.2.1 寄存器

由 8 个钟控 D 锁存器构成的一次能存储 8 位二进制代码的常用时序逻辑电路 74LS373,如图 6-2-1 所示,主要用于数据的暂存。

74LS373 是一种具有三态输出的 8D 透明锁存器,其输出端可直接与总线相连,8 个锁存器共用一个锁存使能输入 LE 和输出使能输入 $\overline{OE}$。

当 LE＝0 时,输出 Q_i 保持原状态不变。

当 LE＝1 时,输入数据 D_i 进入锁存器,此时锁存器是透明的,即锁存器的状态 Q_i 跟随输入 D_i 变化,其中 $i=0\sim7$。

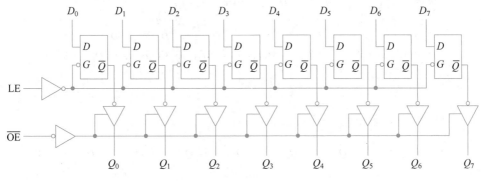

图 6-2-1　74LS373 逻辑电路

当 $\overline{\text{OE}}=0$ 时，锁存器的状态输出到输出端。

当 $\overline{\text{OE}}=1$ 时，输出为高阻态，用 Z 表示高阻态。

74LS373 引脚功能如图 6-2-2 所示，其功能如表 6-2-1 所示。

```
           ┌───┐ ┌───┐
  OE  ──  1 │     └─┘   │ 20  ── V_CC
  Q_0 ──  2 │           │ 19  ── Q_7
  D_0 ──  3 │           │ 18  ── D_7
  D_1 ──  4 │           │ 17  ── D_6
  Q_1 ──  5 │           │ 16  ── Q_6
  Q_2 ──  6 │           │ 15  ── Q_5
  D_2 ──  7 │           │ 14  ── D_5
  D_3 ──  8 │           │ 13  ── D_4
  Q_3 ──  9 │           │ 12  ── Q_4
  GND ── 10 │           │ 11  ── LE
           └───────────┘
```

图 6-2-2　74LS373 引脚图

表 6-2-1　74LS373 功能表

输　入			输　出
$\overline{\text{OE}}$	LE	D_i	Q_i^{n+1}
L	H	H	H
L	H	L	L
L	L	×	Q_i^n
H	×	×	Z

74LS374 为具有三态输出的八 D 边沿触发器，见图 6-2-3，输出端可以直接与总线相连。当三态允许控制端 $\overline{\text{OE}}$ 为低电平时，$Q_0 \sim Q_7$ 为正常逻辑状态，可用来驱动负载或总线。当 $\overline{\text{OE}}$ 为高电平时，$Q_0 \sim Q_7$ 呈高阻态，既不驱动总线，也不为总线的负载，但触发器内部不受影响。在时钟脉冲 CP 上升沿的作用下，$Q_0 \sim Q_7$ 随数据 $D_0 \sim D_7$ 而变。74LS374 功能见表 6-2-2。

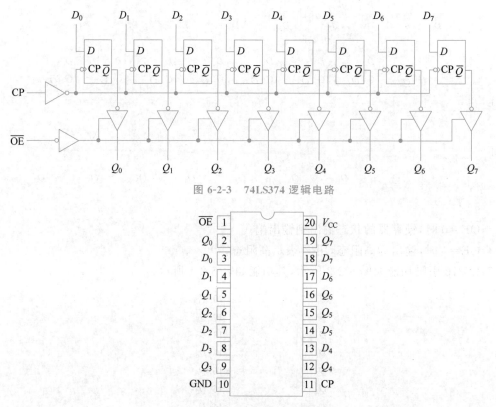

图 6-2-3　74LS374 逻辑电路

图 6-2-4　74LS374 引脚图

表 6-2-2　74LS374 功能表

输　　入			输　　出
$\overline{\text{OE}}$	CP	D_i	Q_i^{n+1}
L	↑	H	H
L	↑	L	L
L	L	×	Q_i^n
H	×	×	Z

　　由 74LS373 和 74LS374 的引脚图可见,两种器件引脚兼容。两种器件均是三态输出,可直接与总线相连;区别是 74LS373 由锁存器组成,时钟是高电平触发,74LS374 由触发器组成,时钟是上升沿触发。

　　如果输出不需要与总线相连,输出就不需要三态门。74LS273 是由 8 个 D 触发器组成,逻辑电路如图 6-2-5 所示,引脚见图 6-2-6,功能见表 6-2-3。

　　由 74LS373 功能表 6-2-1 的 Verilog 程序见图 6-2-7(a),仿真 Verilog 程序见图 6-2-7(c),仿真结果见图 6-2-7(e)。

　　由 74LS374 功能表 6-2-2 的 Verilog 程序见图 6-2-7(b),仿真 Verilog 程序见图 6-2-7(d),仿真结果见图 6-2-7(f)。

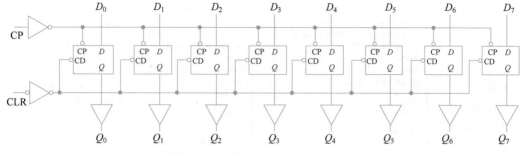

图 6-2-5　74LS273 逻辑电路

```
CLR  [1]          [20] V_CC
Q_0  [2]          [19] Q_7
D_0  [3]          [18] D_7
D_1  [4]          [17] D_6
Q_1  [5]          [16] Q_6
Q_2  [6]          [15] Q_5
D_2  [7]          [14] D_5
D_3  [8]          [13] D_4
Q_3  [9]          [12] Q_4
GND  [10]         [11] CP
```

图 6-2-6　74LS273 引脚图

表 6-2-3　74LS273 功能表

输　入			输　出
CLR	CP	D_i	Q_i^{n+1}
L	×	×	L
H	↑	H	H
H	↑	L	L
H	L	×	Q_i^n

```
//74LS373
module LS373(
input wire  OEn,
input wire  LE,
input wire  [7:0] D,
output wire [7:0] Q );
reg [7:0] QF;
assign Q = ~OEn ? QF : 8'bzzzz_zzzz;
always @ ( LE or D ) begin
if ( LE ) QF <= D;
end
endmodule
```

(a) 74LS373的Verilog程序

```
//74LS374
module LS374(
input wire  OEn,
input wire  CP,
input wire  [7:0] D,
output wire [7:0] Q);
reg [7:0] QF;
assign Q = ~OEn ? QF : 8'bzzzz_zzzz;
always @ ( posedge CP ) begin
QF <= D;
end
endmodule
```

(b) 74LS374的Verilog程序

图 6-2-7　74LS373 和 74LS374 的 Verilog 编程和仿真

```
`timescale 1ns/100ps
module LS373_tb;
reg OEn,LE;
reg [7:0] D;
wire [7:0] Q;
LS373 u0(
.OEn(OEn),
.LE(LE),
.D (D),
.Q (Q));
initial begin
OEn = 1'b0;
LE  = 1'b0;
D   = 8'b00000000;
end
always #10 LE = ~LE;
initial begin
#100  OEn =1'b0;
#40   OEn =1'b1;
end
initial begin
#15 D = 8'b00001001;
#20 D = 8'b00100100;
#20 D = 8'b00011011;
#20 D = 8'b11111111;
#20 D = 8'b01111101;
#20 D = 8'b00001101;
#60 $stop;
end
endmodule
```

```
`timescale 1ns/100ps
module LS374_tb;
reg OEn,CP;
reg [7:0] D;
wire [7:0] Q;
LS374 u0(
.OEn(OEn),
.CP(CP),
.D (D),
.Q (Q));
initial begin
OEn = 1'b0;
CP  = 1'b0;
D   = 8'b00000000;
end
always #10 CP = ~CP;
initial begin
#100  OEn =1'b0;
#40   OEn =1'b1;
end
initial begin
#15 D = 8'b00001001;
#20 D = 8'b00100100;
#20 D = 8'b00011011;
#20 D = 8'b11111111;
#20 D = 8'b01111101;
#20 D = 8'b00001101;
#60 $stop;
end
endmodule
```

(c) 74LS373仿真Verilog程序 (d) 74LS374仿真Verilog程序

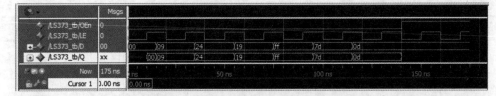

(e) 74LS373仿真结果

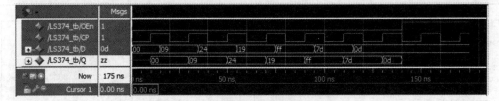

(f) 74LS374仿真结果

图 6-2-7 （续）

6.2.2 移位寄存器

移位寄存器是数字系统和计算机中的一个重要部件,包括串行移位寄存器、并串移位寄存器和串并移位寄存器等。移位寄存器除了具有存储代码的功能以外,还具有移位功能。在移位操作时,要求每来一个时钟脉冲(移位命令),寄存器中存储的数据就顺次向左或向右移动一位。

移位寄存器有串行输入和并行输入两种输入方式。串行输入方式是在同一个时钟脉冲作用下,每输入一个时钟脉冲输入数据就移入一位到寄存器中,同时已存入的数据继续右移或左移。若将多位数据存入串行移位寄存器时,需要多个时钟脉冲,因此串行输入方式的寄存器工作速度慢。并行输入方式是把全部数据同时输入寄存器,所以工作速度快。

移位寄存器的输出方式也有两种,分别为串行输出和并行输出。串行输出方式的移位寄存器是在时钟脉冲作用下一位一位地对外输出的。并行输出方式的移位寄存器中各位数据是通过其内的触发器输出端同时对外输出的。

1. 8 位串入/并出移位寄存器 74LS164

8 位串入/并出移位寄存器 74LS164 是具有串行输入、并行输出的 8 位上升沿触发的移位寄存器。串行输入到内部触发器上的数据是经过两个输入端 D_{S1} 和 D_{S2} 的与操作得到的,在时钟脉冲 CP 作用下,每输入一个时钟脉冲数据就实现一次移位。电路具有异步清零的功能。图 6-2-8 为 74LS164 的逻辑电路,图 6-2-9 为 74LS164 的引脚图,表 6-2-4 为 74LS164 的功能表,图 6-2-10 为 74LS164 的时序工作图。

由 74LS164 功能表 6-2-4 的 Verilog 程序见图 6-2-11(a),仿真 Verilog 程序见图 6-2-11(b),仿真结果见图 6-2-11(c)。

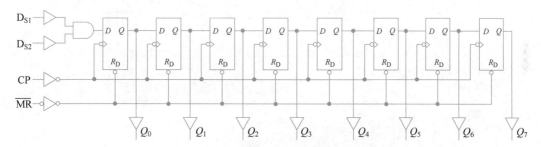

图 6-2-8　74LS164 逻辑电路图

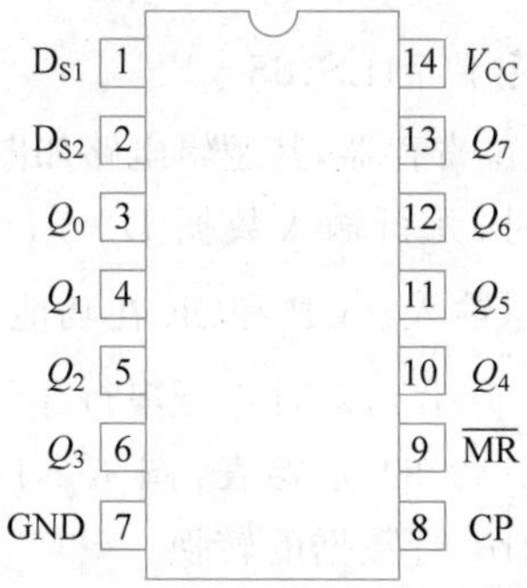

图 6-2-9　74LS164 引脚图

表 6-2-4　74LS164 功能表

工作方式	输　　入				输　　出			
	$\overline{MR}$	CP	D_{S1}	D_{S2}	Q_0	Q_1	…	Q_7
复位	L	×	×	×	L	L	…	L
移位	H	↑	l	l	L	q_0	…	q_6
	H	↑	l	h	L	q_0	…	q_6
	H	↑	h	l	L	q_0	…	q_6
	H	↑	h	h	H	q_0	…	q_6

注: 1. l——在 CP 上升沿之前 1 个建立时间的低电平;
　　2. h——在 CP 上升沿之前 1 个建立时间的高电平;
　　3. q_n——表示在 CP 上升沿之前 1 个建立时间的状态,$n=0\sim6$。

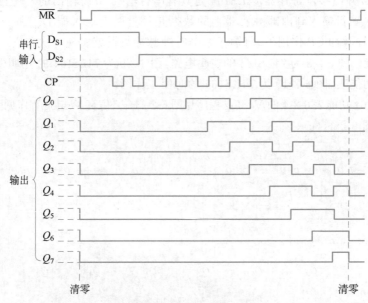

图 6-2-10　74LS164 时序图

2. 8 位并入/串出移位寄存器 74LS165

74LS165 是 8 位并入串出移位寄存器,其逻辑电路如图 6-2-12 所示,引脚图如图 6-2-13 所示。当并行输入使能 $\overline{PL}=0$ 时,并行输入数据 $D_0\sim D_7$ 载入寄存器中;当 $\overline{PL}=1$ 时,数据从寄存器的串行输入端 D_S 输入。CP 和 $\overline{CE}$ 在功能上是等价的,可以交换使用;当 $\overline{PL}=1$ 时,且 $\overline{CE}=0$ 时,在 CP 上升沿到来时进行串行移位;最低位数据来自 D_S,串行输出端为 Q_7。表 6-2-5 为 74LS165 的功能表,图 6-2-14 为 74LS165 的时序工作图。74LS165 常用于实现并行数据到串行数据的转换。

由 74LS165 逻辑电路图 6-2-12 的 Verilog 程序见图 6-2-15(a),仿真结果见图 6-2-15(b)。

```
//74LS164
module LS164(
  input  wire    DS1,
  input  wire    DS2,
  input  wire    CP,
  input  wire    MRn,
  output wire    [7:0] Q);
reg [7:0] QF;
assign Q = QF;
always @ (posedge CP or negedge MRn)
begin
if (!MRn) QF <= 8'b0000_0000;
    else begin
    QF[7] <= QF[6];
    QF[6] <= QF[5];
    QF[5] <= QF[4];
    QF[4] <= QF[3];
    QF[3] <= QF[2];
    QF[2] <= QF[1];
    QF[1] <= QF[0];
    QF[0] <= DS1 & DS2;
    end
end
endmodule
```

(a)Verilog程序

```
`timescale 1ns / 100ps
module LS164_tb;
reg  DS1,DS2,CP,MRn;
wire [7:0] Q;
LS164 u0(
.DS1(DS1),
.DS2(DS2),
.CP(CP),
.MRn(MRn),
.Q(Q));
initial begin
MRn  = 1'b0;
CP   = 1'b0;
DS1  = 1'b1;
DS2  = 1'b0;
#10 MRn =1'b1;
end
always #10 CP = ~CP;
initial begin
#45 DS2 = 1'b1;
end
initial begin
#65 DS1 = 1'b0;
#40 DS1 = 1'b1;
#40 DS1 = 1'b0;
#20 DS1 = 1'b1;
#10 DS1 = 1'b0;
#20 DS1 = 1'b0;
#10 $stop;
end
endmodule
```

(b) 仿真Verilog程序

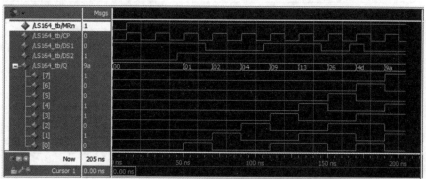

(c) 仿真结果

图 6-2-11   74LS164 的 Verilog 编程和仿真

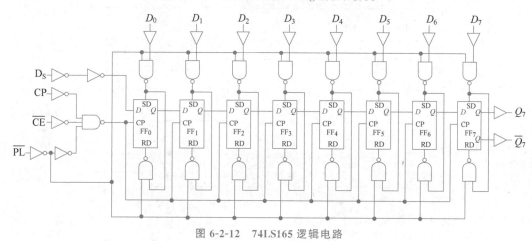

图 6-2-12   74LS165 逻辑电路

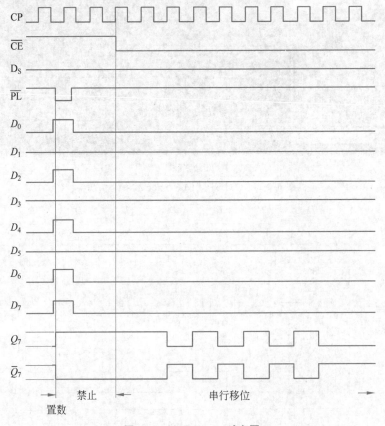

图 6-2-13　74LS165 引脚图

表 6-2-5　74LS165 功能表

工作状态	输入					Q_n 寄存器			输出	
	$\overline{PL}$	$\overline{CE}$	CP	D_S	$D_0 \cdots D_6 D_7$	Q_0	$Q_1 \cdots Q_6$	Q_7	Q_7	$\overline{Q_7}$
并行	L	×	×	×	L···LL	L	L···L		L	H
送数	L	×	×	×	H···HH	H	H···H		H	L
串行	H	L	↑	l	×	L	$q_0 \cdots q_5$		q_6	$\overline{q}_6$
移位	H	L	↑	h	×	H	$q_0 \cdots q_5$		q_6	$\overline{q}_6$
保持	H	H	×	×	×	q_0	$q_1 \cdots q_6$		q_7	$\overline{q}_7$

图 6-2-14　74LS165 时序图

```
//74LS165逻辑电路实现的Verilog程序
module LS165(
input wire [7:0] D,
input wire DS,
input wire CEn,
input wire PLn,
input wire CP,
output wire Q7,
output wire Q7n);
wire clr0,clr1,clr2,clr3,clr4,clr5,clr6,clr7,CLK;
wire set0,set1,set2,set3,set4,set5,set6,set7;
reg QF0,QF1,QF2,QF3,QF4,QF5,QF6,QF7;
//功能实现
always@(posedge CLK or negedge clr0 or negedge set0) begin
if (!clr0) QF0 <= 0;
    else if (!set0) QF0 <= 1;
        else QF0 <= DS; end
always@(posedge CLK or negedge clr1 or negedge set1) begin
if (!clr1) QF1 <= 0;
    else if (!set1) QF1 <= 1;
        else QF1 <= QF0; end
always@(posedge CLK or negedge clr2 or negedge set2) begin
if (!clr2) QF2 <= 0;
    else if (!set2) QF2 <= 1;
        else QF2 <= QF1; end
always@(posedge CLK or negedge clr3 or negedge set3) begin
if (!clr3) QF3 <= 0;
    else if (!set3) QF3 <= 1;
        else  QF3 <= QF2; end
always@(posedge CLK or negedge clr4 or negedge set4) begin
if (!clr4)  QF4 <= 0;
    else if (!set4) QF4 <= 1;
        else  QF4 <= QF3; end
always@(posedge CLK or negedge clr5 or negedge set5) begin
if (!clr5)  QF5 <= 0;
    else if (!set5) QF5 <= 1;
        else QF5 <= QF4; end
always@(posedge CLK or negedge clr6 or negedge set6) begin
if (!clr6)  QF6 <= 0;
    else if (!set6) QF6 <= 1;
        else QF6 <= QF5; end
always@(posedge CLK or negedge clr7 or negedge set7) begin
if (!clr7)  QF7 <= 0;
    else if (!set7) QF7 <= 1;
        else QF7 <= QF6; end
assign  CLK = ~(~CEn & ~CP & PLn);
assign  set0 = ~(~PLn & D[0]);
assign  set1 = ~(~PLn & D[1]);
assign  set2 = ~(~PLn & D[2]);
assign  set3 = ~(~PLn & D[3]);
assign  set4 = ~(~PLn & D[4]);
assign  set5 = ~(~PLn & D[5]);
assign  set6 = ~(~PLn & D[6]);
assign  set7 = ~(~PLn & D[7]);
assign  clr0 = ~(~PLn & set0);
assign  clr1 = ~(~PLn & set1);
assign  clr2 = ~(~PLn & set2);
assign  clr3 = ~(~PLn & set3);
assign  clr4 = ~(~PLn & set4);
assign  clr5 = ~(~PLn & set5);
assign  clr6 = ~(~PLn & set6);
assign  clr7 = ~(~PLn & set7);
assign  Q7  = QF7;
assign  Q7n  = ~QF7;
endmodule
```

(a) 状态转换图的Verilog程序

图 6-2-15　74LS165 的 Verilog 编程和仿真

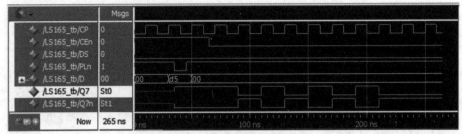

(b) 仿真结果

图 6-2-15 （续）

3. 4 位双向移位寄存器 74LS194

4 位双向通用移位寄存器 74LS194 的逻辑电路如图 6-2-16 所示,引脚功能图如图 6-2-17 所示。74LS194 由 4 个 RS 触发器和输入控制电路组成,其中 $D_0 \sim D_3$ 为数据并行输入端,$Q_0 \sim Q_3$ 为数据并行输出端,D_{SR} 为数据右移串行输入端,D_{SL} 为数据左移串行输入端,CRn 为清零输入端,M_1、M_0 为移位寄存器的工作方式控制信号输入端,在移位脉冲 CP 作用下可以实现并行送数、移位等功能。74LS194 的功能表如表 6-2-6 所示,74LS194 的时序图如图 6-2-18 所示。

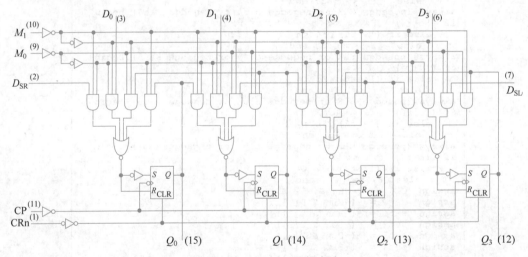

图 6-2-16　74LS194 逻辑电路

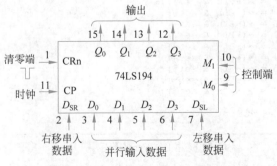

图 6-2-17　74LS194 引脚图

表 6-2-6　74LS194 功能表

工作方式	输入							输出			
	CP	CRn	M_1	M_0	D_{SR}	D_{SL}	D_n	Q_3	Q_2	Q_1	Q_0
复位（清零）	×	0	×	×	×	×	×	0	0	0	0
保持	×	1	0	0	×	×	×	Q_3	Q_2	Q_1	Q_0
左移	↑	1	1	0	×	0	×	0	Q_3	Q_2	Q_1
	↑	1	1	0	×	1	×	1	Q_3	Q_2	Q_1
右移	↑	1	0	1	0	×	×	Q_2	Q_1	Q_0	0
	↑	1	0	1	1	×	×	Q_2	Q_1	Q_0	1
送数	↑	1	1	1	×	×	D_n	D_3	D_2	D_1	D_0

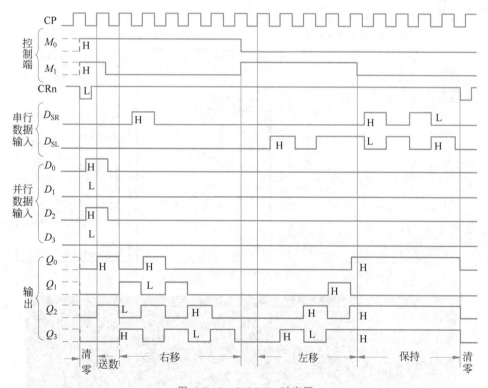

图 6-2-18　74LS194 时序图

双向移位寄存器逻辑电路图 6-2-16 的 Verilog 描述如图 6-2-19(a)所示,功能表 6-2-6 的 Verilog 描述如图 6-2-19(b)所示,仿真的 Verilog 描述如图 6-2-19(c)所示,仿真结果如图 6-2-19(d)所示。

```
//74LS194逻辑电路描述
module LS194(
input  wire DSR,
input  wire DSL,
input  wire M0,
input  wire M1,
input  wire CP,
input  wire CRn,
input  wire [3:0] D,
output wire [3:0] Q);
reg QF3,QF2,QF1,QF0;
wire SS3,SS2,SS1,SS0;
assign Q = {QF3,QF2,QF1,QF0};
assign SS3=~(QF3&~M1&~M0|
D[3]&M1&M0|DSL&M1&~M0|M0&~M1&QF2);
assign SS2=~(QF2&~M1&~M0|
D[2]&M1&M0|QF3&M1&~M0|M0&~M1&QF1);
assign SS1=~(QF1&~M1&~M0|
D[1]&M1&M0|QF2&M1&~M0|M0&~M1&QF0);
assign SS0=~(QF0&~M1&~M0|
D[0]&M1&M0|QF1&M1&~M0|M0&~M1&DSR);
always @(posedge CP or negedge CRn)
begin
if (!CRn) {QF3,QF2,QF1,QF0}
         <= 4'b0000;
else {QF3,QF2,QF1,QF0}
         <= {~SS3,~SS2,~SS1,~SS0};
end
endmodule
```

(a) 逻辑电路描述的Verilog程序

```
//74LS194功能表描述
module LS194(
input  wire DSR,
input  wire DSL,
input  wire M0,
input  wire M1,
input  wire CP,
input  wire CRn,
input  wire [3:0] D,
output wire [3:0] Q);
//功能定义
reg QF0,QF1,QF2,QF3;
assign Q = {QF3,QF2,QF1,QF0};
always @ (posedge CP or negedge CRn)
begin
if (!CRn) {QF3,QF2,QF1,QF0}
              <=4'b0000;//复位
else case ( {M1,M0} )
2'b00:{QF3,QF2,QF1,QF0}
      <={QF3,QF2,QF1,QF0};//保持
2'b01:{QF3,QF2,QF1,QF0}
      <={QF2,QF1,QF0,DSR};//右移
2'b10:{QF3,QF2,QF1,QF0}
      <={DSL,QF3,QF2,QF1};//左移
2'b11:{QF3,QF2,QF1,QF0}<=D;  //送数
default {QF3,QF2,QF1,QF0} <=4'b0000;
endcase
end
endmodule
```

(b) 功能表描述的Verilog程序

```
`timescale 1ns/100ps
module LS194_tb;
reg DSR,DSL,M0,M1,CP,CRn;
reg  [3:0] D;
wire [3:0] Q;
//例化74194
LS194 DUT (
.DSR (DSR),
.DSL (DSL),
.M0  (M0),
.M1  (M1),
.CP  (CP),
.CRn (CRn),
.D   (D),
.Q   (Q));
initial begin
CRn = 1'b0;
M0 = 1'b1;
M1 = 1'b1;
CP = 1'b0;
```

```
DSR = 1'b0;
DSL = 1'b0;
D   = 4'b0000;
end
always #10 CP = ~CP;
initial begin
#15  D =4'b0101;
#20  D =4'b0000;
end
initial begin
#6    CRn =1'b1;
#342  CRn =1'b0;
#6    CRn =1'b1;
end
initial begin
#40  M1 =1'b0;
#120 M1 =1'b1;
     M0 =1'b0;
#95  M1 =1'b0;
end
```

```
initial begin
#55  DSR =1'b1;
#20  DSR =1'b0;
#185 DSR =1'b1;
#20  DSR =1'b0;
#20  DSR =1'b1;
#20  DSR =1'b0;
end
initial begin
#180  DSL =1'b1;
#20   DSL =1'b0;
#20   DSL =1'b1;
#40   DSL =1'b0;
#20   DSL =1'b1;
#20   DSL =1'b0;
#20   DSL =1'b1;
#20   DSL =1'b0;
#18 $stop;
end
endmodule
```

(c) 仿真Verilog程序

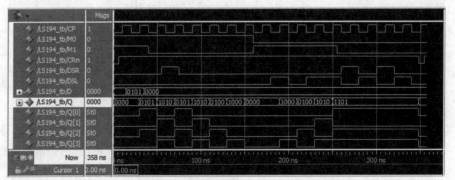

(d) 仿真结果

图 6-2-19   74LS194 的 Verilog 编程和仿真

【例 6-2-1】 74LS194 应用的 Verilog 程序如图 6-2-20(a)所示,输入波形如图 6-2-20(b)所示,画出输出波形,并说明实现的功能。

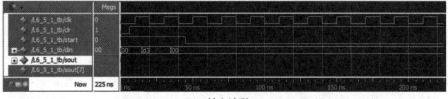

```
//74LS194应用
module L6_5_1(
input  wire start,
input  wire clk,
input  wire clr,
input  wire [7:0] din,
output wire [7:0] sout);
//例化2个74194
LS194 u0(
```

```
.DSR(sout[7]),
.DSL(1'b1),
.M0(1'b1),
.M1(start),
.CP(clk),
.CRn(clr),
.D(din[3:0]),
.Q(sout[3:0]));
LS194  u1(
```

```
.DSR(sout[3]),
.DSL(1'b1),
.M0(1'b1),
.M1(start),
.CP(clk),
.CRn(clr),
.D(din[7:4]),
.Q(sout[7:4]));
endmodule
```

(a) Verilog程序

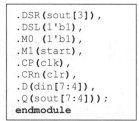

(b) 输入波形

图 6-2-20 【例 6-2-1】的 Verilog 程序和输入波形

解:分析图 6-2-20(a)的 Verilog 程序,该逻辑电路由两片 74LS194 构成,如图 6-2-21(a)所示,并行输入数据为 $D_7 \sim D_0$,两个芯片的 M_0 都为 1,M_1 接启动 start,可以是 1,也可以是 0。74LS194(u_0)的 Q_3 输出接到了 74LS194(u_1)的右移串行数据输入端 D_{SR},74LS194(u_1)的 Q_3 输出接到了 74LS194(u_0)的右移串行数据输入端 D_{SR};当 $M_1M_0 = 01$ 时,构成了 8 位循环右移移位寄存器。

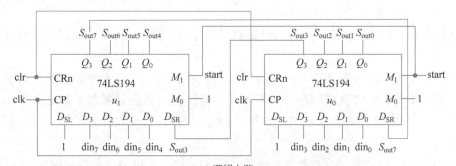

(a) 逻辑电路

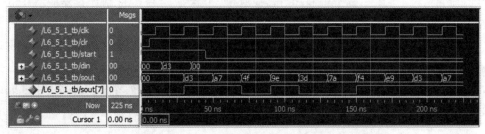

(b) 输出波形

图 6-2-21 【例 6-2-1】的逻辑电路和输出波形

当启动信号 start 为 1 时,也就是 $M_1M_0=11$,并行输入数据 $D_7 \sim D_0$ 送入移位寄存器中,完成送数。该逻辑电路实现了数据的并行/串行的转换,串行输出为 8 位循环右移移位寄存器,如图 6-2-21(b)所示。

6.3 计数器

计数器是一种累计输入脉冲个数的逻辑部件,被计数的脉冲(简称计数脉冲)可以是周期性脉冲,也可以是非周期性脉冲,通常连接在计数器的时钟输入端,作为计数器的时钟脉冲。计数器广泛应用在计算机、数控装置及各种数字仪器中,计数器不仅能用于对时钟脉冲计数,还可以用于分频、定时、产生节拍脉冲和脉冲序列等。

6.3.1 计数器分类

计数器的种类繁多,按照计数器中的各个触发器**触发方式**,可以分类如下:

(1) 同步计数器:各触发器受同一时钟脉冲,即输入计数脉冲控制,同步更新各触发器的状态。

(2) 异步计数器:触发器的翻转不是同时发生的。

按照计数过程中**计数器输出数码的规律**,可以分类如下:

(1) 加法计数器:计数器随计数脉冲的不断输入递增计数。

(2) 减法计数器:计数器随计数脉冲的不断输入递减计数。

(3) 可逆计数器:计数器在控制端作用下,随计数脉冲的不断输入可增可减地计数,也称为加/减计数器。

计数器在循环中的状态个数称为**计数器的模**。在循环中有 m 个状态的计数器称为模 m 计数器。按照计数器的计数容量(计数状态的个数),可以分类如下:

(1) 模 2^n 计数器:该计数器的计数状态有 $N=2^n$ 个,N 称为计数器的容量或计数长度。若电路有 8 个状态,即 $N=2^3$,则该计数器称为八进制计数器;若电路有 2 个状态,$N=2$,则该计数器称为二进制计数器。n 位二进制计数器共有 $2^n(2、4、8、16、32、\cdots)$ 个状态。

(2) 模非 2^n 计数器:该计数器的计数容量 $N \neq 2^n$。十进制计数器是模非 2^n 计数器的特例,此时,$N=10$。1 位十进制计数器应有 10 个状态,2 位十进制计数器应有 100 个状态;n 位十进制计数器应有 10^n 个状态。

计数器可以使用触发器通过时序电路的设计方法设计而成,也可以使用集成计数器。集成计数器的品种较多,主要分为同步集成计数器和异步集成计数器两大类,还可以分为二进制计数器以及十进制计数器。表 6-3-1 列举了几种常用的集成计数器。

表 6-3-1　几种常用的集成计数器

CLK 时钟触发方式	型　号	计 数 模 式	清 零 方 式	预置数方式
同步	74160	十进制加法	异步(低有效)	同步(低有效)
	74161	4 位二进制加法	异步(低有效)	同步(低有效)
	74162	十进制加法	同步(低有效)	同步(低有效)
	74163	4 位二进制加法	同步(低有效)	同步(低有效)
	74192	可逆十进制	异步(高有效)	异步(低有效)
	74191	可逆 4 位二进制		异步(低有效)
异步	74290	二-五-十进制加	异步(高有效)	无
	74293	二-八-十六进制加法	异步(高有效)	无

6.3.2　同步计数器

1. 同步 4 位二进制计数器 74LS161

74LS161 是异步清零、同步预置数的同步 4 位二进制计数器,引脚图如图 6-3-1 所示。74LS161 除了具有二进制加法计数功能外,还具有预置数、保持和异步清零等功能,见功能表 6-3-2。74LS161 时序图如图 6-3-2 所示,逻辑电路如图 6-3-3 所示。

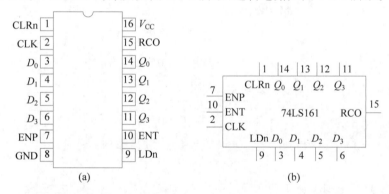

图 6-3-1　74LS161 引脚图

表 6-3-2　74LS161 功能表

功　能	输　入						输　出	
	CLRn	CLK	ENP	ENT	LDn	D_i	Q_i	RCO
清零	L	×	×	×	×	×	L	L
置数	H	↑	×	×	L	L	L	L
	H	↑	×	×	L	H	H	♯
计数	H	↑	H	H	H	×	计数	♯
保持	H	×	L	×	H	×	q_i	♯
	H	×	×	L	H	×	q_i	L

注:q_i 表示在 CLK 上升沿之前的状态,$i=0,1,2,3$;L 表示在 CLK 上升沿一次设置时间之前的低电平;H 表示在 CLK 上升沿一次设置时间之前的高电平;♯ 表示当计数值是 HHHH,且 ENT 是 H 时,RCO 为 H。

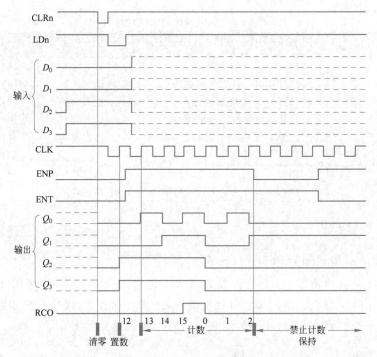

图 6-3-2　74LS161 时序图

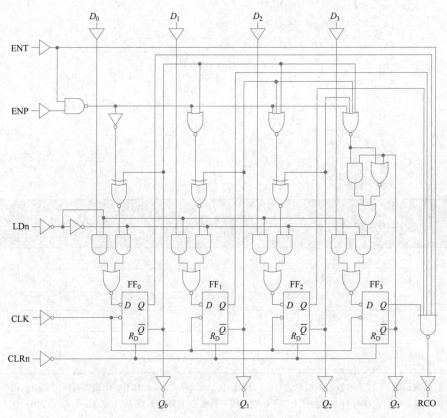

图 6-3-3　74LS161 逻辑电路图

在时钟信号 CLK 的上升沿完成计数,LDn 为预置数控制端,低电平有效；ENP 和 ENT 为工作状态使能控制信号；CLRn 为异步清零端,低电平有效；D_0、D_1、D_2、D_3 为数据输入信号,Q_0、Q_1、Q_2、Q_3 为计数输出信号,RCO 为进位输出信号。74LS161 逻辑功能如下:

(1) 清零:当 CLRn＝0 时,4 个输出端 Q_0、Q_1、Q_2、Q_3 被置为低电平,即清零。

(2) 预置数(送数):LDn 为同步预置数控制端,在 LDn＝0 时,当时钟 CLK 上升沿到来时,将数据输入端的数据 D_0、D_1、D_2、D_3 装载到计数器中,即 $Q_3Q_2Q_1Q_0＝D_3D_2D_1D_0$。使能控制信号 ENP 和 ENT 可为任意态。

(3) 计数:在 CLRn＝LDn＝1,ENP＝ENT＝1 时,在 CLK 上升沿到来时,计数器进行计数。计数器输出端 $Q_3Q_2Q_1Q_0$ 按 4 位二进制的加法规律变化；当 $Q_3Q_2Q_1Q_0＝$ 1111 时,进位输出信号 RCO＝1；再输入一个计数脉冲,$Q_3Q_2Q_1Q_0$ 由 1111 返回到 0000 状态,并且 RCO 由 1 变为 0。

(4) 保持:当 CLRn＝LDn＝1 时,若使能控制信号 ENP 或 ENT 为 0,$Q_3Q_2Q_1Q_0$ 状态保持不变。在 ENT＝0 时,进位输出信号 RCO＝0。

逻辑电路图 6-3-3 的 Verilog 描述如图 6-3-4(a)所示,功能表 6-3-2 的 Verilog 描述如图 6-3-4(b)所示,仿真的 Verilog 描述如图 6-3-4(c)所示,仿真结果如图 6-3-4(d)所示。

2. 同步 BCD 十进制计数器 74LS160

74LS160 是可预置数的同步 BCD 十进制集成计数器,引脚图如图 6-3-5 所示,与图 6-3-1 比较,74LS160 与 74LS161 引脚相同；逻辑电路如图 6-3-6 所示,74LS160 功能见表 6-3-3,与 74LS161 的区别是在计数容量上,74LS161 是 4 位二进制计数器,而 74LS160 是 BCD 十进制计数器。

```
//74LS161逻辑电路描述
module LS161(
input  wire CLK,
input  wire CLRn,
input  wire LDn,
input  wire ENP,
input  wire ENT,
input  wire [3:0] D,
output wire [3:0] Q,
output wire RCO);
wire  DA,DB,DC,DD,ENA;
reg   QF0,QF1,QF2,QF3;
assign Q = {QF3,QF2,QF1,QF0};
assign RCO = QF1&QF2&QF3&QF0&ENT;
assign ENA = ENT&ENP&LDn;
assign DA=(QF0&LDn)^((D[0]&~LDn)|ENA);
assign DB=(QF1&LDn)^((D[1]&~LDn)|(ENA&QF0));
assign DC=(QF2&LDn)^((D[2]&~LDn)|(ENA&QF0&QF1));
assign DD=(QF3&LDn)^((D[3]&~LDn)|(ENA&QF0&QF1&QF2));
always @ ( posedge CLK or negedge CLRn ) begin
if ( ~CLRn ) {QF3,QF2,QF1,QF0} <= 4'b0000;
  else {QF3,QF2,QF1,QF0} <= {DD,DC,DB,DA};
end
endmodule
```

(a) 逻辑电路描述的Verilog程序

图 6-3-4　74LS161 的 Verilog 编程和仿真

```
//74LS161功能表描述
module LS161(
input  wire CLK,
input  wire CLRn,
input  wire LDn,
input  wire ENP,
input  wire ENT,
input  wire [3:0] D,
output reg  [3:0] Q,
output wire RCO );
assign RCO = Q[3]&Q[2]&Q[1]&Q[0]&ENT;
always @ ( posedge CLK or negedge CLRn)
begin  if ( ~CLRn ) Q <= 4'b0000;
  else if ( ~LDn ) Q <= D;
  else begin
  case ( {ENT, ENP})
  2'b11: if (Q<4'b1111 ) Q<=Q+1;
    else if (Q==15) Q<=4'b0000;
  default:  Q <= Q;
  endcase
  end
end
endmodule
```

(b) 功能表描述的Verilog程序

```
`timescale 1ns/100ps
module LS161_tb();
reg  CLK,CLRn,LDn,ENP,ENT;
reg  [3:0] D;
wire [3:0] Q;
wire RCO;
LS161 DUT(
.CLK   (CLK),
.CLRn  (CLRn),
.LDn   (LDn),
.ENP   (ENP),
.ENT   (ENT),
.D     (D),
.Q     (Q),
.RCO   (RCO));
initial begin
```

```
CLK  = 1'b0;
D    = 4'b0000;
LDn  = 1'b1;
CLRn = 1'b1;
ENP  = 1'b0;
ENT  = 1'b0;
end
always #10 CLK=~CLK;
initial begin
#10 CLRn = 1'b0;
#15 CLRn = 1'b1;
end
initial begin
#16 D = 4'b1100;
#56 D = 4'b0000;
end
```

```
initial begin
#35 LDn = 1'b0;
#30 LDn = 1'b1;
end
initial begin
#70  ENP = 1'b1;
#260 ENP = 1'b0;
#60  ENP = 1'b1;
end
initial begin
#70  ENT = 1'b1;
#425 ENT = 1'b0;
#5   ENT = 1'b1;
#40 $stop;
end
endmodule
```

(c) 仿真Verilog程序

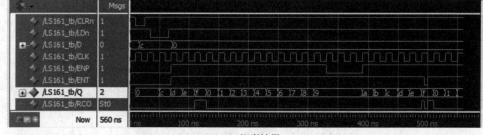

(d) 仿真结果

图 6-3-4 (续)

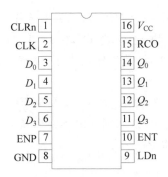

图 6-3-5　74160 引脚图

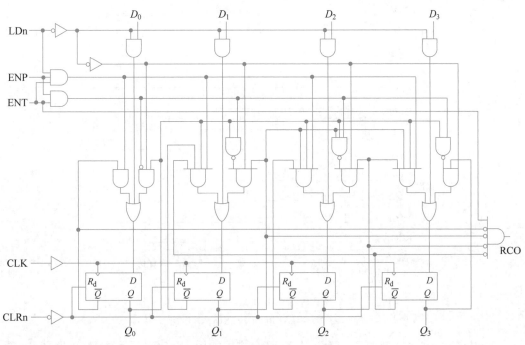

图 6-3-6　74LS160 逻辑电路

表 6-3-3　74LS160 功能表

功　能	输　入						输　出	
	CLRn	CLK	ENP	ENT	LDn	D_i	Q_i	RCO
清零	L	×	×	×	×	×	L	L
置数	H	↑	×	×	L	L	L	L
	H	↑	×	×	L	H	H	♯
计数	H	↑	H	H	H	×	计数	♯
保持	H	×	L	×	H	×	q_i	♯
	H	×	×	L	H	×	q_i	L

注：Q_i 表示在 CP 上升沿之前的状态，$i=0,1,2,3$；♯表示当计数值是 HLLH，且 ENT 是 H 时，RCO 为 H。

当计数时,在 CLRn=LDn=1,ENP=ENT=1 条件下,随着时钟脉冲 CLK 的上升沿到来,计数值加 1;当计数值 $Q_3Q_2Q_1Q_0 = 1001$,且 ENT=1 时,进位输出信号 RCO=1;再输入一个计数脉冲,计数值输出由 1001 返回到 0000 状态,并且 RCO 由 1 变为 0。

74LS160 时序图如图 6-3-7 所示,清零输入端 CLRn 是异步清零。74LS162 与 74LS160 计数功能和引脚完全相同,区别是清零输入端 CLRn 是同步清零,在时钟脉冲 CLK 的上升沿到来时,输出被清零。

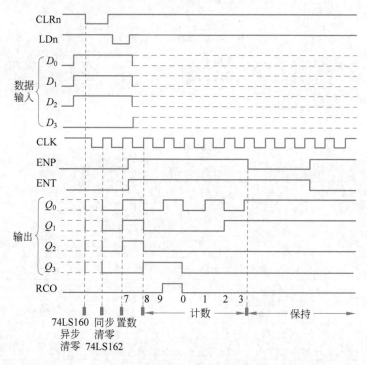

图 6-3-7　74LS160 和 74LS162 时序图

由功能表 6-3-2 实现的 74LS160 的 Verilog 描述如图 6-3-8(a)所示,逻辑电路图 6-3-6 的 Verilog 描述如图 6-3-8(b)所示,仿真结果如图 6-3-8(c)所示。

由图 6-3-7 实现的 74LS162 的 Verilog 描述如图 6-3-9(a)所示,仿真结果如图 6-3-9(b)所示。由仿真结果可知,在 CLRn=0 时,且 CLK 的上升沿到来,输出为 0。

【例 6-3-1】　用十进制计数器 74LS160 实现具有进位输出的一百进制计数器,写出 Verilog 程序,并实现仿真。

解:可用两个 74LS160,采用同步或异步方式完成一百进制计数器,本例中使用同步方式。

同步 100 进制计数器的 Verilog 程序如图 6-3-10(a)所示,仿真的 Verilog 程序如图 6-3-10(b)所示,仿真结果如图 6-3-10(c)和(d)所示。

```
//74LS160功能表实现的Verilog代码
module LS160(
input  wire CLK,
input  wire CLRn,
input  wire LDn,
input  wire ENP,
input  wire ENT,
input  wire [3:0] D,
output reg  [3:0] Q,
output wire RCO );
assign RCO = Q[3]&~Q[2]&~Q[1]&Q[0]&ENT;
always @( posedge CLK or negedge CLRn )
begin  if ( ~CLRn ) Q <= 4'b0000;
  else if ( ~LDn ) Q <= D;
  else begin
  case ( {ENT, ENP})
  2'b11: if ( Q < 4'b1001 ) Q <= Q + 1;
    else if ( Q == 4'b1001) Q <= 4'b0000;
  default: Q <= Q;
  endcase
  end
end
endmodule
```

(a) 功能表的Verilog程序

```
//74LS160逻辑电路描述
module LS160(
input wire  CLK,
input wire  CLRn,
input wire  LDn,
input wire  ENP,
input wire  ENT,
input wire  [3:0] D,
output wire RCO,
output wire [3:0] Q);
wire QD3,QD2,QD1,QD0;
reg  QF3,QF2,QF1,QF0;
assign  Q = {QF3,QF2,QF1,QF0};
assign  RCO = QF3 & QF0 & ENT;
assign  QD0 = LDn&ENP&ENT&~QF0|~LDn&D[0]
        |QF0&LDn&~(LDn&ENP&ENT);
assign  QD1 = QF0&LDn&ENP&ENT&~QF3&~QF1|~LDn&D[1]
        |QF1&~(LDn&ENP&ENT&QF0)&LDn;
assign  QD2 = QF1&QF0&LDn&ENP&ENT&~QF2|~LDn&D[2]
        |QF2&~(QF1&QF0&LDn&ENP&ENT)&LDn;
assign  QD3 = (LDn&ENP&ENT)&QF2&QF1&QF0&~QF3|~LDn&D[3]
        |QF3&~(LDn&ENP&ENT&QF0)&LDn;
always@(posedge CLK or negedge CLRn) begin
if (!CLRn) {QF3,QF2,QF1,QF0} <= 4'b0000;
else {QF3,QF2,QF1,QF0} <= {QD3,QD2,QD1,QD0};
end
endmodule
```

(b) 逻辑电路的Verilog程序

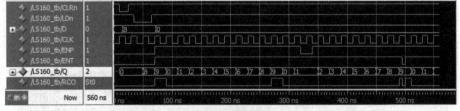

(c) 仿真结果

图 6-3-8　74LS160 的 Verilog 编程和仿真

```
//74LS162功能表实现的Verilog代码
module LS162(
input  wire CLK,
input  wire CLRn,
input  wire LDn,
input  wire ENP,
input  wire ENT,
input  wire [3:0] D,
output reg [3:0] Q,
output wire RCO);
assign RCO = Q[3]&(~Q[2])&(~Q[1])&Q[0]&ENT;
always @( posedge CLK ) begin
if ( ~CLRn ) Q <= 4'b0000;
else if ( ~LDn ) Q <= D;
    else begin
    case ( {ENT, ENP})
    2'b11: if ( Q < 4'b1001 )
    Q <= Q + 1;
    else if ( Q == 4'b1001 ) Q <= 4'b0000;
    default:  Q <= Q;
    endcase
    end
end
endmodule
```

(a) 74LS162的Verilog程序

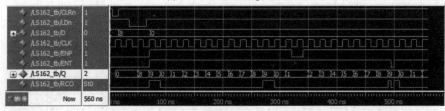

(b) 仿真结果

图 6-3-9　74LS162 的 Verilog 编程和仿真

```
`timescale 1ns/100ps
module count100_tb();
  reg  CLK,CLRn;
  wire [7:0] Q;
  wire TC10,TC100;
count100 DUT(
.CLRn(CLRn),
.CLK(CLK),
.Q ( Q ),
.TC10 (TC10),
.TC100(TC100));
initial begin
CLK  = 1'b1;
CLRn = 1'b1;
end
initial begin
#2  CLRn = 1'b0;
#12  CLRn = 1'b1;
#2100 $stop;
end
always #10 CLK = ~CLK;
endmodule
```

```
//2个74160的例化
LS160 u0(
.CLK (CLK),
.CLRn(CLRn),
.LDn (W1),
.ENP (W1),
.ENT (W1),
.D   (W0),
.RCO (W2),
.Q (Q[3:0]));
LS160 u1(
.CLK (CLK),
.CLRn(CLRn),
.LDn (W1),
.ENP (W2),
.ENT (W1),
.D   (W0),
.RCO (W3),
.Q (Q[7:4]));
endmodule
```

```
//同步一百进制计数器
module count100(
input wire  CLK,
input wire  CLRn,
output wire [7:0] Q,
output wire TC10,
output wire TC100 );
//线网类型和功能定义
wire  W1,W2,W3;
wire  [3:0] W0;
assign  W0 = 4'b0000;
assign  W1 = 1;
assign  TC10 = W2;
assign  TC100 = W2&W3;
```

(a) Verilog程序

(b) 仿真Verilog程序

(c) 整体仿真结果

图 6-3-10　74LS160 构成的同步一百进制计数器的 Verilog 编程和仿真

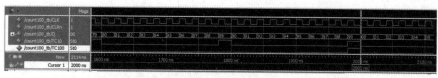

(d) 局部放大的仿真结果

图 6-3-10 （续）

3. 同步 4 位二进制可逆计数器 74LS191

74LS191 是同步 4 位二进制可逆集成计数器，逻辑电路如图 6-3-11 所示，时序见图 6-3-12。LDn 是异步预置数控制输入端，低电平有效，当 LDn＝0 时，计数器被预置为

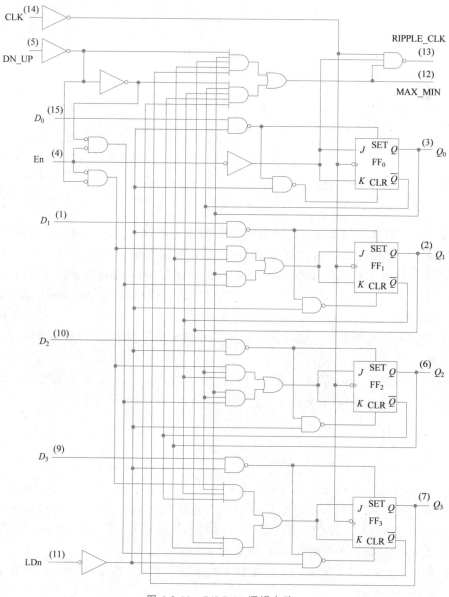

图 6-3-11 74LS191 逻辑电路

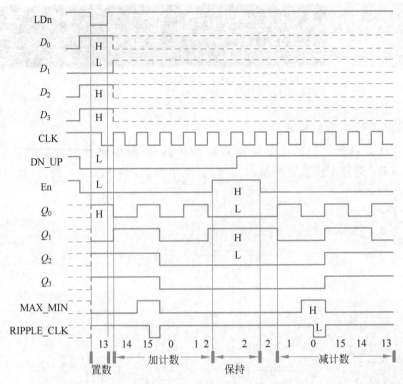

图 6-3-12　74LS191 时序图

并行数据输入的状态;En 是使能控制输入端,低电平有效,当 En=0 时,计数器工作,否则计数器处于保持状态;DN_UP 是加或减计数控制输入端,当 DN_UP=0 时计数器进行加计数,当 DN_UP=1 时计数器进行减计数。MAX_MIN 是进位或借位输出端,如果进行加计数,当计数值 $Q_3Q_2Q_1Q_0$ =1111 时,进位输出信号 MAX_MIN=1;如果进行减计数,当计数值 $Q_3Q_2Q_1Q_0$ =0000 时,进位输出信号 MAX_MIN=1。级联时钟输出端 RIPPLE_CLK 产生的低电平输出脉冲等于 CLK 的低电平宽度,在计数器级联时可作为输入时钟。

图 6-3-11 的 Verilog 描述如图 6-3-13(a)所示,仿真的 Verilog 程序如图 6-3-13(b)所示,仿真结果如图 6-3-13(c)所示。

6.3.3　异步计数器

1. 异步计数器 74LS293

74LS293 是由 4 个 JK 触发器构成的异步二-八-十六进制集成计数器,引脚图见图 6-3-14,逻辑电路如图 6-3-15 所示,功能见表 6-3-4。二进制计数器由一个 JK 触发器 FF_0 构成,输入时钟是下降沿有效的 CP_0,输出是 Q_0;八进制计数器由 FF_1、FF_2 和 FF_3 组成,输入时钟是下降沿有效的 CP_1,输出是 $Q_1Q_2Q_3$。

在使用 74LS293 时,如果 CP_0 外接输入时钟信号,将 Q_0 连接到 CP_1,4 个 JK 触发器组成十六进制计数器。

```
//74LS191逻辑电路的Verilog描述
module LS191 (
input  wire CLK,
input  wire En,
input  wire DN_UP,
input  wire LDn,
input  wire [3:0] D,
output wire [3:0] Q,
output wire RIPPLE_CLK,
output wire MAX_MIN );
//线网寄存器定义
reg    QFa,QFb,QFc,QFd;
wire   SA,SB,SC,SD;
wire   CLRa,CLRb,CLRc,CLRd;
wire   SETa,SETb,SETc,SETd;
wire   W1,W2,W3,W4;
//功能定义
assign Q = {QFd,QFc,QFb,QFa};
assign MAX_MIN = W1;
assign RIPPLE_CLK = ~(W1 & ~CLK & ~En);
assign SA = En & QFa | ~En & ~QFa;
assign SB = W3 ^ QFb;
assign SC = W4 ^ QFc;
assign SD = W2 ^ QFd;
assign CLRa = D[0] | LDn;
assign CLRb = D[1] | LDn;
assign CLRc = D[2] | LDn;
assign CLRd = D[3] | LDn;
assign SETa = ~D[0] | LDn;
assign SETb = ~D[1] | LDn;
assign SETc = ~D[2] | LDn;
assign SETd = ~D[3] | LDn;
assign W1 = QFd & ~DN_UP & W2 | ~QFd & DN_UP & W2;
assign W2 = QFc & ~DN_UP & W4 | ~QFc & DN_UP & W4;
assign W3 = QFa & ~DN_UP & ~En| ~QFa & DN_UP &~En;
assign W4 = QFb & ~DN_UP & W3 | ~QFb & DN_UP & W3;
always @ (posedge CLK or negedge CLRa or negedge SETa) begin
if (!CLRa)  QFa <= 0;
else if (!SETa) QFa <= 1;
    else QFa <= SA; end
always @ (posedge CLK or negedge CLRb or negedge SETb) begin
if (!CLRb)  QFb <= 0;
else if (!SETb) QFb <= 1;
    else QFb <= SB; end
always @ (posedge CLK or negedge CLRc or negedge SETc) begin
if (!CLRc)  QFc <= 0;
else if (!SETc) QFc <= 1;
    else QFc <= SC; end
always @ (posedge CLK or negedge CLRd or negedge SETd) begin
if (!CLRd)  QFd <= 0;
else if (!SETd) QFd <= 1;
    else QFd <= SD; end
endmodule
```

(a) Verilog程序

图 6-3-13   74LS191 的 Verilog 编程和仿真

```
`timescale 1ns/100ps              .MAX_MIN              initial begin
module LS191_tb();               (MAX_MIN));           #9  D = 4'b1101;
reg  CLK,En,DN_UP,LDn;           initial begin         #36 D = 4'b0000;
reg [3:0] D;                     D     = 4'b0001;      end
wire [3:0] Q;                    En    = 1'b1;         initial begin
wire RIPPLE_CLK,MAX_MIN;         LDn   = 1'b1;         #15 LDn = 1'b0;
LS191 DUT(                       CLK   = 1'b1;         #20 LDn = 1'b1;
.CLK   (CLK),                    DN_UP = 1'b1;         end
.En    (En),                     end                   initial begin
.DN_UP (DN_UP),                  always #10 CLK=~CLK;  #5   DN_UP = 1'b0;
.LDn   (LDn),                    initial begin         #150 DN_UP = 1'b1;
.D     (D),                      #5   En = 1'b0;       #120 $stop;
.Q     (Q),                      #130 En = 1'b1;       end
.RIPPLE_CLK (RIPPLE_CLK),        #40  En = 1'b0;       endmodule
                                 end
```

(b) 仿真Verilog程序

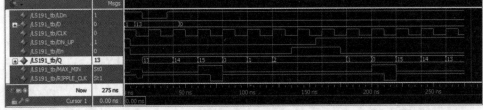

(c) 仿真结果

图 6-3-13 （续）

图 6-3-14　74LS293 引脚图

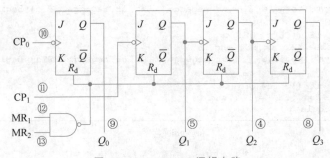

图 6-3-15　74LS293 逻辑电路

表 6-3-4　74LS293 功能表

工作方式	输入				输出
	CP_0	CP_1	MR_1	MR_2	Q_n
异步清零	×	×	1	1	0
二进制计数	↓	0	×	0	FF$_0$ 计数
	↓	0	0	×	
八进制计数	0	↓	×	0	FF$_1$~FF$_3$ 计数
	0	↓	0	×	

　　逻辑电路图 6-3-15 的 Verilog 描述如图 6-3-16(a)所示,仿真的 Verilog 源程序如图 6-3-16(b)所示,仿真结果如图 6-3-16(c)所示。

```
//74LS293逻辑电路实现
module LS293(
input wire  CP0,
input wire  CP1,
input wire  MR1,
input wire  MR2,
output wire [3:0] Q);
wire MR;
reg  QF0,QF1,QF2,QF3;
assign Q={QF3,QF2,QF1,QF0};
assign MR=~(MR1&MR2);
always @ (negedge CP0
      or negedge MR) begin
if (!MR) QF0 <= 0;
    else QF0 <= ~QF0;
end
always @ (negedge CP1
    or negedge MR) begin
if (!MR) QF1 <= 0;
    else QF1 <= ~QF1;
end
always @ (negedge QF1
    or negedge MR) begin
if (!MR) QF2 <= 0;
    else QF2 <= ~QF2;
end
always @ (negedge QF2
    or negedge MR) begin
if (!MR) QF3 <= 0;
    else QF3 <= ~QF3;
end
endmodule
```

(a) Verilog程序

```
`timescale 1ns/100ps
module LS293_tb();
reg CP0,CP1,MR1,MR2;
wire [3:0] Q;
LS293 DUT(
.CP0 (CP0),
.CP1 (CP1),
.MR1 (MR1),
.MR2 (MR2),
.Q   (Q));
initial begin
MR1  = 1'b0;
MR2  = 1'b0;
CP0  = 1'b0;
CP1  = 1'b0;
end
initial begin
#10 MR1 = 1'b1;
    MR2 = 1'b1;
#15 MR1 = 1'b0;
    MR2 = 1'b0;
end
initial begin
#30 CP0 = 1'b1;
#10 CP0 = 1'b0;
#10 CP0 = 1'b1;
#10 CP0 = 1'b0;
#10 CP0 = 1'b1;
#10 CP0 = 1'b0;
```

```
#10 CP0 = 1'b1;
#10 CP0 = 1'b0;
#10 CP0 = 1'b1;
#10 CP0 = 1'b0;
#10 CP0 = 1'b1;
#10 CP0 = 1'b0;
end
initial begin
#160 CP1 = 1'b1;
#10 CP1 = 1'b0;
#10 CP1 = 1'b1;
#10 CP1 = 1'b0;
#10 CP1 = 1'b1;
#10 CP1 = 1'b0;
#10 CP1 = 1'b0;
#10 CP1 = 1'b1;
#10 CP1 = 1'b0;
#10 CP1 = 1'b1;
#10 CP1 = 1'b0;
#10 CP1 = 1'b1;
#10 CP1 = 1'b0;
#10 CP1 = 1'b1;
#10 CP1 = 1'b0;
#10 CP1 = 1'b1;
#10 CP1 = 1'b0;
#10 CP1 = 1'b1;
#10 CP1 = 1'b0;
#40 $stop;
end
endmodule
```

(b) 仿真Verilog程序

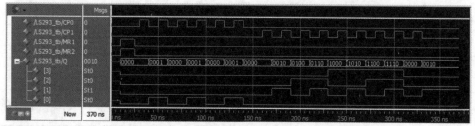

(c) 仿真结果

图 6-3-16　74LS293 的 Verilog 编程和仿真

2. 异步计数器 74LS290

74LS290 是由 4 个触发器构成异步二-五-十进制集成计数器,引脚图见图 6-3-17,逻辑电路如图 6-3-18 所示,功能见表 6-3-5。FF_0 是一个 JK 触发器构成的二进制计数器,输入时钟是下降沿有效的 CP_0,输出是 Q_0;2 个 JK 触发器和 1 个 SR 触发器组成五进制计数器,输入时钟是下降沿有效的 CP_1,输出是 $Q_3Q_2Q_1$。当 $MS_1 = MS_2 = 1$,$MR_1 = MR_2 = 0$ 时,输出被置数为 1001;当 $MS_1 = MS_2 = 0$,$MR_1 = MR_2 = 1$ 时,输出被清零;在计数时,$MS_1 = MS_2 = 0$,$MR_1 = MR_2 = 0$。

若外接时钟 CLK 接 CP_0、CP_1 接二进制计数器的输出 Q_0,则组成 8421 码十进制计数器;若外接时钟 CLK 接 CP_1、CP_0 接五进制计数器的输出 Q_3,则组成 5421 码十进制计数器。

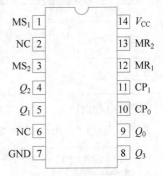

图 6-3-17 74LS290 引脚图

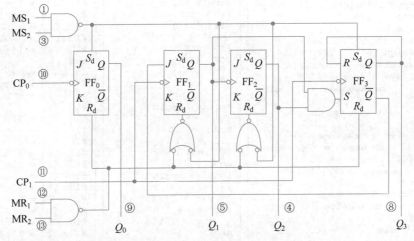

图 6-3-18 74LS290 逻辑电路

表 6-3-5 74LS290 功能表

工作方式	输 入						输 出			
	CP_0	CP_1	MR_1	MR_2	MS_1	MS_2	Q_0	Q_1	Q_2	Q_3
异步清零	$\times$	$\times$	H	H	L	$\times$	L	L	L	L
	$\times$	$\times$	H	H	$\times$	L	L	L	L	L
异步置 9	$\times$	$\times$	L	L	H	H	H	L	L	H
二进制计数	$\downarrow$	$\times$	L	$\times$	L	$\times$	FF_0 计数	保持		
	$\downarrow$	$\times$	$\times$	L	$\times$	L				
五进制计数	$\times$	$\downarrow$	L	$\times$	$\times$	L	保持	$FF_1 \sim FF_3$ 计数		
	$\times$	$\downarrow$	$\times$	L	L	$\times$				

图 6-3-18 的 Verilog 描述如图 6-3-19(a)所示,仿真的 Verilog 程序如图 6-3-19(b)所示,仿真结果如图 6-3-19(c)所示。

```
//74LS290逻辑电路实现
module LS290(
input wire  MR1,
input wire  MR2,
input wire  MS1,
input wire  MS2,
input wire  CP0,
input wire  CP1,
output wire [3:0] Q);
wire MS,MR,MSR;
reg  QF0,QF1,QF2,QF3;
assign  Q = {QF3,QF2,QF1,QF0};
assign  MS = ~(MS1 & MS2);
assign  MR = ~(MR1 & MR2);
assign  MSR = MS & MR;
always@ (negedge CP0 or negedge
          MR or negedge MS) begin
if (!MR)  QF0 <= 0;
  else if (!MS) QF0 <= 1;
      else QF0 <= ~QF0;
end
always@ (negedge CP1 or
         negedge MSR) begin
if (!MSR) QF1 <= 0;
  else QF1 <= ~QF1&~QF3;
end
always@ (negedge QF1 or
         negedge MSR) begin
if (!MSR) QF2 <= 0;
  else QF2 <= ~QF2;
end
always@ (negedge CP1 or negedge
       MR or negedge MS) begin
if (!MR) QF3 <= 0;
  else if (!MS) QF3 <= 1;
    else QF3 <= QF2&QF1;
end
endmodule
```

(a) Verilog程序

```
`timescale 1ns/100ps
module LS290_tb();
reg  CP0,CP1,MR1;
reg  MR2,MS1,MS2;
wire [3:0] Q;
LS290 DUT(
.CP0 (CP0),
.CP1 (CP1),
.MR1 (MR1),
.MR2 (MR2),
.MS1 (MS1),
.MS2 (MS2),
.Q   (Q));
initial begin
MR1  = 1'b1;
MR2  = 1'b1;
MS1  = 1'b0;
MS2  = 1'b0;
CP0  = 1'b0;
CP1  = 1'b0;
end
initial begin
#15 MS1 = 1'b1;
    MS2 = 1'b1;
    MR1 = 1'b0;
    MR2 = 1'b0;
#15 MS1 = 1'b0;
    MS2 = 1'b0;
    MR1 = 1'b1;
    MR2 = 1'b1;
#15 MR1 = 1'b0;
    MR2 = 1'b0;
end
```

```
initial begin
#50 CP0 = 1'b1;
#10 CP0 = 1'b0;
#10 CP0 = 1'b0;
#10 CP0 = 1'b1;
#10 CP0 = 1'b0;
#10 CP0 = 1'b0;
#10 CP0 = 1'b1;
#10 CP0 = 1'b0;
#10 CP0 = 1'b0;
#10 CP0 = 1'b1;
#10 CP0 = 1'b0;
#10 CP0 = 1'b0;
end
initial begin
#190 CP1 = 1'b1;
#10 CP1 = 1'b0;
#10 CP1 = 1'b1;
#10 CP1 = 1'b0;
#10 CP1 = 1'b0;
#10 CP1 = 1'b1;
#10 CP1 = 1'b0;
#10 CP1 = 1'b0;
#10 CP1 = 1'b1;
#10 CP1 = 1'b0;
#10 CP1 = 1'b1;
#10 CP1 = 1'b0;
#10 CP1 = 1'b0;
#10 CP1 = 1'b1;
#10 CP1 = 1'b0;
#10 CP1 = 1'b1;
#10 CP1 = 1'b0;
#10 CP1 = 1'b1;
#10 CP1 = 1'b0;
#40 $stop;
end
endmodule
```

(b) 仿真Verilog程序

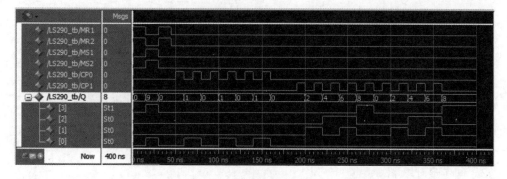

(c) 仿真结果

图 6-3-19　74LS290 的 Verilog 编程和仿真

6.3.4　移位寄存器型计数器

将移位寄存器的输出以一定的方式反馈到串行输入端,便可以构成移位寄存器型计数器,这种计数器可以应用到许多控制领域。

1. 环形计数器

环形计数器由一个移位寄存器和一个组合反馈逻辑电路闭环构成,反馈电路的输出接移位寄存器的串行输入端,反馈电路的输入端根据移位寄存器计数器类型的不同,可接移位寄存器的串行输出端或某些触发器的输出端。

环形计数器优点是电路结构简单,有效循环中每个状态直接由各个触发器产生,不需要另外加译码电路;缺点是电路的有效状态数太少。例如,n 位移位寄存器组成的环形计数器有效状态只有 n 个,而电路总共有 2^n 个状态。

用 D 触发器构成 4 位环形计数器如图 6-3-20 所示,将移位寄存器的串行输出端 Q_3 直接反馈到串行输入端 D_0 构成的环形移位寄存器,初始状态是 $Q_3Q_2Q_1Q_0 = 0001$。状态转换图如图 6-3-21 所示,有效循环是 4 个状态见图 6-3-21(a),无效状态有 12 个,见图 6-3-21(b);如果初始状态在无效循环,经过多少时钟都不能进入有效循环,环形计数器是不能自启动的。

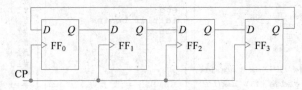

图 6-3-20　4 位环形计数器逻辑电路图

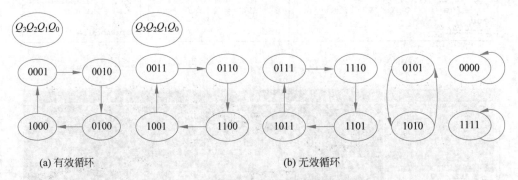

(a) 有效循环　　　　　　　　　　　　　(b) 无效循环

图 6-3-21　4 位环形计数器的状态转换图

4 位环形计数器的 Verilog 描述如图 6-3-22(a)所示,仿真的 Verilog 程序如图 6-3-22(b)所示,仿真结果如图 6-3-22(c)所示。

2. 扭环形计数器

扭环形计数器也称为约翰逊(Johnson)计数器,是用 N 位触发器表示 $2N$ 个状态的计数器。D 触发器构成的 4 位扭环形计数器逻辑电路如图 6-3-23 所示,由于 $D_0 = \overline{Q_3^n}$,与环形计数器相比,称为扭环形计数器。状态转换图见图 6-3-24,有效循环有 8 个状态,见图 6-3-24(a),无效状态有 8 个,见图 6-3-24(b);扭环形计数器是不能自启动的。

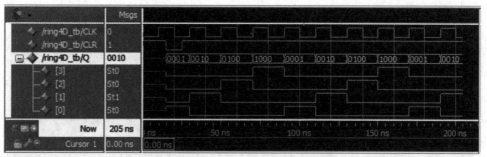

```
//4个D触发器构成的环形计数器
module ring4D(
input  wire CLK,
input  wire CLR,
output wire [3:0] Q);
reg  QF0,QF1,QF2,QF3;
assign Q = {QF3,QF2,QF1,QF0};
always @ (posedge CLK or negedge CLR)
begin
if (!CLR) {QF3,QF2,QF1,QF0} <= 4'b0001;
   else begin
   QF0 <= QF3;
   QF1 <= QF0;
   QF2 <= QF1;
   QF3 <= QF2;
   end
end
endmodule
```

(a) Verilog程序

```
`timescale 1ns/100ps
module ring4D_tb;
reg  CLK,CLR;
wire [3:0] Q;
ring4D DUT(
 .CLK (CLK),
 .CLR (CLR),
 .Q  (Q));
initial begin
CLR = 1'b1;
CLK = 1'b0;
end
always #10 CLK = ~CLK;
initial begin
#15  CLR =1'b0;
#10  CLR =1'b1;
#180 $stop;
end
endmodule
```

(b) 仿真Verilog程序

(c) 仿真结果

图 6-3-22 4 位环形计数器的 Verilog 编程和仿真

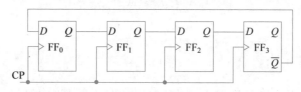

图 6-3-23 4 位扭环形计数器的逻辑电路图

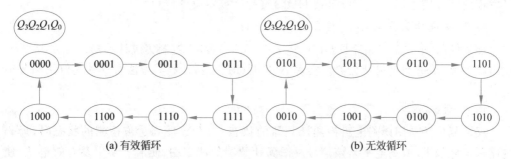

(a) 有效循环   (b) 无效循环

图 6-3-24 4 位扭环形计数器的状态转换图

　　4 位扭环形计数器的 Verilog 描述如图 6-3-25(a)所示,仿真的 Verilog 程序如图 6-3-25(b)所示,仿真结果如图 6-3-25(c)所示。

```verilog
//4个D触发器构成的扭环形计数器
module johnson(
input wire CLK,
input wire CLR,
output wire [3:0] Q);
reg QF0,QF1,QF2,QF3;
assign Q = {QF3,QF2,QF1,QF0};
always @ (posedge CLK or negedge CLR)
begin
if (!CLR) {QF3,QF2,QF1,QF0} <= 4'b0000;
  else begin
  QF0 <= ~QF3;
  QF1 <=  QF0;
  QF2 <=  QF1;
  QF3 <=  QF2;
  end
end
endmodule
```

```verilog
`timescale 1ns/100ps
module johnson_tb;
reg CLK,CLR;
wire [3:0] Q;
johnson DUT(
 .CLK (CLK),
 .CLR (CLR),
 .Q (Q));
initial begin
CLR = 1'b1;
CLK = 1'b0;
end
always #10 CLK = ~CLK;
initial begin
#15  CLR =1'b0;
#10  CLR =1'b1;
#180 $stop;
end
endmodule
```

(a) Verilog程序　　　　　　　　　　(b) 仿真Verilog程序

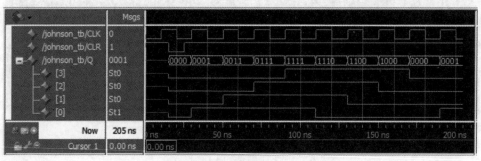

(c) 仿真结果

图 6-3-25　4 位扭环形计数器的 Verilog 编程和仿真

6.3.5　计数器分析与设计

　　设计 N 进制计数器有两种方法:一种使用已有的集成计数器;另一种使用 FPGA 开发板用硬件描述语言(如 Verilog HDL)实现计数器设计。

　　1. 用集成计数器实现 N 进制计数器设计

　　如果使用 M 进制集成计数器,且 $M \geq N$,只需一片 M 进制集成计数器;如果 $M < N$,则需要多片 M 进制集成计数器。实现 N 进制($M \geq N$)计数器方法有反馈复位法和反馈置数法。

　　1) 反馈复位法

　　反馈复位法是用译码电路检测计数器的状态,当计数器到达被检测的状态时,译码电路输出低电平(或高电平),该信号反馈到计数器的清零端,使清零端出现有效电平,使计数器输出进入全 0 状态,实现预定模数的计数。

　　若为异步清零,清零端出现有效电平,计数器就立即全部复位为 0,译码电路所检测的状态,只在很短暂的时间内存在,是无效状态。

若为同步清零,清零端出现有效电平后,计数器不会立即复位为 0,必须等到下一个有效时钟脉冲到来时,计数器才复位为 0,因而译码电路所检测的状态存在的时间长达一个时钟周期,是计数器的有效状态。

用异步清零设计 N 进制计数器步骤如下:

(1)写出 N 进制计数器的 N 个状态编码 $S_0 \sim S_{N-1}$。

(2)求反馈逻辑。若清零信号为低电平有效,则反馈逻辑是由第 S_N 状态编码中值为 1 的各位 Q 的与非操作构成;若清零信号为高电平有效,则反馈逻辑是由第 S_N 状态编码中值为 1 的各位 Q 的与操作构成。

(3)画逻辑图。需要考虑时钟信号 CLK 连接、反馈控制逻辑的连接、计数器正常工作所需的相关控制端的设定等。

【例 6-3-2】 试用 4 位二进制集成计数器 74LS161,采用反馈复位法的异步清零设计带进位输出的十二进制计数器。

解:4 位二进制计数器 74LS161 是十六进制计数器,利用清零端 CLRn 实现十二进制计数器,计数器状态是 $0000,0001,\cdots,1011$,共 12 个。采用异步清零方式的状态不能保持,需多加一个状态用于清零,应为 1100,即 $Q_3 Q_2 Q_1 Q_0 = 1100$;进位输出应该是最后一个状态,即 $Q_3 Q_2 Q_1 Q_0 = 1011$。逻辑电路如图 6-3-26 所示。

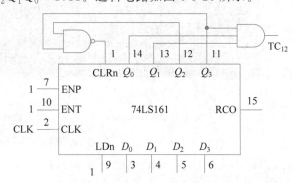

图 6-3-26 【例 6-3-2】的逻辑电路

用 4 位二进制集成计数器 74LS161 实现十二进制计数器的 Verilog 描述如图 6-3-27(a)所示,仿真的 Verilog 程序如图 6-3-27(b)所示,仿真结果如图 6-3-27(c)所示。

由图 6-3-27(c)可知,在状态为 1011 到 0000 转换时,Q_2 出现了尖脉冲,说明用于清零的状态 1100 是暂态。

2)反馈置数法

反馈置数法适用于具有预置数输入功能的计数器,同步置数和异步置数用法是不同的。反馈预置数法是用译码电路检测计数器的状态,当计数器到达被检测的状态时,译码电路输出低电平有效(或高电平有效),把译码电路的输出反馈到计数器的预置数输入端,使预置数端出现有效电平。

利用预置数端的异步/同步预置功能,将数据输入端的预置数装入计数器,实现预定模数的计数。异步预置数端,译码电路所检测的状态存在的时间很短暂,是计数器的无

```
//用74LS161构成的十二进制计数器
module count12(
input wire  CLK,
input wire  CLRn,
output wire [3:0] Q,
output wire TC12 );
//功能定义
wire W1,W2;
assign  W1 = 1;
assign  W2 = (~(Q[3]&Q[2]))&CLRn;
assign  TC12 = Q[0] & Q[1] & Q[3];
LS161 u0(
    .CLK (CLK),
    .CLRn(W2),
    .LDn (W1),
    .ENP (W1),
    .ENT (W1),
    .Q   (Q));
endmodule
```

(a) Verilog程序

```
`timescale 1ns/100ps
module count12_tb();
reg CLK,CLRn;
wire [3:0] Q;
wire TC12;
count12 DUT(
.CLK(CLK),
.CLRn(CLRn),
.Q (Q),
.TC12(TC12));
initial begin
CLK  = 1'b0;
CLRn = 1'b1;
end
always #10 CLK = ~CLK;
initial begin
#5   CLRn = 1'b0;
#15  CLRn = 1'b1;
#280 $stop;
end
endmodule
```

(b) 仿真Verilog程序

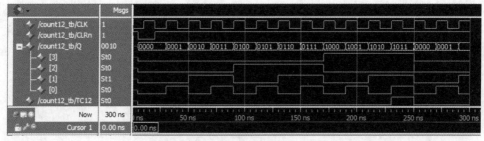

(c) 仿真结果

图 6-3-27 【例 6-3-2】十二进制计数器的 Verilog 编程和仿真

效状态;同步预置数端,当预置数端出现有效电平后,必须等待下一个时钟脉冲有效时,才能将数据输入端的预置数装入计数器,译码电路所检测的状态有一个时钟周期,是计数器的有效状态。

异步置数法设计步骤与反馈复位法相同,只是初始状态不一定是 0 态。

采用同步置数端,设计 N 进制计数器步骤如下:

(1) 写出 N 进制计数器的 N 个状态编码 $S_0 \sim S_{N-1}$。

(2) 求反馈逻辑。若置数信号为低电平有效,则反馈逻辑是由第 S_{N-1} 状态编码中各位 Q 的与非操作构成。

(3) 画逻辑图。

预置数设置方式有三种,分别是置最小数方式、置最大数方式和置中间数方式。

【例 6-3-3】 试用 4 位二进制集成计数器 74LS161,采用反馈置数法设计带进位输出的十二进制计数器。

解:4 位二进制计数器 74LS161 是十六进制计数器,利用预置数端 LDn 实现十二进制计数器,计数器状态是 0100,0101,…,1111,共 12 个。进位输出状态是 $Q_3Q_2Q_1Q_0 = 1111$,

此时有进位输出,进位是高电平,取反后接预置数输入端 LDn。逻辑电路如图 6-3-28 所示。

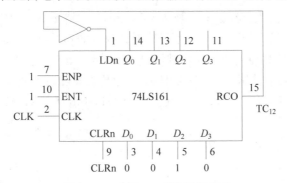

图 6-3-28 【例 6-3-3】的逻辑电路

用 4 位二进制集成计数器 74LS161 的反馈置数法实现十二进制计数器的 Verilog 描述如图 6-3-29(a)所示,仿真的 Verilog 程序如图 6-3-29(b)所示,仿真结果如图 6-3-29(c)所示。

```verilog
//用74LS161预置数构成的十二进制计数器
module count12(
input wire  CLK,
input wire  CLRn,
output wire [3:0] Q,
output wire TC12 );
//功能定义
LS161 u0(
.CLK (CLK),
.CLRn(CLRn),
.LDn (~TC12),
.D   (4'b0100),
.ENP (1'b1),
.ENT (1'b1),
.RCO (TC12),
.Q   (Q ));
endmodule
```

(a) Verilog程序

```verilog
`timescale 1ns/100ps
module count12_tb();
reg CLK,CLRn;
wire [3:0] Q;
wire TC12;
count12 DUT(
.CLK(CLK),
.CLRn(CLRn),
.Q (Q),
.TC12(TC12));
initial begin
CLK  = 1'b0;
CLRn = 1'b1;
end
always #10 CLK = ~CLK;
initial begin
#5   CLRn = 1'b0;
#15  CLRn = 1'b1;
#580 $stop;
end
endmodule
```

(b) 仿真Verilog程序

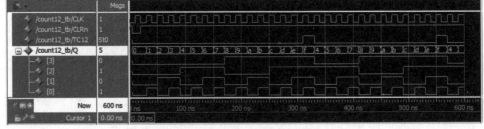

(c) 仿真结果

图 6-3-29 【例 6-3-3】十二进制计数器的 Verilog 编程和仿真

【例 6-3-4】 试用两片 74LS163 实现带进位输出的二十四进制计数器。

解:74LS163 是同步清零的 4 位二进制计数器,除同步清零外,其他功能与 74LS161 完全相同。要实现二十四进制计数器,需要有 24 个状态,具体有 000000、000001、000010 ……

001001、010000、010001……011001、100000、100001、100010、100011。最后一个状态是100011,此时进位输出为 1,$TC_{24} = Q_5 Q_1 Q_0$;这时两个 74LS163 的清零输入端应为 0,即将 TC_{24} 取非,在时钟上升沿时,输出被清零。二十四进制计数器的初始状态 000000 应接清零输入端,在初始加 1 个低脉冲。为了让两种情况有效,用 2 输入与门,如图 6-3-30 所示。个位的 74LS163 应接成十进制,在状态为 1001 时用预置数输入端置成 0000;为了方便观察波形,将十进制进位 TC_{10} 输出,并控制十位的 74LS163 的 ENP 和 ENT。

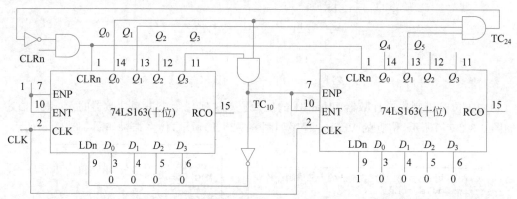

图 6-3-30　【例 6-3-4】的逻辑电路

实现二十四进制计数器的 Verilog 描述如图 6-3-31(a)所示,仿真的 Verilog 程序如图 6-3-31(b)所示,仿真结果如图 6-3-31(c)所示。

```verilog
//用74LS163构成的二十四进制计数器
module count24(
input wire  CLK,
input wire  CLRn,
output wire [7:0] Q,
output wire TC10,TC24 );
//功能定义
assign  TC10 = Q[3]&Q[0];
assign  TC24 = Q[5]&Q[1]&Q[0];
//2个74LS163例化
LS163 u0(
    .CLK (CLK),
    .CLRn(~TC24&CLRn),
    .LDn (~TC10),
    .ENP (1'b1),
    .ENT (1'b1),
    .D   (4'b0000),
    .Q   (Q[3:0]));
LS163 u1(
    .CLK (CLK),
    .CLRn(~TC24&CLRn),
    .LDn (1'b1),
    .ENP (TC10),
    .ENT (TC10),
    .D   (4'b0000),
    .Q   (Q[7:4]));
endmodule
```

(a) Verilog程序

```verilog
`timescale 1ns/10ps
module count24_tb();
  reg CLK,CLRn;
  wire [7:0] Q;
  wire TC10,TC24;
count24 DUT(
    .CLK(CLK),
    .CLRn(CLRn),
    .Q (Q),
    .TC10(TC10),
    .TC24(TC24)
);
initial begin
    CLK = 1'b0;
    CLRn = 1'b1;
end
initial begin
    #5   CLRn = 1'b0;
    #15  CLRn = 1'b1;
    #500 $stop;
end
always #10 CLK = ~CLK;
endmodule
```

(b) 仿真Verilog程序

图 6-3-31　【例 6-3-4】二十四进制计数器的 Verilog 编程和仿真

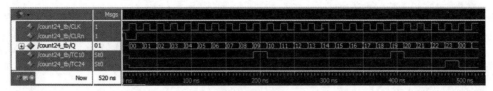

(c) 仿真结果

图 6-3-31 （续）

【例 6-3-5】 设计一个控制逻辑电路。要求在时钟信号作用下红、绿、黄三种颜色灯的状态转换顺序如表 6-3-6 所示，表中的 1 表示"亮"，0 表示"灭"。要求电路能自启动。

表 6-3-6 【例 6-3-5】的状态转换表

CLK 顺序	红	黄	绿
0	0	0	0
1	1	0	0
2	0	1	0
3	0	0	1
4	1	1	1
5	0	0	1
6	0	1	0
7	1	0	0
8	0	0	0

解：根据设计要求，将电路划分为计数器模块和组合输出模块。计数器选择 74LS161 器件，组合输出模块完成的是多输入、多输出功能。因此选用 74LS138 器件。

在时钟信号作用下，将红、黄、绿三种颜色灯的状态转换作为输出，分别设为 $F_R F_Y F_G$。利用 4 位二进制计数器 74LS161 实现八进制计数器，并用 3 线-8 线译码器对状态变量 $Q_2 Q_1 Q_0$ 进行译码，译码输出控制红、黄、绿三种颜色的灯。状态转换和输出变量关系见表 6-3-7，逻辑电路见图 6-3-32。

表 6-3-7 状态转换和输出变量表

CLK 顺序	Q_2	Q_1	Q_0	F_R	F_Y	F_G
0	0	0	0	0	0	0
1	0	0	1	1	0	0
2	0	1	0	0	1	0
3	0	1	1	0	0	1
4	1	0	0	1	1	1
5	1	0	1	0	0	1
6	1	1	0	0	1	0
7	1	1	1	1	0	0
8	0	0	0	0	0	0

实现图 6-3-32 控制逻辑电路的 Verilog 描述如图 6-3-33(a) 所示，仿真的 Verilog 程序如图 6-3-33(b) 所示，仿真结果如图 6-3-33(c) 所示。

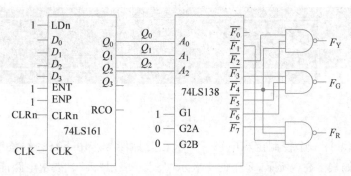

图 6-3-32 【例 6-3-5】的逻辑电路

```
//74LS161和74LS138应用
module L6_3_5(
input wire  CLK,
input wire  CLRn,
output wire [2:0] Q,
output wire FG,
output wire FY,
output wire FR );
//功能定义
wire
W0,W1,W2,W3,W4,W5,W6,W7,Q3;
assign  FG = ~(W3&W4&W5);
assign  FY = ~(W2&W4&W6);
assign  FR = ~(W1&W4&W7);
//例化74161
LS161 u0(
.CLK (CLK),
.CLRn(CLRn),
.LDn (1'b1),
.ENP (1'b1),
.ENT (1'b1),
.D   (4'b0000),
.Q   ({Q3,Q}) );
```

```
//例化74LS138
LS138 u1(
.G1(1'b1),
.G2A(1'b0),
.G2B(1'b0),
.C(Q[2]),
.B(Q[1]),
.A(Q[0]),
.Y0(W0),
.Y1(W1),
.Y2(W2),
.Y3(W3),
.Y4(W4),
.Y5(W5),
.Y6(W6),
.Y7(W7));
endmodule
```

```
`timescale 1ns/100ps
module L6_3_5_tb();
reg CLK,CLRn;
wire [2:0] Q;
wire FG,FY,FR;
L6_3_5 DUT(
.CLK(CLK),
.CLRn(CLRn),
.Q (Q),
.FG(FG),
.FY(FY),
.FR(FR));
initial begin
CLK = 1'b0;
CLRn = 1'b1;
end
always #10 CLK = ~CLK;
initial begin
#5  CLRn = 1'b0;
#15 CLRn = 1'b1;
#480 $stop;
end
endmodule
```

(a) Verilog程序   (b) 仿真Verilog程序

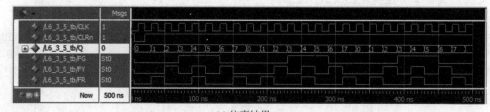

(c) 仿真结果

图 6-3-33 【例 6-3-5】的 Verilog 编程和仿真

2. 用 FPGA 实现 N 进制计数器设计

用 FPGA 实现 N 进制计数器,首先选用硬件描述语言 Verilog HDL,确认 N 进制需要的二进制位数,二进制位数等于触发器个数。

【例 6-3-6】 用 Verilog HDL 设计带进位输出的二十四进制计数器。

解:实现二十四进制计数器,需要有 24 个状态,具体是有 00000,00001,00010,…,

$01001,01010,01011,\cdots,10110,10111$。最后一个状态是 10111，此时进位输出为 1，$TC_{24} = Q_4 Q_2 Q_1 Q_0$。

实现二十四进制计数器的 Verilog 描述如图 6-3-34(a)所示，仿真的 Verilog 程序如图 6-3-34(b)所示，仿真结果如图 6-3-34(c)所示。

```
//二十四进制计数器
module count24(
input wire CLK,
input wire CLRn,
output reg [4:0] Q,
output wire TC24);
//功能定义
assign TC24 = Q[4]&~Q[3]&Q[2]&Q[1]&Q[0];
always @ ( posedge CLK or negedge CLRn )
begin
if ( ~CLRn ) Q <= 5'd0;
    else if ( Q < 5'd23 )
        Q <= Q + 1;
        else Q <= 5'd0;
end
endmodule
```

(a) Verilog程序

```
`timescale 1ns/100ps
module count24_tb();
reg  CLK,CLRn;
wire [4:0] Q;
wire TC24;
count24 DUT(
.CLK  (CLK),
.CLRn (CLRn),
.Q    (Q),
.TC24 (TC24));
initial begin
CLK  = 1'b1;
CLRn = 1'b1;
end
always #10 CLK = ~ CLK;
initial begin
#5 CLRn = 1'b0;
#10 CLRn = 1'b1;
#540  $stop;
end
endmodule
```

(b) 仿真Verilog程序

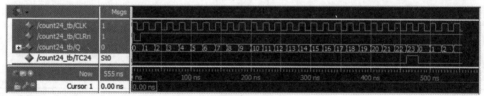

(c) 仿真结果

图 6-3-34 【例 6-3-6】二十四进制计数器的 Verilog 编程和仿真

3. 计数器分析

分析一个由集成计数器和组合逻辑器件组成的时序逻辑电路，即根据集成器件的功能，找出在输入信号和时钟信号作用下，输出的变化规律，从而了解其逻辑功能。

【例 6-3-7】 试分析图 6-3-35 所示逻辑电路的功能，画出输出 F 波形。

解：由图 6-3-35 可知，4 位二进制集成计数器 74LS161 通过预置数输入端，被接成十进制计数器，输出状态为 $0000,0001,\cdots,1001$。8 选 1 集成数据选择器 74LS151 输出表达式为

$$F = \overline{A}_2 \overline{A}_1 \overline{A}_0 D_0 + \overline{A}_2 \overline{A}_1 A_0 D_1 + \overline{A}_2 A_1 \overline{A}_0 D_2 + \overline{A}_2 A_1 A_0 D_3 + A_2 \overline{A}_1 \overline{A}_0 D_4$$

$$= \overline{Q}_3 \overline{Q}_2 \overline{Q}_1 \overline{Q}_0 + \overline{Q}_3 \overline{Q}_2 Q_1 Q_0 + \overline{Q}_3 Q_2 \overline{Q}_1 + \overline{Q}_3 Q_2 Q_1 Q_0$$

根据表 6-3-8 可知，序列发生器输出 F 是 1001110100。

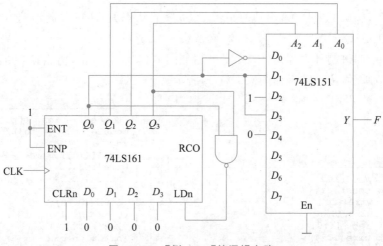

图 6-3-35 【例 6-3-7】的逻辑电路

表 6-3-8 状态转换和输出变量表

Q_3	Q_2	Q_1	Q_0	F
0	0	0	0	1
0	0	0	1	0
0	0	1	0	0
0	0	1	1	1
0	1	0	0	1
0	1	0	1	1
0	1	1	0	0
0	1	1	1	1
1	0	0	0	0
1	0	0	1	0

图 6-3-35 的 Verilog 描述如图 6-3-36(a)所示,仿真的 Verilog 程序如图 6-3-36(b)所示,仿真结果如图 6-3-36(c)所示。

【例 6-3-8】 试分析图 6-3-37 所示逻辑电路的功能,其中时钟信号 CLK 的周期为 1s,画出 74LS194 的输出波形。

解:图 6-3-37 由 4 个集成器件组成,1 个是组合器件,3 个是时序器件。该电路可分为 4 个功能模块,即每个器件构成一个功能模块。

74LS160 是十进制计数器,进位输出连接 74LS161 时钟输入端,而 74LS161 通过预置数输入端连接成六进制计数器。当 74LS161 状态为 0101 时,同步预置数输入为低电平,置为 0000。74LS161 有 6 个状态,0000~0101,每个状态持续时间为 10s。

74LS194 根据控制端 M_1、M_0 信号,实现送数、左移、右移功能。

74LS138 是低有效的译码器,其输出 S_0 接 M_0、S_1 接 M_1,表达式为

$$M_1 = \overline{\overline{M}\,\overline{F}_3\,\overline{F}_4} = \overline{M \cdot \overline{\overline{A}_2 A_1 A_0} \cdot \overline{A}_2 \overline{A}_1 \overline{A}_0}$$

$$M_0 = \overline{\overline{M}\,\overline{F}_0\,\overline{F}_1} = \overline{M \cdot \overline{\overline{A}_2 \overline{A}_1 \overline{A}_0} \cdot \overline{A}_2 \overline{A}_1 A_0}$$

```
//序列发生器
module L6_3_7(
input wire CLK,CLRn,
output wire F,
output wire [3:0] Q);
wire    W0;
assign  W0 = ~(Q[3]&Q[0]);
//74LS161例化
LS161 u0(
 .CLK  (CLK),
 .CLRn (CLRn),
 .LDn  (W0),
 .ENP  (1'b1),
 .ENT  (1'b1),
 .D    (4'b0000),
 .Q    (Q));
//74LS151例化
LS151 u1(
 .En(1'b0),
 .S2(Q[3]),
 .S1(Q[2]),
 .S0(Q[1]),
 .I0(~Q[0]),
 .I1(Q[0]),
 .I2(1'b1),
 .I3(Q[0]),
 .I4(1'b0),
 .Z  (F));
endmodule
```

```
`timescale 1ns/10ps
module L6_3_7_tb();
reg CLK,CLRn;
wire [3:0] Q;
wire F;
L6_3_7 DUT(
.CLK (CLK),
.CLRn(CLRn),
.Q (Q),
.F (F));
initial begin
CLK = 1'b0;
CLRn = 1'b1;
end
always #10 CLK = ~CLK;
initial begin
#5   CLRn = 1'b0;
#15  CLRn = 1'b1;
#420 $stop;
end
endmodule
```

(a) Verilog程序   (b) 仿真Verilog程序

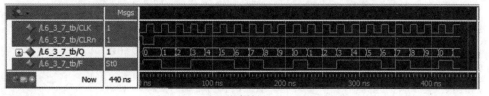

(c) 仿真结果

图 6-3-36 【例 6-3-7】的 Verilog 编程和仿真

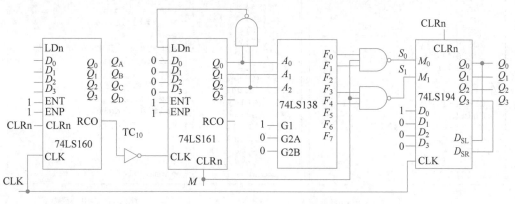

图 6-3-37 【例 6-3-8】逻辑电路

由上述分析可得表 6-3-9 的功能。74LS194 左移、右移分别对应 74LS161 计数器的两个状态,因此右移 20s、左移 20s;保持对应 74LS161 计数器的 1 个状态,因此保持 10s。也就是右移 20s、保持 10s、左移 20s、保持 10s、右移 20s、保持 10s,循环反复。

表 6-3-9 【例 6-3-8】的功能表

控制 M	74LS161 状态			74LS194 控制		说　明
	Q_2	Q_1	Q_0	M_1	Q_0	
0	×	×	×	1	1	送数
1	0	0	0	0	1	右移
1	0	0	1	0	1	右移
1	0	1	0	0	0	保持
1	0	1	1	1	0	左移
1	1	0	0	1	0	左移
1	1	0	1	0	0	保持

图 6-3-37 的 Verilog 描述如图 6-3-38(a)所示,仿真的 Verilog 程序如图 6-3-38(b)所示,仿真结果如图 6-3-38(c)所示。

```
//计数器综合应用
module L6_3_8(
input wire  CLK,
input wire  CLRn,M,
output wire [4:0] Q194,
output wire [4:0] Q160,Q161,
output wire TC10,
output wire S0,S1 );
//线网类型和功能定义
wire F0,F1,F2,F3,F4,F5,F6,F7;
assign  S0 = ~(M&F0&F1);
assign  S1 = ~(M&F3&F4);
//例化74160
LS160 u0(
 .CLK (CLK),
 .CLRn(CLRn),
 .LDn (1),
 .ENP (1),
 .ENT (1),
 .RCO (TC10),
 .D   (4'b0000),
 .Q   (Q160));
//例化74161
LS161 u1(
 .CLK (~TC10),
 .CLRn(M),
 .LDn (~(Q161[2]&Q161[0])),
 .ENP (1),
 .ENT (1),
 .D   (4'b0000),
 .Q   (Q161));
```

```
//例化74LS138
LS138 u2(
 .G1(1),
 .G2A(0),
 .G2B(0),
 .C(Q161[2]),
 .B(Q161[1]),
 .A(Q161[0]),
 .Y0(F0),
 .Y1(F1),
 .Y2(F2),
 .Y3(F3),
 .Y4(F4),
 .Y5(F5),
 .Y6(F6),
 .Y7(F7));
//例化74194
LS194 u3(
 .DSR (Q194[3]),
 .DSL (Q194[0]),
 .M0  (S0),
 .M1  (S1),
 .CLK (CLK),
 .CLR (CLRn),
 .D   (4'b0001),
 .Q   (Q194));
endmodule
```

(a) Verilog程序

```
`timescale 1ns/10ps
module L6_3_8_tb();
reg  CLK,CLRn,M;
wire [3:0] Q160,Q161,Q194;
wire TC10,S0,S1;
L6_3_8 DUT(
.M    (M),
.CLRn (CLRn),
.CLK  (CLK),
.Q160 (Q160),
.Q161 (Q161),
.Q194 (Q194),
.S0   (S0),
.S1   (S1),
.TC10 (TC10));
initial begin
CLK = 1'b1;
CLRn = 1'b1;
M   = 1'b1;
end
always #5 CLK=~CLK;
initial begin
#5  CLRn = 1'b0;
#5  CLRn = 1'b1;
end
initial begin
#15  M = 1'b0;
#15  M = 1'b1;
#620 $stop;
end
endmodule
```

(b) 仿真Verilog程序

图 6-3-38 【例 6-3-8】的 Verilog 编程和仿真

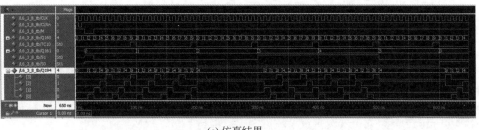

(c) 仿真结果

图 6-3-38 （续）

6.4 序列发生器

序列信号是指在时钟作用下循环地产生一串周期性的二进制信号,能产生这种信号的逻辑器件称为脉冲序列发生器或序列发生器。在数字系统中其常用来控制某些设备按照事先规定的顺序进行运算或操作。按照产生序列发生器的方法主要分为节拍发生器和脉冲序列发生器。

6.4.1 节拍发生器

节拍发生器也称顺序序列发生器,它是一种特殊的序列发生器,按一定时间、一定顺序轮流为 1 或者轮流为 0。例如,8 个节拍输出的节拍发生器波形如图 6-4-1 所示。

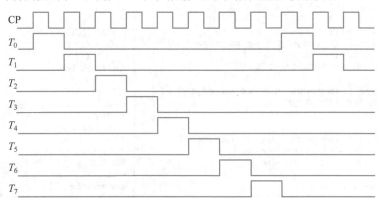

图 6-4-1 8 个节拍输出的节拍发生器波形图

【例 6-4-1】 用八进制计数器和输出高电平有效的译码器,实现 8 个节拍输出的节拍发生器。

解:节拍发生器框图见图 6-4-2,八进制计数器的状态转换图如图 6-4-3 所示,采用 3 个 D 触发器,异步时钟触发。输出高电平有效的译码器输出为

$$T_0 = \overline{Q}_2\overline{Q}_1\overline{Q}_0, \quad T_1 = \overline{Q}_2\overline{Q}_1Q_0$$

$$T_2 = \overline{Q}_2Q_1\overline{Q}_0, \quad T_3 = \overline{Q}_2Q_1Q_0$$

$$T_4 = Q_2\overline{Q}_1\overline{Q}_0, \quad T_5 = Q_2\overline{Q}_1Q_0$$

$$T_6 = Q_2Q_1\overline{Q}_0, \quad T_7 = Q_2Q_1Q_0$$

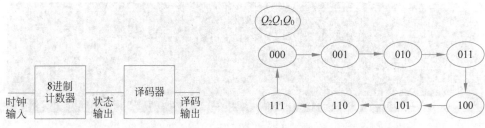

图 6-4-2　节拍发生器框图　　　　　　图 6-4-3　八进制计数器的状态转换图

实现 8 个节拍输出的节拍发生器的 Verilog 描述如图 6-4-4(a)所示，仿真的 Verilog 程序如图 6-4-4(b)所示，功能仿真结果如图 6-4-4(c)所示。

```verilog
//异步八进制计数器和译码器构成节拍器
module L6_4_1(
input wire CLK,
input wire CLR,
output wire [2:0] Q,
output wire [7:0] T);
//功能定义
reg  QF0,QF1,QF2;
assign Q = {QF2,QF1,QF0};
assign T[0] = ~QF2 & ~QF1 & ~QF0;
assign T[1] = ~QF2 & ~QF1 & QF0;
assign T[2] = ~QF2 & QF1 & ~QF0;
assign T[3] = ~QF2 & QF1 & QF0;
assign T[4] = QF2 & ~QF1 & ~QF0;
assign T[5] = QF2 & ~QF1 & QF0;
assign T[6] = QF2 & QF1 & ~QF0;
assign T[7] = QF2 & QF1 & QF0;
always @ (posedge CLK or negedge CLR)
begin if (!CLR) QF0 <= 0;
    else      QF0 <= ~QF0;
end
always @ (posedge ~QF0 or negedge CLR)
begin if (!CLR) QF1 <= 0;
    else      QF1 <= ~QF1;
end
always @ (posedge ~QF1 or negedge CLR)
begin if (!CLR) QF2 <= 0;
    else      QF2 <= ~QF2;
end
endmodule
```

(a) Verilog程序

```verilog
`timescale 1ns/10ps
module L6_4_1_tb;
    reg  CLK,CLR;
    wire [7:0] T;
    wire [2:0] Q;
L6_4_1 DUT(
 .CLK (CLK),
 .CLR (CLR),
 .Q   (Q),
 .T   (T));
initial begin
CLR = 1'b1;
CLK = 1'b0;
end
always #10 CLK = ~CLK;
initial begin
#15  CLR =1'b0;
#10  CLR =1'b1;
#330 $stop;
end
endmodule
```

(b) 仿真Verilog程序

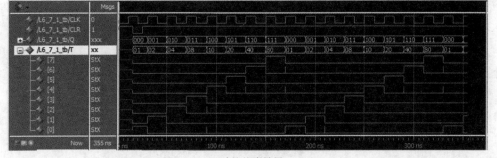

(c) 功能仿真结果

图 6-4-4　【例 6-4-1】节拍发生器的 Verilog 编程和仿真

由图 6-4-4(c)的功能仿真结果可知,在 CLK 作用下,当触发器状态有两个或两个以上"1 到 0"或"0 到 1"翻转时,可能会产生竞争-冒险现象,会出现干扰尖脉冲。有两个或两个以上"1 到 0"或"0 到 1"翻转情况有 001→010、011→100、101→110、111→000,节拍输出均产生了尖脉冲。

消除干扰脉冲的方法有以下三种:

(1) 引入封锁脉冲:在可能产生干扰脉冲的时间里封锁住译码门。

(2) 采用扭环形计数器:由于扭环形计数器每次状态变化时,仅有一个状态翻转,故可消除干扰脉冲。

(3) 采用环形计数器:环形计数器的有效输出不需要译码器,且有效循环中的每个状态仅有一个 1。

【例 6-4-2】 用扭环形计数器和输出高电平有效的译码器,实现 8 个节拍的节拍发生器。

解:八进制扭环形计数器的状态转换图如图 6-4-5 所示,采用 4 个 D 触发器,同步时钟触发。输出高电平有效的译码器输出为

$$T_0 = \bar{Q}_3 \bar{Q}_0, \quad T_1 = \bar{Q}_1 Q_0$$
$$T_2 = \bar{Q}_2 Q_1, \quad T_3 = \bar{Q}_3 Q_2$$
$$T_4 = Q_3 Q_0, \quad T_5 = Q_1 \bar{Q}_0$$
$$T_6 = Q_2 \bar{Q}_1, \quad T_7 = Q_3 \bar{Q}_2$$

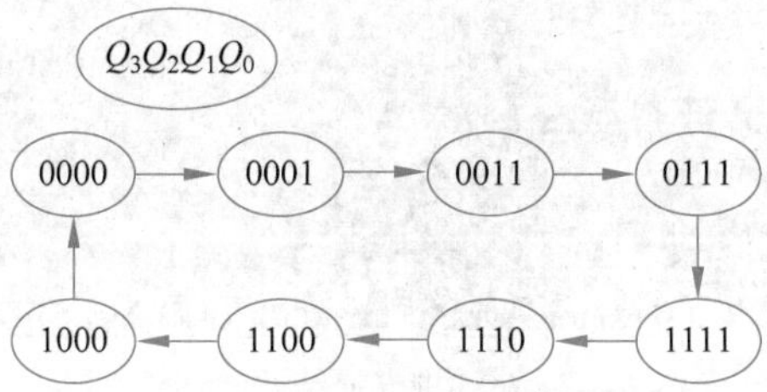

图 6-4-5 八进制扭环形计数器的状态转换图

用扭环形计数器和输出高电平有效的译码器,实现 8 个节拍输出的节拍发生器的 Verilog 描述见图 6-4-6(a),仿真的 Verilog 程序见图 6-4-6(b),功能仿真结果如图 6-4-6(c)所示。

由扭环形计数器的状态转换图可知,状态转换没有两个或两个以上"1 到 0"或"0 到 1"翻转情况,即使门电路有很大延时,也没有产生尖脉冲干扰。

【例 6-4-3】 用环形计数器实现 8 个节拍输出的节拍发生器。

解:8 位环形移位计数器的状态转换图如图 6-4-7 所示,采用 8 个 D 触发器,同步时钟触发。初始值应为 00000001,不能是 00000000。

用环形计数器,实现 8 个节拍输出的节拍发生器的 Verilog 描述如图 6-4-8(a)所示,仿真的 Verilog 程序如图 6-4-8(b)所示,功能仿真结果如图 6-4-8(c)所示。

由于环形计数器直接输出波形,不需要译码器,不会产生尖脉冲干扰。

```
//扭环形八进制计数器构成的节拍器
module L6_4_2(
input  wire CLK,
input  wire CLR,
output wire [3:0] Q,
output wire [7:0] T);
reg QF0,QF1,QF2,QF3;
assign Q = {QF3,QF2,QF1,QF0};
assign T[7] =  QF3 & ~QF2;
assign T[6] =  QF2 & ~QF1;
assign T[5] =  QF1 & ~QF0;
assign T[4] =  QF3 &  QF0;
assign T[3] = ~QF3 &  QF2;
assign T[2] = ~QF2 &  QF1;
assign T[1] = ~QF1 &  QF0;
assign T[0] = ~QF3 & ~QF0;
always @ (posedge CLK or negedge CLR) begin
if (!CLR) {QF3,QF2,QF1,QF0} <= 4'b0000 ;
else {QF3,QF2,QF1,QF0} <= {QF2,QF1,QF0,~QF3};
end
endmodule
```

(a) Verilog程序

```
`timescale 1ns/10ps
module L6_4_2_tb;
reg  CLK,CLR;
wire [7:0] T;
wire [3:0] Q;
L6_4_2 DUT(
.CLK (CLK),
.CLR (CLR),
.Q   (Q),
.T   (T));
initial begin
CLR = 1'b1;
CLK = 1'b0;
end
always #10 CLK = ~CLK;
initial begin
#15  CLR =1'b0;
#10  CLR =1'b1;
#360 $stop;
end
endmodule
```

(b) 仿真Verilog程序

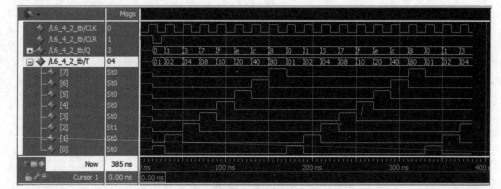

(c) 功能仿真结果

图 6-4-6 【例 6-4-2】节拍发生器的 Verilog 编程和仿真

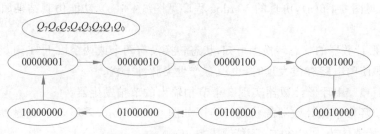

图 6-4-7 移位型计数器的状态转换图

```
//8个D触发器构成的节拍器
module L6_4_3(
input  wire CLK,
input  wire start,
output wire [7:0] T);
reg QF0,QF1,QF2,QF3,QF4,QF5,QF6,QF7;
assign T = {QF7,QF6,QF5,QF4,QF3,QF2,QF1,QF0};
always@(posedge CLK or negedge start)
begin
if (!start)
{QF7,QF6,QF5,QF4,QF3,QF2,QF1,QF0}<= 8'b00000001;
else
{QF7,QF6,QF5,QF4,QF3,QF2,QF1,QF0}
   <={QF6,QF5,QF4,QF3,QF2,QF1,QF0,QF7};
end
endmodule
```

```
`timescale 1ns / 10ps
module l6_4_3_tb;
reg CLK,CLR;
wire [7:0] T;
L6_4_3 DUT(
.CLK   (CLK),
.start (CLR),
.T     (T));
initial begin
CLR = 1'b1;
CLK = 1'b0;
end
always #10 CLK = ~CLK;
initial begin
#15  CLR =1'b0;
#10  CLR =1'b1;
#220 $stop;
end
endmodule
```

(a) Verilog程序   (b) 仿真Verilog程序

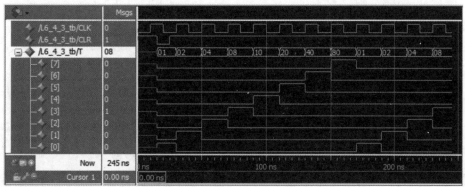

(c) 功能仿真结果

图 6-4-8 【例 6-4-3】节拍发生器的 Verilog 编程和仿真

6.4.2 脉冲序列发生器

脉冲序列发生器可以用计数器和数据选择器构成,用移位寄存器型计数器构成,或者用触发器和门电路构成。

【例 6-4-4】 用计数器 74LS161 和数据选择器 74LS151,设计一个能产生 1101000101 的脉冲序列发生器。

解:该序列由 10 位二进制数构成,若每一位对应一个计数状态,则需要 10 个状态,也就是十进制计数器。采用 74LS161 实现十进制计数器,74LS151 作为输出模块。

计数器模块:选用 74LS161 设计一个十进制计数器,用置数法实现,有效状态为 0000~1001。组合输出模块选择 8 选 1 数据选择器 74LS151,8 选 1 数据选择器的功能见表 6-4-1。

表 6-4-1　【例 6-4-4】的 8 选 1 功能表

C	B	A		Y	
Q_3	Q_2	Q_1	Q_0	F	
0	0	0	0	1	1
0	0	0	1	1	
0	0	1	0	0	Q_0
0	0	1	1	1	
0	1	0	0	0	0
0	1	0	1	0	
0	1	1	0	0	Q_0
0	1	1	1	1	
1	0	0	0	0	Q_0
1	0	0	1	1	

实现序列发生器的 Verilog 描述如图 6-4-9(a)所示,仿真的 Verilog 程序如图 6-4-9(b)所示,功能仿真结果如图 6-4-9(c)所示。

```verilog
//序列发生器
module L6_4_4(
input  wire CLK,CLRn,
output wire F,
output wire [3:0] Q);
wire    W0;
assign  W0 = ~(Q[3]&Q[0]);
//74LS161例化
LS161 u0(
.CLK  (CLK),
.CLRn (CLRn),
.LDn  (W0),
.ENP  (1'b1),
.ENT  (1'b1),
.D    (4'b0000),
.Q    (Q));
//74LS151例化
LS151 u1(
.En(1'b0),
.S2(Q[3]),
.S1(Q[2]),
.S0(Q[1]),
.I0(1'b1),
.I1(Q[0]),
.I2(1'b0),
.I3(Q[0]),
.I4(Q[0]),
.Z (F));
endmodule
```

(a) Verilog程序

```verilog
`timescale 1ns/10ps
module L6_4_4_tb();
reg CLK,CLRn;
wire [3:0] Q;
wire F;
L6_4_4 DUT(
.CLK (CLK),
.CLRn(CLRn),
.Q (Q),
.F (F));
initial begin
CLK  = 1'b0;
CLRn = 1'b1;
end
always #10 CLK = ~CLK;
initial begin
    #5   CLRn = 1'b0;
    #15  CLRn = 1'b1;
    #420 $stop;
end
endmodule
```

(b) 仿真Verilog程序

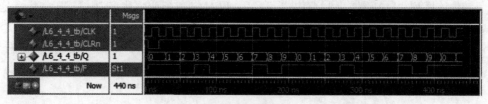

(c) 功能仿真结果

图 6-4-9　【例 6-4-4】序列发生器的 Verilog 编程和仿真

【例 6-4-5】　用 D 触发器和门电路设计一个能产生 1101000101 的序列发生器。

解：该序列由 10 位二进制数构成，若每一位对应一个计数状态，则需要 10 个状态，也就是十进制计数器。这等同于具有输出的十进制计数器。首先画状态转换图，并分配状态，见图 6-4-10。根据图 6-4-10 画出次态和输出卡诺图，见图 6-4-11。

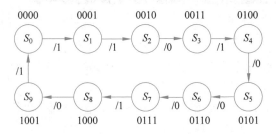

$Q_3^n Q_2^n$ ╲ $Q_1^n Q_0^n$	00	01	11	10
00	0001/1	0010/1	0100/1	0011/0
01	0101/0	0110/0	1000/1	0111/0
11	××××/×	××××/×	××××/×	××××/×
10	1001/0	0000/1	××××/×	××××/×

图 6-4-10　【例 6-4-5】的状态转换图　　　　图 6-4-11　次态和输出卡诺图

状态方程和驱动方程具体如下：

$$Q_3^{n+1} = Q_3^n \overline{Q_0^n} + Q_2^n Q_1^n Q_0^n, \qquad\qquad D_3 = Q_3^n \overline{Q_0^n} + Q_2^n Q_1^n Q_0^n$$

$$Q_2^{n+1} = \overline{Q_2^n} Q_1^n Q_0^n + Q_2^n \overline{Q_1^n} + Q_2^n \overline{Q_0^n}, \quad D_2 = \overline{Q_2^n} Q_1^n Q_0^n + Q_2^n \overline{Q_1^n} + Q_2^n \overline{Q_0^n}$$

$$Q_1^{n+1} = Q_1^n \overline{Q_0^n} + \overline{Q_3^n}\, \overline{Q_1^n} Q_0^n, \qquad\qquad D_1 = Q_1^n \overline{Q_0^n} + \overline{Q_3^n}\, \overline{Q_1^n} Q_0^n$$

$$Q_0^{n+1} = \overline{Q_0^n}, \qquad\qquad\qquad\qquad\qquad D_0 = \overline{Q_0^n}$$

输出方程为

$$F = Q_1^n Q_0^n + \overline{Q_2^n} Q_0^n + \overline{Q_3^n}\, \overline{Q_2^n}\, \overline{Q_1^n}$$

根据驱动方程和输出方程，实现序列发生器的 Verilog 描述如图 6-4-12(a)所示，功能仿真结果如图 6-4-12(b)所示。

```
//4个D构成的序列发生器
module L6_4_5(
input  wire CLK,
input  wire CLRn,
output wire [3:0] Q,
output wire F );
reg  QF0,QF1,QF2,QF3;
wire D0,D1,D2,D3;
assign Q  = {QF3,QF2,QF1,QF0};
assign D0 = ~QF0;
assign D1 = QF1&~QF0|~QF3&~QF1&QF0;
assign D2 = ~QF2&QF1&QF0|QF2&~QF1|QF2&~QF0;
assign D3 = QF3&~QF0|QF2&QF1&QF0;
assign F  = QF1&QF0|~QF2&QF0|~QF3&~QF2&~QF1;
always @ (posedge CLK or negedge CLRn) begin
if (!CLRn) {QF3,QF2,QF1,QF0} <= 4'b0000;
    else {QF3,QF2,QF1,QF0} <= {D3,D2,D1,D0};
end
endmodule
```

(a) Verilog程序

图 6-4-12　【例 6-4-5】序列发生器的 Verilog 编程和仿真

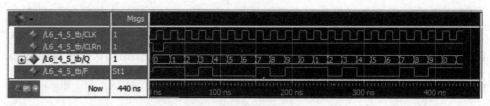

(b) 功能仿真结果

图 6-4-12 （续）

【例 6-4-6】 用 10 个 D 触发器构成移位寄存器型计数器，产生 1101000101 序列发生器。

解：该序列由 10 位二进制数构成，用 10 个 D 触发器构成移位寄存器型计数器，初始值为 1101000101，进行移位就可以输出 1101000101 序列。

用移位寄存器型计数器实现 1101000101 序列发生器的 Verilog 描述如图 6-4-13(a) 所示，功能仿真结果如图 6-4-13(b) 所示。

```verilog
//10个D触发器构成序列发生器
module L6_4_6(
input  wire CLK,CLRn,
output wire F,
output wire [9:0] Q );
//功能定义
reg [9:0] QF;
assign Q = QF;
assign F = QF[9];
always@(posedge CLK or negedge CLRn)
begin
if (!CLRn) QF <= 10'b1101000101;
    else
    QF <= {QF[8],QF[7],QF[6],QF[5],QF[4],
           QF[3],QF[2],QF[1],QF[0],QF[9]};
end
endmodule
```

(a) Verilog程序

(b) 功能仿真结果

图 6-4-13 【例 6-4-6】序列发生器的 Verilog 编程和仿真

习题

6-1 说明时序电路与组合电路在逻辑功能和电路结构上有何不同。

6-2 为什么组合电路用逻辑函数就可以表示其逻辑功能，而时序电路则用驱动方程、状态方程、输出方程才能表示其功能？

6-3 图 6-P-1 是由 D 触发器构成的时序逻辑电路，试分析该电路的逻辑功能，写出电路的驱动方程、状态方程和输出方程,并画出电路的状态转换图。

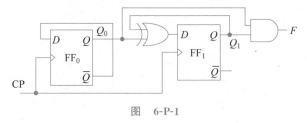

图 6-P-1

6-4 图 6-P-2 是由负边沿 JK 触发器构成的时序逻辑电路,试分析电路的功能,写出时钟方程、驱动方程、状态方程,并画出状态转换图。

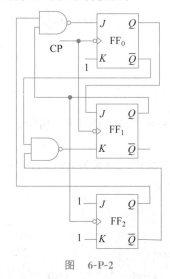

图 6-P-2

6-5 图 6-P-3(a)是 D 触发器构成的时序电路,图 6-P-3(b)是时钟 CP 波形,画出触发器输出 Q_0、Q_1、Q_2 的波形,并说明图 6-P-3(a)所示电路的功能。

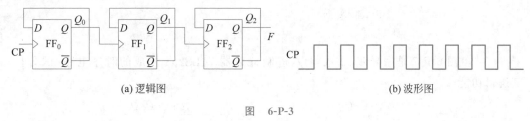

(a) 逻辑图   (b) 波形图

图 6-P-3

6-6 图 6-P-4 是负边沿 JK 触发器构成的时序电路,试分析该电路在 $C=1$ 和 $C=0$ 时电路的逻辑功能。

6-7 试用负边沿 JK 触发器和必要的逻辑门设计一个具有进位输出的同步六进制加法计数器。

6-8 用 D 触发器和必要的门电路设计一个具有进位输出的同步十二进制加法计数器,并检查设计的电路能否自启动。

6-9 试设计一个带有控制端 M 的同步四进制可逆计数器。

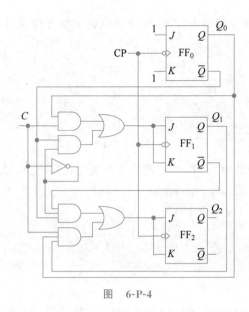

图 6-P-4

6-10 用 74LS161 构成的时序电路如图 6-P-5 所示。试说明电路在控制端 C 为 1 或为 0 时,该电路的功能。

6-11 图 6-P-6 是 74LS161 构成的计数器,试分析在 $C=1$ 和 $C=0$ 时各为几进制。

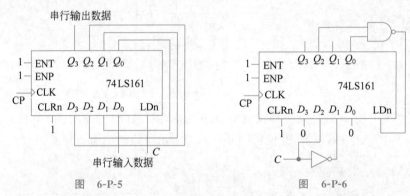

图 6-P-5   图 6-P-6

6-12 图 6-P-7 是用异步二-八-十六进制计数器 74LS293 构成的时序电路,试分析其逻辑功能。

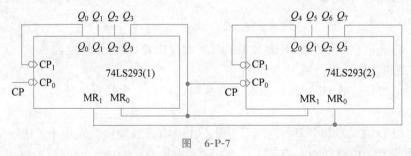

图 6-P-7

6-13 图 6-P-8 是由两片同步十进制计数器 74LS160 组成的计数器,试分析这是多少进制的计数器。

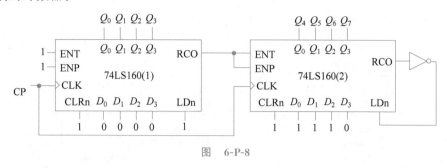

图　6-P-8

6-14 图 6-P-9 是由两片同步十进制计数器 74LS161 组成的计数器，试分析其逻辑功能。

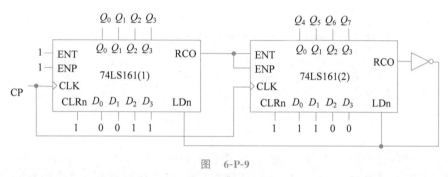

图　6-P-9

6-15 试用 74LS161 构成十一进制计数器。

6-16 试用 74LS293 构成十九进制计数器。

6-17 试用 74LS161 和必要的逻辑门设计一个可控进制的计数器，当输入控制变量 $M=0$ 时为五进制计数器，当 $M=1$ 时为十三进制计数器。

6-18 试用 74LS160 设计一个三百六十五进制的计数器。要求各数位间为十进制关系，允许附加必要的门电路。

6-19 试用一片 74LS161、一片 74LS138 及逻辑门设计一个能够产生图 6-P-10 所示序列脉冲的电路。

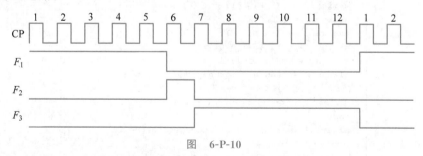

图　6-P-10

6-20 试设计一个能产生 101100111010 的序列脉冲发生器。

6-21 阅读图 6-P-11 的 Verilog 程序，画出逻辑图，写出 ModelSim 仿真的 Verilog 程序，分析仿真结果，并说明该逻辑电路的功能。

```
module T6_21(
  input X,
  input CP,
  input CLR,
  outputF,
  output[1:0] Q );
  wire  D0,D1;
  reg   QF0,QF1;
  assignD0 = QF1 & X | ~QF1 & ~QF0 & ~X;
  assignD1 = QF0 & ~X | ~QF1 & ~QF0 & X;
  assignF = ~X & ~QF0 & QF1 | ~QF1 & ~QF0 & X;
  assign   Q = {QF1,QF0};
  always @(posedge CP or negedge CLR )
  begin
    if  (!CLR) QF0 <= 0;
    else       QF0 <= D0;
  end
  always@(posedge CP or negedge CLR )
  begin
    if  (!CLR) QF1 <= 0;
    else       QF1 <= D1;
  end
endmodule
```

图　6-P-11

6-22　阅读图 6-P-12 的 Verilog 程序,画出逻辑图。按照图 6-P-13 给出的输入波形写出 ModelSim 仿真的 Verilog 程序,分析仿真结果,并说明该逻辑电路的功能。

```
module T6_22(
  input wire    X,
  input wire    CP,
  input wire    CLR,
  output wire   F,
  output wire   [1:0] Q );
  wire  J0,K0;
  wire  J1,K1;
  reg   QF0,QF1;
  assignJ0 = X ~^ QF1;
  assignK0 = ~(X & QF1);
  assignJ1 = QF0 ^ X;
  assignK1 = ~(~X & QF0);
  assignF = ~QF0 & (X ^ QF1);
  assignQ = {QF1, QF0};
  always @ (posedge CP or negedge CLR) begin
    if (!CLR) QF0 <= 0;
    else  QF0 <= J0 & ~QF0 | ~K0 & QF0;
  end
  always @ (posedge CP or negedge CLR) begin
    if (!CLR) QF1 <= 0;
    else QF1 <= J1 & ~QF1 | ~K1 & QF1;
  end
endmodule
```

图　6-P-12

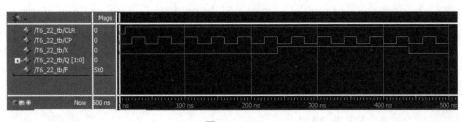

图　6-P-13

6-23　阅读图 6-P-14 的 Verilog 程序,画出逻辑图和状态转换图,说明该逻辑电路的功能。按照图 6-P-15 给出的输入波形写出 ModelSim 仿真的 Verilog 程序,分析仿真结果。

```verilog
module T6_23(
  input  wire   X,
  input  wire   CLK,
  input  wire   CLRn,
  output wire   Z,
  output wire   [2:0] Q );
  wire   D0,D1,D2;
  reg    QF0,QF1,QF2;
  assign Q = {QF2,QF1,QF0};
  assign Z = QF0 & QF2;
  assign D0 = QF2&X | ~QF0&X;
  assign D1 = ~QF2&~QF1&QF0&X | QF1&~QF0&X;
  assign D2 = QF2&X | QF1&QF0&X;
  always @ (posedge CLK or negedge CLRn)
  begin
    if (!CLRn) QF0 <= 0;
    else QF0 <= D0;
  end
  always@(posedge CLK or negedge CLRn)
  begin
    if (!CLRn) QF1 <= 0;
    else QF1 <= D1;
  end
  always@(posedge CLK or negedge CLRn)
  begin
    if (!CLRn) QF2 <= 0;
    else QF2 <= D2;
  end
endmodule
```

图　6-P-14

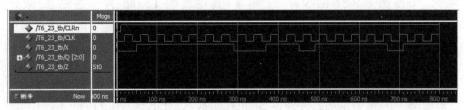

图　6-P-15

6-24 阅读图 6-P-16 的 Verilog 程序,画出逻辑图和状态转换图,说明该逻辑电路的功能。按照图 6-P-15 给出的输入波形写出 ModelSim 仿真的 Verilog 程序,分析仿真结果。对比【习题 6-23】的 ModelSim 仿真结果,说明各自特点。

```verilog
module T6_24(
  input  wire   X,
  input  wire   CLK,
  input  wire   CLRn,
  output wire   Z,
  output wire   [2:0] Q );
  wire   D0,D1,D2;
  reg    QF0,QF1,QF2;
  assign Q  = {QF2,QF1,QF0};
  assign Z  = QF2&X;
  assign D0 = ~QF2&~QF1&X;
  assign D1 = QF0&X;
  assign D2 = QF2&X | QF1&~QF0&X;
  always @ (posedge CLK or negedge CLRn)
  begin
    if (!CLRn) QF0 <= 0;
    else QF0 <= D0;
  end
  always@(posedge CLK or negedge CLRn)
  begin
    if (!CLRn) QF1 <= 0;
    else QF1 <= D1;
  end
  always@(posedge CLK or negedge CLRn)
  begin
    if (!CLRn) QF2 <= 0;
    else QF2 <= D2;
  end
endmodule
```

图 6-P-16

6-25 阅读图 6-P-17 的 Verilog 程序,画出状态转换图,说明该逻辑电路的功能。输入波形如图 6-P-18 所示,画出输出波形。

6-26 阅读图 6-P-19 的 Verilog 程序,说明该逻辑电路的功能。已知输入波形如图 6-P-20 所示,画出输出波形。

6-27 阅读图 6-P-21 的 Verilog 程序,其中模块 LS192 为十进制加/减计数器 74LS192,图 6-P-22 是 74LS192 时序图。画出逻辑图和状态转换图,说明该逻辑电路的功能。按照图 6-P-23 给出的输入波形,画出输出波形,其中初始值 Q_1 为 1、Q_0 为 0111。

6-28 阅读图 6-P-24 的 Verilog 程序,其中模块 LS193 为 4 位二进制加/减计数器 74LS193,图 6-P-25 是 74LS193 时序图。画出逻辑图和状态转换图,说明该逻辑电路的功能。按照图 6-P-26 给出的输入波形,画出输出波形,其中初始值 Q 为 1100。

```verilog
module T6_25(
input CP,CLRn,X,
output wire[2:0] state,
output wire Z);
reg[2:0] cur_state,next_state;
reg Zout;
parameter [2:0] S0 = 3'b000, S1 = 3'b001,
                S2 = 3'b010, S3 = 3'b011,
                S4 = 3'b100, S5 = 3'b101;
assign state = cur_state;
assign z = Zout;
always @ ( * ) begin
    case ( cur_state )
    S0: if( X )  next_state <= S1;
        else     next_state <= S0;
    S1: if( X )  next_state <= S2;
        else     next_state <= S0;
    S2: if( X )  next_state <= S2;
        else     next_state <= S3;
    S3: if( X )  next_state <= S1;
        else     next_state <= S4;
    S4: if( X )  next_state <= S5;
        else     next_state <= S1;
    S5: if( X )  next_state <= S2;
        else     next_state <= S0;
    endcase
end
always@(posedge CP or negedge CLRn)
begin
    if (CLRn == 0) cur_state <= S0;
    else begin
       cur_state <= next_state;
    end
end
always @ ( * ) begin:com_part_G
    if( ~ CLRn )   Zout <= 0;
    else if (cur_state == S5 )  Zout <= 1;
         else    Zout <= 0;
end
endmodule
```

图　6-P-17

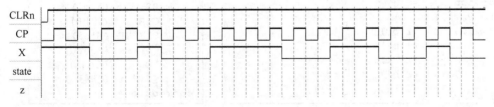

图　6-P-18

```
module T6_26(
input  wire   CLK,
input  wire   CLRn,
input  wire S1,
output wire [3:0] Q
);
LS194 u0(
 .DSR (~Q[3]),
 .DSL (1'b0),
 .M0  (1'b1),
 .M1  (S1),
 .CLK (CLK),
 .CLR (CLRn),
 .D   (4'b0101),
 .Q   (Q));
endmodule
```

图　6-P-19

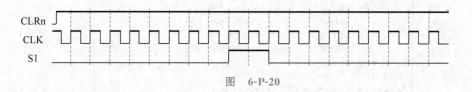

图　6-P-20

```
module T6_27(
input  wire CLK,
output wire CLK1,
output wire Q1,
output wire [3:0] Q0,
output wire OUT );
wire    QF0,QF1,QF2,QF3,QF4;
wire    LOADn,Bout0;
assign  CLK1 = Bout0;
assign  LOADn = ~(QF3&QF4);
assign  OUT = ~(QF4|QF3|QF2|QF1|QF0);
assign  Q0  = {QF3,QF2,QF1,QF0};
assign  Q1  = QF4;
LS192 u0(
    .D3   (1'b0),
    .D2   (1'b1),
    .D1   (1'b1),
    .D0   (1'b1),
    .CLR  (1'b0),
```
```
    .CLK_UP (1'b1),
    .CLK_DN (CLK),
    .LDn    (LOADn),
    .Bout   (Bout0),
    .Q0     (QF0),
    .Q1     (QF1),
    .Q2     (QF2),
    .Q3     (QF3) );
LS192 u1(
    .D3     (1'b0),
    .D2     (1'b0),
    .D1     (1'b0),
    .D0     (1'b1),
    .CLR    (1'b0),
    .CLK_UP (1'b1),
    .CLK_DN (Bout0),
    .LDn    (LOADn),
    .Q0     (QF4) );
endmodule
```

图　6-P-21

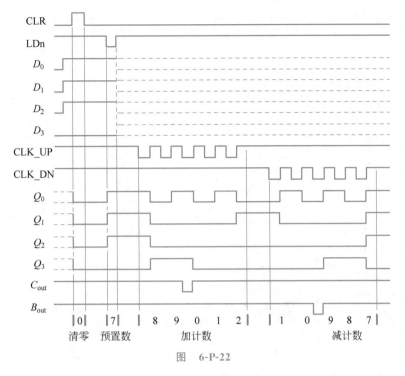

图 6-P-22

图 6-P-23

```
module T6_28(
input wire  CLK,
output wire Bout,
output wire [3:0] Q );
wire   QF3,QF2,QF1,QF0;
wire   LDn;
assign Q = {QF3,QF2,QF1,QF0};
assign Bout = ~(QF3|QF2|QF1|QF0);
assign LDn = ~(QF3&QF2&QF0);
LS193 u0(
    .D3 (1'b1),
```

```
    .D2 (1'b1),
    .D1 (1'b0),
    .D0 (1'b0),
    .CLR(1'b0),
    .CLK_UP (1'b1),
    .CLK_DN (CLK ),
    .LDn    (LDn ),
    .Q3 (QF3),
    .Q2 (QF2),
    .Q1 (QF1),
    .Q0 (QF0));
endmodule
```

图 6-P-24

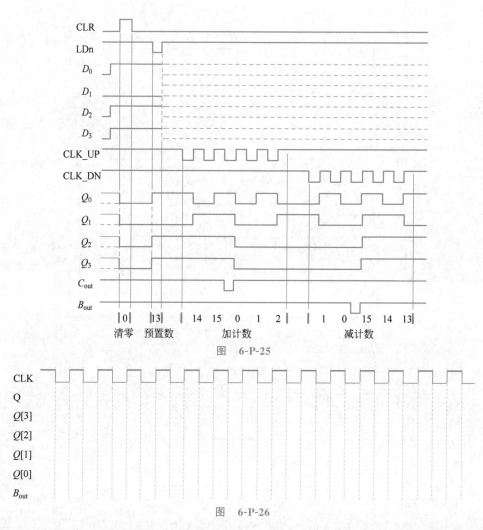

图　6-P-25

图　6-P-26

6-29　图 6-P-27 是 Verilog 程序,图 6-P-28 是 ModelSim 仿真的 Verilog 程序,图 6-P-29 是 ModelSim 仿真结果,根据 Verilog 程序和 ModelSim 仿真结果说明该逻辑电路的功能。

```
module T6_29(
input  wire CLK,CLRn,
output wire F,
output wire [5:0] Q );
reg  [5:0] QF;
assign Q = QF;
assign F = QF[5];
always@(posedge CLK or negedge CLRn) begin
if (!CLRn)  QF <= 6'b110000;
    else begin
    QF[0]  <= QF[5];
    QF[1]  <= QF[0];
    QF[2]  <= QF[1];
    QF[3]  <= QF[2];
    QF[4]  <= QF[3];
    QF[5]  <= QF[4];
    end
end
endmodule
```

图　6-P-27

```
`timescale 1ns/100ps
module T6_29_tb();
  reg CLK,CLRn;
  wire [5:0] Q;
  wire F;
T6_29 DUT(
    .CLK (CLK),
    .CLRn(CLRn),
    .Q (Q),
    .F (F) );
initial begin
        CLK  = 1'b1;
        CLRn = 1'b0;
    #10  CLRn = 1'b1;
end
always #10 CLK = ~CLK;
initial begin
    #200 $stop;
end
endmodule
```

图　6-P-28

图　6-P-29

第 7 章

半导体存储器

7.1 概述

7.1.1 半导体存储器分类

半导体存储器是一种能存储大量二值数据的半导体器件。半导体存储器是计算机的重要部件,与磁性存储器相比,其具有存取速度快、存储容量大、体积小等优点。半导体存储器的种类很多,有多种分类方法,例如:按存取方式可分为只读存储器(Read Only Memory,ROM)、随机存取存储器(Random Access Memory,RAM)。按制造工艺可分为 TTL 型存储器和 MOS 型存储器两大类。按存储二值数据的原理又分为静态存储器和动态存储器。静态存储器是以触发器为基本单元来存储 0 和 1 的,在不失电的情况下,触发器状态不会改变;动态存储器是用电容存储电荷的效应来存储二值信号的,电容漏电会导致信息丢失,因此要求定时对电容进行充放电。

7.1.2 半导体存储器技术指标

1. 存取容量

将二值数据存入存储器或从存储器中取出二值数据都是以字的形式完成的。一个字包含若干位,一个字的位数称为字长。例如,64 位构成一个字,那么该字的字长为 64 位。一个存储单元只能存放一个一位二值数据,即只能存一个 0 或者一个 1;要存储字长为 64 位的一个字,就需要 64 个存储单元。若存储器能够存储 1024 个字,就有 1024×64 个存储单元。

通常用存储器的存储单元个数表示存储器的存储容量,即存储容量表示存储器存放二进制数据的多少。存储容量应表示为字数乘以位数。例如,某存储器能存储 1024 个字,每个字 32 位,存储容量就为 1024×32=32768,即该存储器有 32768 个存储单元。

存储器写入(存)或者读出(取)时,每次只能写入或读出一个字。若字长为 16 位,每次必须选中 16 个存储单元。

选中哪些存储单元由地址译码器的输出来决定,即由地址码来决定。地址码的位数 n 与字数之间存在 2^n 等于字数的关系。如果某存储器有 10 条地址线,就能存储 $2^{10}=1024$ 个字。

2. 存取时间和存取周期

存取时间又称为存储器访问时间,即启动一次存储器操作(读或写)到完成该操作所需要的时间。

存储器的存取速度用存取周期或读写周期来表示,把连续两次读(写)操作间隔的最短时间称为存取周期。对存储器读或写操作后,其内部电路还有一段恢复时间才能进行下一次读写操作。

7.2 只读存储器

只读存储器是用来保存不常改变或永久不变的数据,如需要固化的程序和数据。在正常工作状态下,只能从只读存储器中读取数据。只读存储器特点是电路结构简单,电路形式和规格比较统一,在断电以后,所存数据不会丢失。

只读存储器可分为掩模只读存储器(Mask Read Only Memory,MROM)、可编程只读存储器(Programmable Read Only Memory,PROM)、紫外线可擦除可编程只读存储器(Erasable Programmable Read Only Memory,EPROM)、电擦除可编程只读存储器(Electrically Erasable Programmable Read Only Memory,EEPROM)及快闪存储器(Flash Memory,也称闪速存储器或闪存)。

7.2.1 掩模只读存储器

掩模只读存储器是采用掩模工艺制作的,其中的存储内容是已经由制造商按照用户的要求进行了专门设计。因此,掩模只读存储器在出厂时内部存储的数据就已经固化。掩模只读存储器的存储数据可永久保存,适用于存放固定不变的程序或数据。

掩模只读存储器曾用于 8086 CPU 计算机的引导程序和 BIOS、字符生成器和函数查找表等。掩模只读存储器由地址译码器、存储矩阵、输出和控制电路组成,如图 7-2-1 所示。存储单元有 TTL 型和 MOS 型两种。

图 7-2-2 是 4×4 位的 NMOS 掩模只读存储器。地址译码器的输入是两根地址输入线 A_1 和 A_0,地址译码器输出 4 条地址线,每个地址存放一

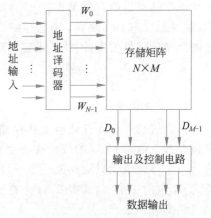

图 7-2-1　掩模只读存储器结构图

个 4 位二进制数据;译码器输出线 W_0、W_1、W_2、W_3 称为字线,由输入的地址码 A_1A_0 确定选中哪条字线。被选中的数据经过输出缓冲器输出。一个字有 4 位数据,故存储矩阵有 4 条数据线 $\overline{D}_3$、$\overline{D}_2$、$\overline{D}_1$、$\overline{D}_0$,输出又称为位线,是 4×4 结构。位线经过反相后输出,即

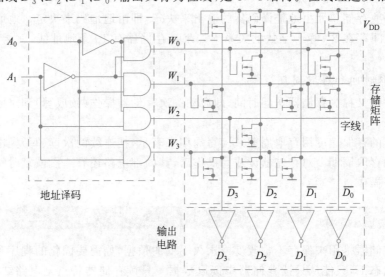

图 7-2-2　NMOS 掩模只读存储器

为 ROM 的输出端 D_0、D_1、D_2、D_3。每根字线和位线的交叉处是一个存储单元,共有 16 个单元。这些存储单元排成 4 行,每行 4 个单元。交叉处有 NMOS 管的存储单元存储 "1",无 NMOS 管的存储单元存储 "0"。

例如,当地址 $A_1A_0=00$ 时,则 $W_0=1$(W_1、W_2、W_3 均为 0),此时选中 0 号地址使第 1 行的两个 NMOS 管导通,$\overline{D}_3=1$,$\overline{D}_2=0$,$\overline{D}_1=1$,$\overline{D}_0=0$,经输出电路反相后,输出 $D_3D_2D_1D_0=0101$。因此,选中一个地址,该行的存储内容输出。

ROM 编程是根据要求确定存储内容,设计出存储矩阵,即哪些交叉点(存储单元)的信息为 1,哪些为 0。为 1 的制造管子,为 0 的无须制造管子,画出存储矩阵编码图。存储矩阵中有管子处,用 "码点" 表示,由生产厂制作。图 7-2-2 的存储矩阵简化编码图如图 7-2-3 所示。

位线与字线之间逻辑关系为

$$D_0=W_0+W_1=\overline{A}_1\overline{A}_0+\overline{A}_1A_0$$

$$D_1=W_1+W_3=\overline{A}_1A_0+A_1A_0$$

$$D_2=W_0+W_2+W_3=\overline{A}_1A_0+A_1\overline{A}_0+A_1A_0$$

$$D_3=W_1+W_3=\overline{A}_1A_0+A_1A_0$$

存储矩阵的输出和输入是或的关系,这种存储矩阵是或矩阵。地址译码器的输出和输入是与的关系,因此 ROM 是一个多输入变量(地址)和多输出变量(数据)的与或逻辑阵列。

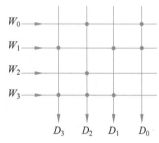

图 7-2-3　图 7-2-2 中 ROM 点阵图

7.2.2　可编程只读存储器

可编程只读存储器的存储内容由使用者编制写入,但只能写入一次,一经写入就不能再更改。

ROM 由厂家编程,而 PROM 由用户编程。出厂时 PROM 的内容全是 0 或全是 1,使用时用户可以根据需要编好代码,写入 PROM 中。

图 7-2-4 是 PROM 的结构图,存储矩阵的存储单元由双极型三极管和熔断丝组成。存储容量为 32×8 位,存储矩阵是 32 行 $\times8$ 列,出厂时每个发射极的熔断丝都是连通的,这种电路存储内容全部为 0。如果想使某单元改写为 1,需要使熔断丝通过大电流,使它烧断。一经烧断,再不能恢复。

地址译码器输出线为高电平有效,32 根字线分别接 32 行的多发射极晶体管的基极,地址译码受 $\overline{CS}$ 片选信号控制,当 $\overline{CS}=0$ 时,选中该芯片能够工作,输入地址有效,译码输出线中某一根为高电平,选中一个地址。当 $\overline{CS}=1$ 时,译码输出全部为低电平,此片存储单元不工作。

读写控制电路供读出和写入之用。在写入时,V_{CC} 接 $+12V$ 电源,某位写入 1 时,该数据线为 1,写入回路中的稳压管 D_W 击穿,T_2 导通,选中单元的熔断丝通过足够大的电流而烧断;若输入数据为 0,写入电路中相对应的 T_2 管不导通,该位对应的熔断丝仍为

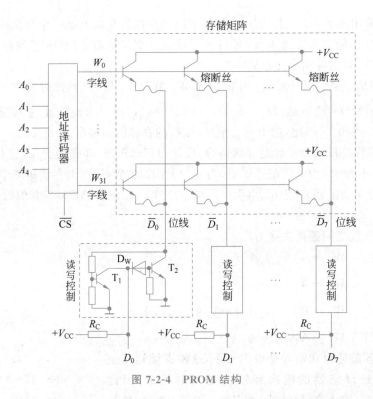

图 7-2-4　PROM 结构

连通状态,存储的 0 信息不变。读出时,V_{CC} 接 $+5V$ 电源,低于稳压管的击穿电压,所有 T_2 管都截止,如被选中的某位熔断丝是连通的,T_1 管导通,输出为 0;如果熔断丝是断开的,T_1 截止,读出 1 信号。

7.2.3　可擦可编程只读存储器

可擦可编程只读存储器的存储内容可以改变,但其所存内容的擦去或改写需要专门的擦除器和编程器实现。在正常使用时,只能读出。

最早研究成功的 EPROM 是用紫外线照射进行擦除的,用专用编程器编程。PROM 只能写一次的原因是熔断丝断了,不能再接通。利用浮置栅雪崩注入 MOS 管代替熔断丝制造出 MOS 型 EPROM,实现多次写入和擦除。在 19 世纪 80 年代,常用的 EPROM 有 2716(2K×8 位)、2732(4K×8 位)、2764(8K×8 位)等。

之后出现了用电擦除可编程只读存储器,存储阵列由浮栅隧道氧化层(Floating Gate Tunnel Oxide,Flotox)MOS 管组成,允许在电路中对单个字节进行快速擦除和重写。

随着 EEPROM 广泛使用,常用的并行 EEPROM 有 28C64(8K×8 位)等,常用的串行 EEPROM 有 93C46、24C64(8K×8 位)等。由于 EEPROM 内部存储数据的过程很慢,数据传输操作的速度也慢。因此,将串行 EEPROM 器件采用 8 引脚封装。例如,93C46 是串行 3 线 SPI 的 EEPROM(图 7-2-5(a)),24C64(8K×8 位,图 7-2-5(b))和 24C256(32K×8 位)是串行 2 线 I^2C 的 EEPROM。

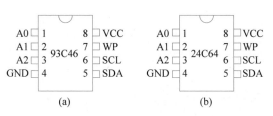

图 7-2-5　串行 EEPROM 引脚图

7.2.4　快闪存储器

快闪存储器(简称闪存)是一种电可擦可编程只读存储器。闪存吸收了 EEPROM 结构简单、编程可靠的优点,又保留了 EEPROM 用隧道效应擦除的快捷特性,而且集成度高。图 7-2-6 是快闪存储器采用的叠栅 MOS 管的结构及符号,控制栅有引出线,浮置栅没有引出线,被包围在二氧化硅中,故称为浮置栅。浮置栅是由氮化物材料构成,可以存储电荷。在栅极加正向电压实现电荷的存储,加负向电压实现电荷的释放;电压的大小可以控制电荷存储和释放的速度。

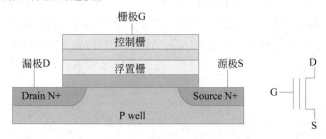

图 7-2-6　叠栅 MOS 管的结构及符号

闪存主要有 NOR 型和 NAND 型。NOR 型闪存更像 RAM,有独立的地址线和数据线。图 7-2-7 是 NOR 型闪存的存储阵列,存储单元的叠栅 MOS 是或非(NOR)结构。NOR 型闪存价格较高、容量小,通常用于存储程序代码,代码可直接在闪存内运行。NAND 型闪存的存储阵列如图 7-2-8 所示,存储单元的叠栅 MOS 是与非(NAND)结构。NAND 型闪存具有容量大,价格低等优点,适用于数据存储,如嵌入式产品中的数码相机 SD 卡、MP3 随身听记忆卡,以及 U 盘存储卡等。

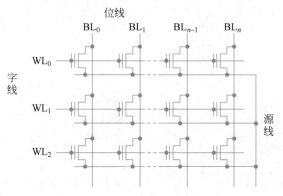

图 7-2-7　NOR 型闪存的存储阵列

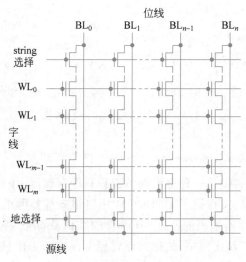

图 7-2-8　NAND 型闪存的存储阵列

下面举例介绍串行闪存结构和工作原理。由于 FPGA 是基于静态随机存取存储器(SRAM)构成的,掉电后程序会丢失,通常采用串行闪存保存配置程序,FPGA 每次上电后自动读取闪存中配置的程序。M25P16 是 Altera Cyclone Ⅳ FPGA 开发板使用 2MB 的 SPI 总线串行闪存,2MB 分为 32 个扇区,每个扇区 256 页,每页 256B,M25P16 结构图如图 7-2-9 所示。

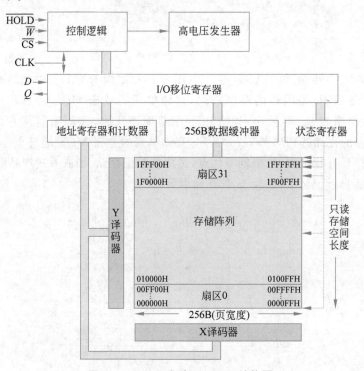

图 7-2-9　16Mb 闪存 M25P16 结构图

图 7-2-10 是 M25P16 引脚图，各个引脚功能如下：

（1）$\overline{CS}$ 是低电平有效的片选信号，芯片处于待机模式，串行数据输出 Q 为高阻态。

（2）Q 是串行数据输出。

（3）$\overline{W}$ 是低电平有效的写保护输入信号，目的是阻止再编程或擦除存储的程序；D 是串行数据输入，接收指令、地址和要编程的数据。

（4）CLK 是串行时钟输入信号，为串行接口提供时序信号，串行数据输入 D 中的指令、地址或数据在串行时钟 CLK 的上升沿锁存，串行数据输出 Q 在 CLK 下降沿锁存。

（5）$\overline{HOLD}$ 是低电平有效的保持信号，用于暂停与该芯片的任何串行通信而无须取消选择，在保持状态串行数据输出 Q 为高阻态、时钟输入 CLK 和数据输入 D 无效。

在 FPGA 开发板中 M25P16 原理图如图 7-2-11 所示。FPGA 开发板需要调试和编程，将 $\overline{W}$ 和 $\overline{HOLD}$ 接电源。这里 M25P16 是 SPI 从设备，开发板的 FPGA 是主设备，其中 $\overline{CS}$、Q、D 和 CLK 四个引脚与 FPGA 器件相应引脚连接。

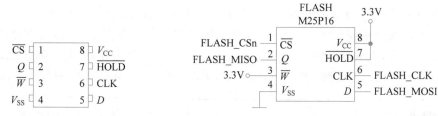

图 7-2-10　M25P16 引脚图　　　　图 7-2-11　M25P16 原理图

M25P16 具体编程可阅读数据手册，可以进行整块擦除和扇区擦除；内部地址线是 24 位，在写入数据时指定某一扇区某一页开始写数据，也可以指定某页某字节写入数据。

7.2.5　ROM 应用举例

ROM 属于组合逻辑电路，可以存储数据或程序，也可以实现多输入、多输出的组合逻辑函数等。在组合逻辑函数设计时，根据逻辑函数的输入列出真值表，函数输入与 ROM 地址输入连接，函数输出是 ROM 中内容。

【例 7-2-1】　简单的模型计算机要完成 4 条指令，具体有数据传送 LD、2 个立即数相加 ADD、2 个立即数相减 SUB 以及暂停 HALT，4 条指令操作码和操作数见表 7-2-1。试编写表 7-2-1 的 Verilog 程序，并编写 ModelSim 仿真程序；给出 ModelSim 仿真结果，并用仿真界面提供的 Memory List 查看 ROM 存储值。

表 7-2-1　模型计算机的 ROM 内容

地　　址			ROM 内容							
A_2	A_1	A_0	D_7	D_6	D_5	D_4	D_3	D_2	D_1	D_0
0	0	0	1	0	1	1	0	1	1	0
0	0	1	0	0	0	0	0	1	1	0
0	1	0	1	1	0	0	0	1	1	0
0	1	1	0	0	0	0	0	1	1	1

续表

地 址			ROM 内容							
A_2	A_1	A_0	D_7	D_6	D_5	D_4	D_3	D_2	D_1	D_0
1	0	0	1	1	0	1	0	1	1	0
1	0	1	0	0	0	0	0	1	0	1
1	1	0	1	1	1	0	0	1	1	0

解：由表 7-2-1 可知，7 个存储单元需要 3 条地址线，数据线为 8 条，同时需要低有效的片选信号，ROM 框图见图 7-2-12。要想用 Memory List 查看 ROM 存储值，需要定义存储阵列，见图 7-2-13 中 12 行：

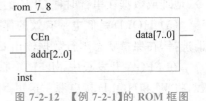

图 7-2-12 【例 7-2-1】的 ROM 框图

```
reg [N-1:0] rom_mem [0:W-1];
```

该语句定义了 W 个地址单元，每个地址单元是 N 位数据，存储阵列为 $W \times N$。

图 7-2-13 是实现表 7-2-1 的 Verilog 程序，其中 14～18 行是对 rom_mem 存储阵列赋值。图 7-2-14 是 ModelSim 仿真程序，仿真结果见图 7-2-15，对比表 7-2-1 说明仿真结果正确。用图 7-2-15 仿真界面提供的 Memory List，单击可查看 ROM 存储值，见图 7-2-16。

```
1  module rom_7_8(
2  input wire CEn,
3  input wire [2:0] addr,
4  output reg  [7:0] data );
5
6  parameter N = 8, W = 7;
7  parameter LN = W*N - 1;
8  parameter data_mem = 56'hb606c607d605e6;
11 //define memory array
12 reg [N-1:0] rom_mem [0:W-1];
13 //initial W cell, cell length: N bits
14 integer i;
15 initial begin
16 for (i=0;i<W;i=i+1)
17   rom_mem [i] = data_mem [(LN - N*i)-:N];
18 end
19 //read addr cell
20 always @ ( * ) begin
21 if ( CEn == 0 )
22    data <= rom_mem [addr];
23 else
24    data <= 8'bzzzz_zzzz;
25 end
26 endmodule
```

图 7-2-13 【例 7-2-1】的 Verilog 程序

```
`timescale 1ns/100ps
module rom_7_8_tb();
   reg CEn;
   reg [2:0] addr;
   wire [7:0] data;
rom_7_8 DUT(
   .CEn (CEn),
   .addr (addr),
   .data (data) );
initial begin
  #240 $stop;
end
initial begin
   CEn = 1'b1;
   CEn = #10 1'b0;
   CEn = #220 1'b1;
end
initial begin
   addr =      3'b000;
   addr = #40 3'b001;
   addr = #20 3'b010;
   addr = #20 3'b011;
   addr = #20 3'b100;
   addr = #20 3'b101;
   addr = #20 3'b110;
   addr = #20 3'b111;
   addr = #20 3'b000;
   addr = #20 3'b001;
end
endmodule
```

图 7-2-14 【例 7-2-1】的仿真程序

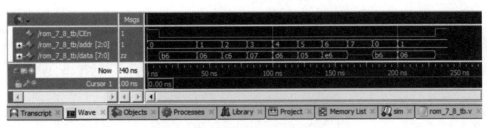

图 7-2-15 【例 7-2-1】的仿真结果

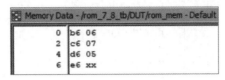

图 7-2-16 【例 7-2-1】Memory Data 中数据

【**例 7-2-2**】 用 ROM 实现共阳七段数码管译码显示的电路如图 7-2-17 所示,其中 $A_3 \sim A_0$ 是 4 条地址线,CEn 是低有效使能输入信号;低有效的七段输出 an～gn 分别连接数码管 a～g,公共端 dig 连接 PNP 三极管的基极,当 dig 为低电平时 PNP 三极管导通,数码管的公共端接通 3.3V 电源,可显示字型。共阳七段数码管要显示的字型如图 7-2-18 所示。试求:

(1) 列出地址 $A_3 \sim A_0$ 与七段输出 an～gn 的 ROM 内容表;

(2) 编写实现上述功能的 Verilog 程序,并编写 ModelSim 仿真程序;

(3) 给出 ModelSim 仿真结果,并用仿真界面提供的 Memory List 查看 ROM 存储值。

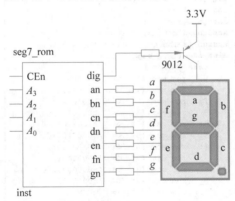

图 7-2-17 【例 7-2-2】共阳七段数码管原理图

图 7-2-18 【例 7-2-2】共阳七段数码管显示字型

解:(1) 根据题目要求,可列出七段共阳数码管显示译码 ROM 内容见表 7-2-2。

(2) 图 7-2-19 是实现表 7-2-2 的 Verilog 程序,其中 rom_mem 存储阵列是 7×16 位,用 case 语句赋值。图 7-2-20 是 ModelSim 仿真程序。

表 7-2-2 七段共阳数码管显示译码 ROM 内容

地　　址				ROM 内容						
A_3	A_2	A_1	A_0	an	bn	cn	dn	en	fn	gn
0	0	0	0	0	0	0	0	0	0	1
0	0	0	1	1	0	0	1	1	1	1
0	0	1	0	0	0	1	0	0	1	0
0	0	1	1	0	0	0	0	1	1	0
0	1	0	0	1	0	0	1	1	0	0
0	1	0	1	0	1	0	0	1	0	0
0	1	1	0	0	1	0	0	0	0	0
0	1	1	1	0	0	0	1	1	1	1
1	0	0	0	0	0	0	0	0	0	0
1	0	0	1	0	0	0	1	1	0	0
1	0	1	0	0	0	1	0	0	0	0
1	0	1	1	1	1	0	0	0	0	0
1	1	0	0	1	1	1	0	0	1	0
1	1	0	1	1	0	1	0	1	0	0
1	1	1	0	1	0	0	0	0	1	0
1	1	1	1	0	1	1	1	0	0	0

```verilog
//ROM实现共阳7段数码管译码显示
module seg7_rom(
input  CEn,
input  A3,A2,A1,A0,
output dig,
output an,bn,cn,dn,en,fn,gn
);
wire [3:0] addr;
reg [6:0] rom_mem [0:15];
reg [6:0] data;
assign dig =1'b0;
assign addr ={A3,A2,A1,A0};
assign {an,bn,cn,dn,en,fn,gn} = data;
always @ ( * ) begin
    case ( addr )
    0:  rom_mem [0]  <= 7'b0000001;
    1:  rom_mem [1]  <= 7'b1001111;
    2:  rom_mem [2]  <= 7'b0010010;
    3:  rom_mem [3]  <= 7'b0000110;
    4:  rom_mem [4]  <= 7'b1001100;
    5:  rom_mem [5]  <= 7'b0100100;
    6:  rom_mem [6]  <= 7'b0100000;
    7:  rom_mem [7]  <= 7'b0001111;
    8:  rom_mem [8]  <= 7'b0000000;
    9:  rom_mem [9]  <= 7'b0001100;
    10: rom_mem [10] <= 7'b0001000;
    11: rom_mem [11] <= 7'b1100000;
    12: rom_mem [12] <= 7'b1110010;
    13: rom_mem [13] <= 7'b1000010;
    14: rom_mem [14] <= 7'b0110000;
    15: rom_mem [15] <= 7'b0111000;
    endcase
end
always @ ( * ) begin
  if ( CEn == 0 )
        data <= rom_mem [addr];
  else
        data <= 7'bzzzzzzz;
  end
endmodule
```

图 7-2-19 【例 7-2-2】的 Verilog 程序

```
`timescale 1 ns/ 100 ps                initial begin
module seg7_rom_tb();                       A3 = 1'b0;
reg A0;                                     A3 = #360 1'b1;
reg A1;                                     A3 = #320 1'b0;
reg A2;                                 end
reg A3;                                 initial begin
reg CEn;                                    A2 = 1'b0;
wire an;                                    A2 = #200 1'b1;
wire bn;                                    # 160;
wire cn;                                    repeat(2)
wire dig;                                   begin
wire dn;                                        A2 = 1'b0;
wire en;                                        A2 = #160 1'b1;
wire fn;                                        # 160;
wire gn;                                    end
seg7_rom DUT (                          end
    .A0(A0),                            initial begin
    .A1(A1),                                A1 = 1'b0;
    .A2(A2),                                A1 = #120 1'b1;
    .A3(A3),                                # 80;
    .CEn(CEn),                              repeat(5) begin
    .an(an),                                    A1 = 1'b0;
    .bn(bn),                                    A1 = #80 1'b1;
    .cn(cn),                                    # 80;
    .dig(dig),                              end
    .dn(dn),                            end
    .en(en),                            initial begin
    .fn(fn),                                A0 = 1'b0;
    .gn(gn)                                 A0 = #80 1'b1;
);                                          # 40;
initial begin                               repeat(11) begin
#700 $stop;                                     A0 = 1'b0;
end                                             A0 = #40 1'b1;
initial begin                                   # 40;
    CEn = 1'b1;                              end
    CEn = #40 1'b0;                     end
end                                     endmodule
```

图 7-2-20　【例 7-2-2】的仿真程序

（3）仿真结果见图 7-2-21，对比表 7-2-2 说明仿真结果正确；在图 7-2-21 中，地址变化有红颜色状态不定情况。用图 7-2-21 仿真界面提供的 Memory List，单击可查看 ROM 存储值，见图 7-2-22。将表 7-2-2 与图 7-2-22 对比，说明仿真是正确的。

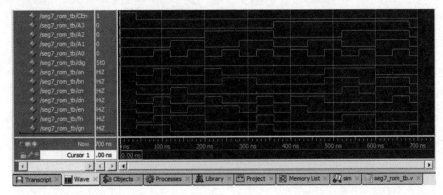

图 7-2-21　【例 7-2-2】的仿真结果

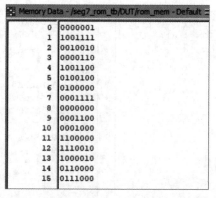

图 7-2-22 【例 7-2-2】的 Memory Data 中数据

7.3 随机存取存储器

随机存取存储器可以随时从任意指定地址存入(写入)或取出(读出)信息。按工作原理的不同,随机存取存储器分为静态随机存取存储器和动态随机存取存储器。在计算机中,SRAM 用于高速缓冲存储器,DRAM 用于主存储。按所用器件不同,SRAM 又分为双极型 SRAM 和 MOS 型 SRAM。

RAM 的优点是能够快速地读出和写入;缺点是易失性,断电时将丢失所有的存储信息。

7.3.1 静态随机存取存储器

1. 静态随机存取存储器的结构和工作原理

静态随机存取存储器由存储矩阵、地址译码器和读/写控制电路三部分电路组成,其结构框图如图 7-3-1 所示。在静态随机存取存储器中,存储矩阵由许多存储单元构成,这些存储单元按行、列有规律排列,构成阵列。在存储矩阵中,每个存储单元能存储 1 位二值数据信息(1 或 0),在地址译码器和读/写控制电路的控制下,既可以向存储单元写入 1 或 0,又可以将存储单元中的数据读出。

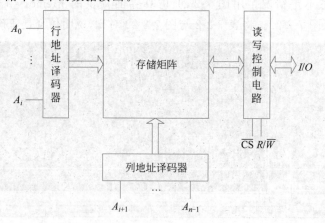

图 7-3-1 SRAM 的结构框图

地址译码器分成行地址译码器和列地址译码器两部分。行地址译码器将输入地址代码的若干位译成某一条字线的输出高、低电平信号,从存储矩阵中选中一行存储单元;列地址译码器将输入地址代码的其余几位译成某一条输出线上的高、低电平信号,从字线选中的一行存储单元中再选 1 位(或几位),使这些被选中的单元在读/写控制电路的控制下与输入/输出端接通,实现对这些单元的读或写操作。

读/写控制电路用于对存储单元的读/写操作进行控制。当读/写控制信号 $R/\overline{W}=1$ 时,执行读操作,将存储单元里的数据送到输入/输出端。当读/写控制信号 $R/\overline{W}=0$ 时,执行写操作,将输入/输出端上的数据写入存储单元中。

读/写控制电路中 $\overline{CS}$ 是片选输入控制端。当 $\overline{CS}=0$ 时,SRAM 可以进行正常的读/写操作;当 $\overline{CS}=1$ 时,所有的输入/输出端均为高阻态,对 SRAM 不可以进行读/写操作。

2. SRAM 的存储单元

图 7-3-2 是 SRAM 的存储单元,由锁存器构成,属于时序逻辑电路。

以图 7-3-2(b)为例说明 SRAM 存储单元工作原理。M_1 和 M_2、M_3 和 M_4 是两个 CMOS 型非门,将输入和输出交叉连接构成锁存器,用于保存 1 位二进制数值。M_5 和 M_6 是由字线控制的门控管,当字线为 1 时,M_5 和 M_6 导通,锁存器输出与位线连接;当字线为 0 时,M_5 和 M_6 截止,锁存器输出与位线断开。

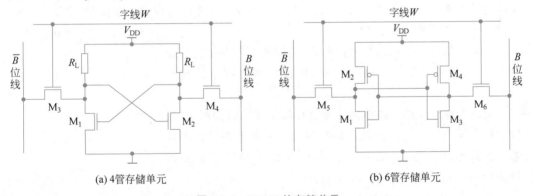

图 7-3-2　SRAM 的存储单元

3. SRAM 芯片举例

下面以存储容量 256Kb 的 SRAM 62C256 为例说明 SRAM 特点。62C256 曾经用于 8 位 CPU 芯片扩展 RAM。图 7-3-3 是 62C256 的 SRAM 的引脚图,图 7-3-4 是结构图;62C256 存储容量为 32K×8,地址线 15 条,数据线 8 条;在读写信号 $\overline{WE}$、输出使能 $\overline{OE}$ 和片选信号 $\overline{CS}$ 的控制下进行 8 位数据的读或写操作。

7.3.2　动态随机存取存储器

动态随机存取存储器由 MOS 工艺制造,特点是集成度高、存储容量大。动态随机存取存储器不像静态随机存取存储器那样把信息存储在锁存器中,而是存储在一个小的电容中通过充放电来存储 1 或 0。为防止因电荷泄漏而丢失信息,需要周期性地对这种存储器的内容进行重写,称为刷新。

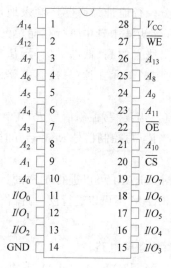

图 7-3-3　SRAM 62C256 引脚图

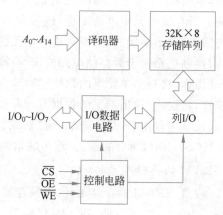

图 7-3-4　SRAM 62C256 结构图

1. 动态随机存取存储器的存储单元

图 7-3-5 是单管动态 MOS 存储单元电路,由门控管 M 和 C_S 构成。在写入数据时,字线为高电平,M 导通;如果位线数据为 1,对电容 C_S 充电。在读出数据时,字线为高电平,M 导通,如果存储数据为 0,位线为 0。

单管存储单元的电路结构简单,但需要使用较灵敏的读出放大器,而且每次读出后必须刷新,因而外围控制电路比较复杂。

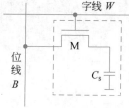

图 7-3-5　单管 DRAM 的存储单元

动态存储单元的电路结构比静态存储单元的结构简单,所以动态存储单元可以达到很高的集成度;但动态存储器不如静态存储器使用方便,而存取数据速度也比静态存储器慢得多。

2. 动态随机存取存储器芯片举例

在 FPGA 开发板中经常使用同步动态随机存取存储器(Synchronous Dynamic Random Access Memory,SDRAM),同步是指存储器工作需要同步时钟,内部命令的发送与数据传输都以同步时钟为基准。FPGA 型号不同、使用 SDRAM 芯片也不同。例如,Altera Cyclone Ⅳ E 的 EP4CE10 芯片使用 256Mb 的 SDRAM,具体有 W9825G6KH、H57V2562GTR 等;Xilinx Artix-7 系列 XC7A35TFGG484 的 FPGA 芯片可以使用 2Gb DDR3 SDRAM,芯片型号为 NT5CB128M16IP,其中 DDR 是 Double Data Rate 的简写,为双数据率。

下面以 Cyclone Ⅳ E 的 EP4CE10 使用 256Mb 的 SDRAM 芯片 H57V2562GTR 为例说明 SDRAM 特点和结构。图 7-3-6 是 16M×16 位 SDRAM 原理图,图 7-3-7 是 16M×16 位 SDRAM 框图,其中:行地址线为 13 条 $A_{12} \sim A_0$,列地址线为 9 条,数据线为 16 条,这是 1 个 Bank 的存储阵列 4M×16 位;BA1 和 BA0 为 Bank 选择线,控制 4 个 Bank 的

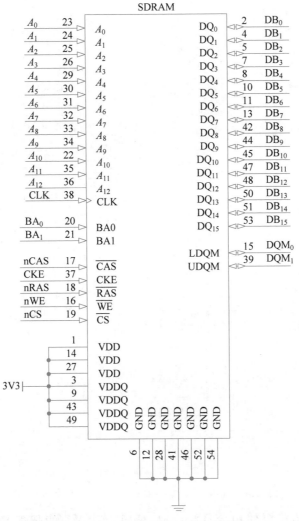

图 7-3-6　16M×16 位 SDRAM 原理图

选择。

对 4M×4Bank×16 位 SDRAM 的读或写,由 BA1 和 BA0 选择 Bank;$\overline{RAS}$ 为低有效的行地址选通信号线,当地址输入端是行地址 $A_{12} \sim A_0$ 时,用$\overline{RAS}$信号将其送入行地址缓冲器;$\overline{CAS}$ 为列地址选通信号线,当地址输入端是列地址 $A_8 \sim A_0$ 时,用$\overline{CAS}$信号将其送入列地址缓冲器。如果要用 FPGA 设计 SDRAM 控制器,需要阅读 H57V2562GTR 数据手册。

7.3.3　RAM 应用举例

RAM 的存储单元是由锁存器构成的,属于时序逻辑电路,可以存储数据或程序,也可以实现多输入、多输出的逻辑函数等。与 ROM 不同的是,RAM 掉电后存储的数据或程序消失。

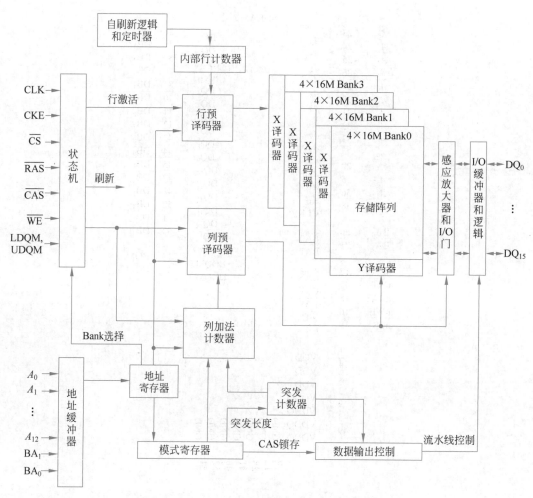

图 7-3-7　16M×16 位 SDRAM H57V2562GTR 框图

【例 7-3-1】　当需要使用少量汉字时,通过设计汉字点阵字模,实现汉字显示。图 7-3-8 是汉字"东"点阵字模,常用的是 16×16 点阵,见图 7-3-8(a);也可以根据需要自定义点阵字库的大小,图 7-3-8(b)是 20×16 点阵。由图 7-3-8(b)得到 20 行的点阵数据 $D_{15} \sim D_0$,见表 7-3-1。

(a) 汉字"东"16×16点阵　　　　(b) 汉字"东"20×16点阵

图 7-3-8　汉字"东"点阵字模

表 7-3-1　汉字"东"20×16 点阵 RAM 内容

地址					数据		地址					数据	
A_4	A_3	A_2	A_1	A_0	$D_{15}\sim D_8$	$D_7\sim D_0$	A_4	A_3	A_2	A_1	A_0	$D_{15}\sim D_8$	$D_7\sim D_0$
0	0	0	0	0	00	00	0	1	0	1	0	3F	FC
0	0	0	0	1	00	00	0	1	0	1	1	00	80
0	0	0	1	0	01	80	0	1	1	0	0	00	80
0	0	0	1	1	03	00	0	1	1	0	1	0C	90
0	0	1	0	0	7F	FE	0	1	1	1	0	08	88
0	0	1	0	1	06	00	0	1	1	1	1	10	86
0	0	1	1	0	04	00	1	0	0	0	0	20	83
0	0	1	1	1	08	80	1	0	0	0	1	43	80
0	1	0	0	0	08	80	1	0	0	1	0	03	80
0	1	0	0	1	10	80	1	0	0	1	1	00	00

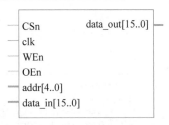

图 7-3-9　汉字 RAM 引脚图

试用 RAM 设计一个能实现表 7-3-1 汉字字模,其中数据为十六进制表示,4 位二进制为 1 位十六进制,RAM 引脚见图 7-3-9;其中 CSn 是低有效片选输入信号,当 CSn 为低电平时,RAM 正常读写;当 CSn 为高电平时,RAM 不工作且高阻输出;WEn 是写使能控制信号,当 WEn 为低电平时,将 data_in 的 16 位数据送入地址 $A_4\sim A_0$ 指定的存储单元;OEn 是输出使能控制信号,当 OEn 为低电平且 WEn 为高电平时,将地址 $A_4\sim A_0$ 指定的存储单元中的数据 $D_{15}\sim D_0$ 输出到 data_out,否则高阻输出。

要求完成如下工作:

(1) 用文本文件 dong. txt 保存表 7-3-1 数据,采用十六进制且每行是 $D_{15}\sim D_0$;

(2) 编写用 RAM 实现的满足上述要求的 Verilog 程序;

(3) 编写 ModelSim 仿真程序,要求用 \$readmemh 语句,调用 dong. txt 为 RAM 赋初值;

(4) 给出 ModelSim 仿真结果,并用仿真界面提供的 Memory List 查看 RAM 存储值。

解:(1) 根据题目要求,dong. txt 中内容见图 7-3-10,由于汉字点阵是 20×16,因此文本文件为 20 行,表 7-3-1 是十六进制表示,可以直接加入 txt 文件。

(2) 满足题目要求的用 RAM 实现 20×16 点阵汉字的 Verilog 程序见图 7-3-11。

(3) 满足题目要求的用 ModelSim 实现仿真的 Verilog 程序见图 7-3-12。其中

```
$ readmemh ("d:/ram20_16/dong.txt",DUT.ram_mem);
```

这是从 dong. txt 文件中,读取十六进制数,将读出的 4 位十六进制数(16 位二进制数)保存在存储阵列 ram_mem 中。

(4) 仿真结果见图 7-3-13,在 0~400ns 中,是读 ram_mem 中数据,对比表 7-3-1 数值,说明仿真结果正确;在 445~465ns 中将 data_in 的数据 ffff 写入地址 $A_4\sim A_0$ 为 0 的单元中。

1	0000
2	0000
3	0180
4	0300
5	7FFE
6	0600
7	0400
8	0880
9	0880
10	1080
11	3FFC
12	0080
13	0080
14	0C90
15	0888
16	1086
17	2083
18	4380
19	0300
20	0000

图 7-3-10   dong. txt 中内容

```verilog
module ram20_16(
input  wire CSn,
input  wire clk,
input  wire WEn,
input  wire OEn,
input  wire [4:0] addr,
input  wire [15:0] data_in,
output reg  [15:0] data_out );
//define RAM cell array
reg [15:0] ram_mem [0:19];
always @ ( posedge clk) begin
    if ( CSn == 1'b0 ) begin
        if (WEn == 1'b0)
            ram_mem [addr] <= data_in;
            else if ( OEn == 1'b0 )
                data_out <= ram_mem [addr];
            else
                data_out <= 16'hzzzz;
        end
    else data_out <= 16'hzzzz;
end
endmodule
```

图 7-3-11   【例 7-3-1】RAM 实现 20×16 点阵 Verilog 程序

```verilog
`timescale 1ns/100ps
module ram20_16_tb();
    reg  CSn,clk,WEn,OEn;
    reg  [4:0] addr;
    reg  [15:0] data_in;
    wire [15:0] data_out;
ram20_16 DUT(
    .CSn  (CSn),
    .clk  (clk),
    .WEn  (WEn),
    .OEn  (OEn),
    .addr (addr),
    .data_in (data_in),
    .data_out (data_out));
initial begin
    $readmemh ("d:/ram20_16/dong.txt",
    DUT.ram_mem);
end
initial begin
    CSn = 1'b0;
    clk = 1'b0;
    OEn = 1'b0;
    WEn = 1'b1;
    data_in =16'hFFFF;
end
always #10 clk = ~clk;
initial begin
  OEn = #405 1'b1;
  #20; CSn = 1'b1;
  #20; CSn = 1'b0; OEn = 1'b0; WEn = 1'b0;
  #20; CSn = 1'b0; OEn = 1'b0; WEn = 1'b1;
end
initial begin
  addr[4] = 1'b0;
  addr[4] = #320 1'b1;
```

```verilog
  addr[4] = #80 1'b0;
end
initial begin
  addr[3] = 1'b0;
  addr[3] = #160 1'b1;
  addr[3] = #160 1'b0;
end
initial begin
  repeat(2) begin
    addr[2] = 1'b0;
    addr[2] = #80 1'b1;
    # 80;
  end
  addr[2] = 1'b0;
end
initial begin
  repeat(5) begin
    addr[1] = 1'b0;
    addr[1] = #40 1'b1;
    # 40;
  end
  addr[1] = 1'b0;
end
initial begin
  repeat(10) begin
    addr[0] = 1'b0;
    addr[0] = #20 1'b1;
    # 20;
  end
  addr[0] = 1'b0;
end
initial begin
  #500 $stop;
end
endmodule
```

图 7-3-12   【例 7-3-1】RAM 的 ModelSim 仿真程序

用图 7-3-13 仿真界面提供的 Memory List,单击可查看 RAM 存储值,见图 7-3-14。将表 7-3-1 数值与图 7-3-14 对比,地址为 0 的单元重新写入了 ffff,与表 7-3-1 不一致,这是因为在 445～465ns 中,将 data_in 的数据 ffff 写入地址 A_4～A_0 为 0 的单元中,说明 RAM 仿真读写是正确的。

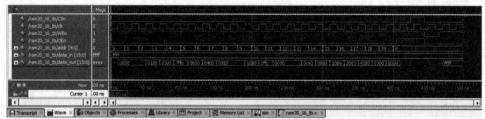

图 7-3-13　【例 7-3-1】RAM 的 20×16 点阵汉字 ModelSim 仿真结果

0	ffff	0000	0180	0300	7ffe
5	0600	0400	0880	0880	1080
10	3ffc	0080	0080	0c90	0888
15	1086	2083	4380	0300	0000

图 7-3-14　【例 7-3-1】Memory Data 中数据

先进先出(First In First Out,FIFO)存储器是指具有先存入的数据也被先读出的存储器,主要用于在不同时钟、不同数据宽度的数据之间进行交换。FIFO 通常分为同步 FIFO 和异步 FIFO,同步 FIFO 是指读和写用同一时钟,异步 FIFO 的读和写是独立的,分别用不同的时钟。

【例 7-3-2】　用 Verilog 设计一个 8×8 同步 FIFO 存储器,输入和输出端口见图 7-3-15,字数共有 8 个存储单元,每个存储单元存放一个 8 位数据。其中:

(1) EMPTYn 是空标志位输出信号,低有效;当 EMPTYn 为低电平时,说明 FIFO 存储器中无数据,不能进行读操作。

(2) FULL 是满标志位输出信号,高有效;当 FULL 为高电平时,说明 FIFO 存储器中数据已满,不能进行写操作。

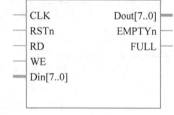

图 7-3-15　8×8 同步 FIFO 的框图

(3) RD 是读使能输入信号,高有效;当 RD 为高电平时允许读出 FIFO 中数据。

(4) WE 是写使能输入信号,高有效;当 WE 为高电平时允许向 FIFO 写入数据。

解:同步 FIFO 存储器读写数据共用一个时钟 CLK,数据写入端口是 D_{in},数据读出端口是 D_{out};由于没有地址输入,写数据由写指针计数器指向写存储单元,读数据由读指针指向读存储单元。

写操作时,写使能信号有效,WE 为高电平,输入数据 D_{in} 写入写指针指向的存储单元,之后写指针计数器加1。当全部存储单元被写满时,将高有效的满标志信号 FULL 置为高电平。

读操作时,读使能信号有效,RD 为高电平,从读指针指向的存储单元读出数据到 D_{out},之后读指针计数器加 1。当存储单元中的数据全部被读出,将低有效的空标志信号 EMPTYn 置为低电平。

8 个存储单元的 FIFO 存储器的 Verilog 程序见图 7-3-16。

```verilog
module fifo(
 input  wire CLK,
 input  wire RSTn,
 input  wire RD,
 input  wire WE,
 input  wire [7:0] Din,
 output reg  [7:0] Dout,
 output reg  EMPTYn,
 output reg  FULL  );
 parameter DEPTH = 4'd8;
 reg [3:0] count;
 reg [2:0] RDpointer;
 reg [2:0] WEpointer;
 reg [7:0] fifomem [0:DEPTH-1];
//set write pointer
always @ ( posedge CLK
      or negedge RSTn ) begin
 if ( RSTn == 1'b0)
   WEpointer <= 0;
   else if ((WE == 1'b1) &&
 (FULL == 1'b0) && (WEpointer<DEPTH))
   WEpointer <= WEpointer + 1;
   else WEpointer <= 0;
 end
//write data
always @ ( posedge CLK ) begin
 if( (WE==1'b1) && (FULL==1'b0) )
   fifomem[WEpointer] <= Din;
 end
//set  read pointer
always @ ( posedge CLK
       or negedge RSTn ) begin
 if ( !RSTn )
   RDpointer <= 0;
   else if( (RD == 1'b1) &&  (EMPTYn
 == 1'b1) && (RDpointer < DEPTH))
    RDpointer <= RDpointer + 1;
    else RDpointer <= 0;
 end
```

```verilog
//read data
always @ ( posedge CLK )
 begin
 if ((RD == 1'b1) &&
    (EMPTYn == 1'b1))
   Dout <= fifomem[RDpointer];
 end
//set counter
always @ ( posedge CLK )
 begin
 if ( RSTn == 1'b0)
   count <= 0;
   else begin
   case ( {RD,WE} )
 2'b00: count <= count;
 2'b01: if( count!== DEPTH)
      count<=count+1;
 2'b10: if(count!== 0)
      count <= count-1;
 2'b11: count <= count;
   endcase
   end
 end
//set empty flag
always @ ( count ) begin
 if( count == 0 )
   EMPTYn <=1'b0;
 else
   EMPTYn <=1'b1;
 end
//set full flag
always @ ( count ) begin
 if ( count == DEPTH )
   FULL <= 1'b1;
 else
   FULL <= 1'b0;
 end
endmodule
```

图 7-3-16 【例 7-3-2】FIFO 的 Verilog 程序

根据读信号 RD 和写信号 WE 的不同值,有四种状态:

(1) 当 RD=0,WE=0 时,不需要读数据,也不需要写数据,状态计数器 count 保持原值;

(2) 当 RD=0,WE=1 时,不需要读数据,需要写数据,状态计数器 count 加 1;

(3) 当 RD=1,WE=0 时,需要读数据,不需要写数据,状态计数器 count 减 1;

(4) 当 RD=1,WE=1 时,需要读数据,也需要写数据,状态计数器 count 保持原值。

根据状态计数器 count 的值,设置标志状态;当 count＝0 时,空标志信号 EMPTYn 有效,为低电平;当 count 等于存储器字数 8 时,满标志信号 FULL 有效,为高电平。

用 ModelSim 实现仿真的 Verilog 程序见图 7-3-17。

```
`timescale 1 ns/ 100 ps
module fifo_tb ( );
reg  CLK;
reg  RD;
reg  RSTn;
reg  WE;
reg  [7:0] Din;
wire [7:0] Dout;
wire EMPTYn;
wire FULL;
fifo DUT (
    .CLK     (CLK),
    .RSTn    (RSTn),
    .Din     (Din),
    .Dout    (Dout),
    .EMPTYn  (EMPTYn),
    .FULL    (FULL),
    .RD      (RD),
    .WE      (WE)
);
```

```
reg [7:0] i;
initial begin
    i = 8'h10 ;
    repeat(30)
    begin
        Din = i;
        #20;
        i = i + 1;
    end
end
initial begin
    RSTn = 1'b0;
    RSTn = #20 1'b1;
end
always begin
    CLK = 1'b0;
    CLK = #10
1'b1;
    #10;
end
```

```
initial begin
#600 $stop;
end
initial begin
    WE =      1'b0;
    WE = #40 1'b1;
    WE = #180 1'b0;
    WE = #240 1'b1;
    WE = #80 1'b0;
end
initial begin
    RD =      1'b0;
    RD = #260 1'b1;
    RD = #180 1'b0;
    RD = #60 1'b1;
end
endmodule
```

图 7-3-17 【例 7-3-2】FIFO 的 ModelSim 仿真程序

仿真结果见图 7-3-18,在 0～20ns 中,复位信号 RSTn 有效,为低电平,空标志有效为 0,满标志无效为 0。在 40～220ns 中,写 WE 有效为 1,读 RD 无效为 0,将前 8 个输入数据写入存储单元,在第 9 个数据写入时、满标志有效为 1,存储单元不能再写入数据,在存储单元写入第 1 个数据时空标志无效为 1。在 220～260ns 中,WE 无效为 0,RD 无效为 0,状态不变,标志位不变。在 260～440ns 中,写 WE 无效为 0,读 RD 有效为 1,读取 8 个存储单元数据,在读第 8 个数据时、空标志有效为 0,不能再读取存储单元数据。在 500～540ns 中,写 WE 有效为 1,读 RD 有效为 1,在写入数据的同时,也读取数据。观察写入数据和读出数据,以及标志位,说明仿真结果正确。

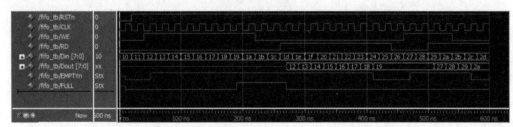

图 7-3-18 【例 7-3-2】FIFO 的 ModelSim 仿真结果

习题

7-1 半导体存储器通常可分为哪些类型?分类的依据是什么?

7-2 试比较动态 RAM 与静态 RAM 的优缺点?

7-3 有一个容量为 16K×32 的存储器,试问这个存储器可以存储多少个字? 每个字的位数是多少? 这个存储器包含多少个存储单元?

7-4 一个具有 16 个地址输入端,8 个数据输入端,8 个数据输出端的存储器的容量是多少?

7-5 ROM 点阵图 7-P-1 所示,地址线上波形图如图 7-P-2 所示,画出 $D_3 \sim D_0$ 的波形图。

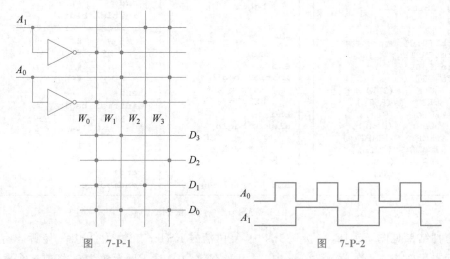

图 7-P-1   图 7-P-2

7-6 用 ROM 设计实现下列逻辑函数,画出存储器矩阵的点阵图。

$$Y_1 = \overline{A}\overline{B}C + \overline{A}B\overline{C} + A\overline{B}\overline{C} + ABC$$

$$Y_2 = AC + BC$$

$$Y_3 = \overline{A}\overline{B}\overline{C}D + \overline{A}\overline{B}CD + \overline{A}BC\overline{D} + A\overline{B}\overline{C}D + AB\overline{C}D + ABCD$$

$$Y_4 = ABC + ABD + ACD + BCD$$

7-7 由 16×4 位 ROM 和 4 位二进制加法计数器 74LS161 组成电路如图 7-P-3 所示,ROM 输入和输出关系如表 7-P-1 所示,试画出在 CLK 信号作用下 D_3、D_2、D_1、D_0 的波形。

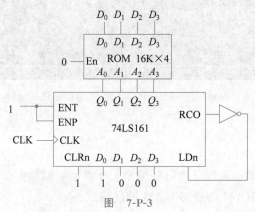

图 7-P-3

表　7-P-1

地 址 输 入				数 据 输 出			
A_3	A_2	A_1	A_0	D_3	D_2	D_1	D_0
0	0	0	0	1	1	1	1
0	0	0	1	0	0	0	0
0	0	1	0	0	0	1	1
0	0	1	1	0	1	0	0
0	1	0	0	0	1	0	1
0	1	0	1	1	0	1	0
0	1	1	0	1	0	0	1
0	1	1	1	1	0	0	0
1	0	0	0	1	1	1	1
1	0	0	1	1	1	0	0
1	0	1	0	0	0	0	1
1	0	1	1	0	0	1	0
1	1	0	0	0	0	0	1
1	1	0	1	0	1	0	0
1	1	1	0	0	1	1	1
1	1	1	1	0	0	0	0

7-8　图 7-P-4 是 16×16 点阵汉字"大学"的点阵字模,试用 RAM 设计一个能实现表 7-P-2 汉字字模,其中数据为十六进制表示。要求完成如下工作:

(1) 用文本文件 daxue. txt 保存表 7-P-2 数据,采用十六进制且每行是 $D_{31} \sim D_0$;

(2) 编写用 RAM 实现的满足上述要求的 Verilog 程序;

(3) 编写 ModelSim 仿真程序,要求用 $ readmemh 语句,调用 daxue. txt 给 RAM 赋初值;

(4) 给出 ModelSim 仿真结果,并用仿真界面提供的 Memory List 查看 RAM 存储值。

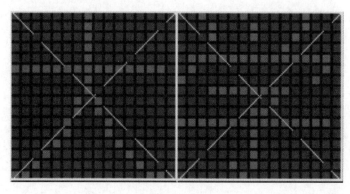

图　7-P-4

表 7-P-2

A_3	A_2	A_1	A_0	$D_{31} \sim D_{16}$	$D_{15} \sim D_0$	A_3	A_2	A_1	A_0	$D_{31} \sim D_{16}$	$D_{15} \sim D_0$
0	0	0	0	0100	2208	1	0	0	0	0280	0040
0	0	0	1	0100	1108	1	0	0	1	0280	0180
0	0	1	0	0100	1110	1	0	1	0	0440	FFFE
0	0	1	1	0100	0020	1	0	1	1	0440	0100
0	1	0	0	0100	7FFE	1	1	0	0	0820	0100
0	1	0	1	FFFE	4002	1	1	0	1	1010	0100
0	1	1	0	0100	8004	1	1	1	0	2008	0500
0	1	1	1	0100	1FE0	1	1	1	1	C006	0200

7-9　用 Verilog 设计一个 16×8 同步 FIFO 存储器,字数共有 16 个存储单元,每个存储单元存放一个 8 位数据。

第8章

数字系统设计基础

8.1 数字系统概述

8.1.1 数字系统的基本概念

采用各种功能的逻辑电路实现的数字信息处理、传输、控制的数字逻辑单元集合称为数字系统。数字系统一般由控制子系统和数据子系统构成,如图 8-1-1 所示。

图 8-1-1　数字系统的结构

数据子系统(也称数据处理器)由寄存器和组合电路构成,寄存器用于暂存信息,组合电路实现对数据的加工和处理。在一个操作步骤,控制子系统发出命令信号给数据子系统,数据子系统完成命令信号所规定的操作。在下一个操作步骤,控制子系统发出另外一组命令信号,命令数据子系统完成相应的操作。通过多步操作(也称操作序列),数字系统完成一个操作任务,控制子系统接收数据子系统的状态信息及外部输入来选择下一个操作步骤。

控制子系统(也称控制器)决定数据子系统的操作和操作序列。控制子系统决定操作步骤,它根据外部输入控制信号和数据子系统的状态信号来确定下一个操作步骤。控制子系统控制数字系统的整个操作进程。

控制器是数字系统的核心,有无控制器是区分数字系统和逻辑功能部件的重要标志。凡是有控制器且能按照一定时序进行操作的,不论规模大小,均称为数字系统。凡是没有控制器,不能按照一定时序操作,不论规模有多大,均不能作为一个独立的数字系统,只能作为一个完成某一特定任务的逻辑功能部件,如加法器、译码器、寄存器、存储器等。

8.1.2 数字系统设计的一般过程

数字系统与逻辑功能部件的设计方法是不同的。逻辑功能部件采用“自底向上”的设计方法,先按照任务要求建立真值表或状态表,给出逻辑功能描述,再进行逻辑函数化简,最后完成逻辑电路设计。数字系统则采用“自顶向下”的设计方法,这里的“顶”是指系统的功能,“向下”是指将系统功能由大到小进行分解,直至可以用基本逻辑功能部件来实现。“自顶向下”的设计方法如图 8-1-2 所示。

1. 确定系统功能

确定系统功能是对要设计的系统的任务、要求、原理以及使用环境等进行充分调研,进而明确设计目标、确定系统功能。

2．确定总体方案

数字系统总体方案将直接影响整个数字系统的质量与性能，总体方案需要综合考虑系统功能要求、系统使用要求和系统性能价格比，考虑不同的侧重点，可以得出不同的设计方案。同一功能的系统可以有多种工作原理和实现方法。应根据实际问题以及工作经验对各个方案进行比较，从中选出最优方案。

3．确定系统结构

系统方案确定以后，再从结构上对系统进行逻辑划分，确定系统的结构框图。具体方法是根据数据子系统和控制子系统各自功能特点，把系统从逻辑上划分为数据子系统和控制子系统两部分。逻辑划分的依据是怎样更有利于实现系统的工作原理，就怎样进行逻辑划分。逻辑划分以后，就可以画出系统的粗略结构框图。

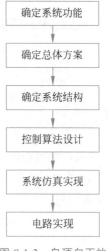

图 8-1-2　自顶向下的设计方法

对数据子系统进一步结构分解，将其分解为多个功能模块，再将各个功能模块分解为更小的模块，直至可用逻辑功能模块如寄存器、计数器、加法器、比较器等实现为止。最后画出由基本功能模块组成的数据子系统结构框图，数据子系统中所需的各种控制信号将由控制子系统产生。

4．控制算法设计

控制算法是建立在给定的数据子系统的基础上的，它直接地反映了数字系统中控制子系统对数据子系统的控制关系和控制过程。控制算法设计的目的是获得控制操作序列和操作信号，为设计控制子系统提供基础。

5．系统仿真实现

上述步骤完成之后，可以得到一个抽象的数字系统。经过细分后，数据子系统是逻辑功能部件的逻辑符号的集合，这些逻辑功能部件功能可以运用逻辑电路的设计方法进行设计。控制子系统经过控制算法设计后得到了控制操作序列和操作信号。数字系统中的控制子系统设计的状态信号、外部输入信号、控制信号比较多，因此，控制子系统的具体电路设计是数字系统设计的重点之一。在完成两个子系统设计后，可以用电子设计自动化（Electronic Design Automation，EDA）软件对所设计的系统进行仿真，验证数字系统设计的正确性。

6．电路实现

通过 EDA 软件仿真，如果设计的数字系统满足总体要求，就可以用芯片实现数字系统。实现数字系统应"自底向上"进行。首先实现各个逻辑功能电路，调试正确后，再将它们互连成子系统，最后进行数字系统总体调试。

8.2 交通信号灯控制系统设计

8.2.1 交通信号灯控制系统功能

十字路口的交通信号灯控制系统要完成对十字路口交通信号灯的控制,系统功能如下:

(1) 十字路口由一条主道和一条支道构成。主道和支道均有红、绿、黄三种信号灯,以及显示信号灯时间的数码管。

(2) 在初始复位时,主道和支道均为红灯;在正常使用时,如果支道没有车,主道绿灯、支道红灯。

(3) 在绿灯转红灯过程中,先由绿灯转为黄灯,3s 后再由黄灯转为红灯;同时另外道路由红灯转为绿灯。

(4) 当两个方向同时有车时,主道红绿灯应每隔 30s 变换一次,应扣除绿灯转红灯过程中有 3 秒黄灯过渡,绿灯实际只亮 27s。支道红绿灯应每隔 30s 变换一次,应扣除绿灯转红灯过程中有 3s 黄灯过渡,绿灯实际只亮 27s。

(5) 当两个方向均没有车时,主道绿灯,支道红灯。

(6) 若仅一个方向有车时,处理方法是:

① 该方向原来为红灯时,另一个方向立即由绿灯变为黄灯,3s 后再由黄灯变为红灯,同时本方向由红灯变为绿灯。

② 该方向原为绿灯时,继续保持绿灯。当另一方向有车来时,是两个方向均有车。

8.2.2 基于逻辑部件的交通信号灯控制系统方案设计

根据交通信号灯控制系统的功能,车辆传感器和交通灯如图 8-2-1 所示,确定采用方案,具体如下:

(1) 在 4 个方向各装 1 个车辆传感器,有车用 1 表示,无车用 0 表示。主道(A 道)分别为 AS_1 和 AS_2,只要 AS_1 或 AS_2 中有一个为 1,就说明 A 道有车,令 $AS=AS_1+AS_2$。支道(B 道)分别为 BS_1 和 BS_2,只要 BS_1 或 BS_2 中有一个为 1,就说明 B 道有车,令 $BS=BS_1+BS_2$。

(2) 主道:设黄灯 3s 时间到时 $T_3=1$,时间未到时 $T_3=0$;设绿灯 27s 时间到时,$T_{27}=1$,时间未到时 $T_{27}=0$。

(3) 支道:设黄灯 3s 时间到时 $T_3=1$,时间未到时 $T_3=0$;设绿灯 27s 时间到时,$T_{27}=1$,时间未到时 $T_{27}=0$。

(4) 设主道由绿灯转为黄灯的条件为 AK,当 AK=0 时绿灯继续,当 AK=1 时立即由绿灯转为黄灯。设支道由绿灯转为黄灯的条件为 BK,当 BK=0 时绿灯继续,当 BK=1 时立即由绿灯转为黄灯。

(5) 设主道的绿灯、黄灯、红灯分别为 AG_1、AY_1、AR_1 和 AG_2、AY_2、AR_2;AG_1、AG_2,AY_1、AY_2,AR_1、AR_2 分别并联,即它们同时点亮或熄灭,分别用 AG、AY、AR 表

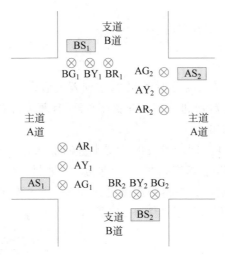

图 8-2-1 车辆传感器及交通灯示意图

示。设支道绿灯、黄灯、红灯分别为 BG_1、BY_1、BR_1 和 BG_2、BY_2、BR_2；BG_1、BG_2、BY_1、BY_2、BR_1、BR_2 分别并联，即它们同时点亮或熄灭，分别用 BG、BY、BR 表示。用 0 表示灭、1 表示亮，则两个方向的交通灯有 4 种输出状态，如表 8-2-1 所示。

表 8-2-1 交通灯输出状态

输出状态	AG	AY	AR	BG	BY	BR
S_0	1	0	0	0	0	1
S_1	0	1	0	0	0	1
S_2	0	0	1	1	0	0
S_3	0	0	1	0	1	0

由上述分析得到系统结构如图 8-2-2 所示，其中 3s 定时器的控制信号为 C_3，27s 定时器的控制信号为 C_{27}；当 $C_3=1$ 时，3s 定时器即三进制计数器开始计数；当 $C_{27}=1$ 时，27s 定时器也就是二十七进制计数器开始计数。

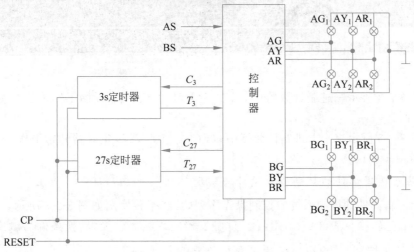

图 8-2-2 基于逻辑部件的系统框图

8.2.3 基于逻辑部件的系统设计与实现

1. 计数器的设计与实现

交通信号灯控制系统有27s定时器和3s定时器。假设基准时钟周期CP为1s,则需要设计一个二十七进制计数器和一个三进制计数器,且每个计数器应具有计数器使能控制端和计时时间到信号输出端。

计数器采用可异步清零、同步置位的4位十进制加法计数器74LS160构成,三进制计数器的逻辑电路和Verilog程序如图8-2-3所示,三进制计数器的Modelsim仿真结果如图8-2-4所示;二十七进制计数器的逻辑电路和Verilog程序如图8-2-5所示,二十七进制计数器的Modelsim仿真结果如图8-2-6所示。

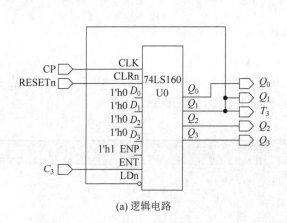

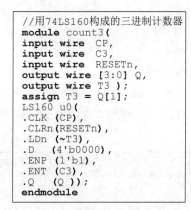

```
//用74LS160构成的三进制计数器
module count3(
input wire  CP,
input wire  C3,
input wire  RESETn,
output wire [3:0] Q,
output wire T3 );
assign T3 = Q[1];
LS160 u0(
.CLK (CP),
.CLRn(RESETn),
.LDn (~T3),
.D  (4'b0000),
.ENP (1'b1),
.ENT (C3),
.Q  (Q ));
endmodule
```

(a) 逻辑电路　　　　　　　　　　　　　(b) Verilog程序

图 8-2-3　三进制加法计数器

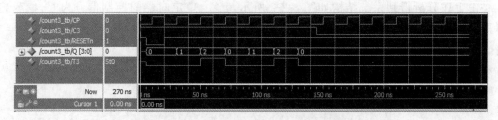

图 8-2-4　三进制计数器的 Modelsim 仿真结果

在图8-2-3所示三进制计数器中,当$C_3=1$时,3s定时器开始工作;当3s定时时间到,$T_3=1$。

在图8-2-5所示二十七进制计数器中,当$C_{27}=1$时,27s定时器开始工作;当27s定时时间到,$T_{27}=1$。

2. 基于逻辑部件的控制模块设计与实现

基于逻辑部件的控制系统的控制操作序列,其状态转换图如图8-2-7所示,交通信号灯控制器状态转换见表8-2-2。用两个D触发器实现状态转换,转换条件与触发器输入用4选1,输出控制 C_{27} 和 C_3 表达式为 $C_{27}=\overline{Q_0^n}$, $C_3=Q_0^n$。

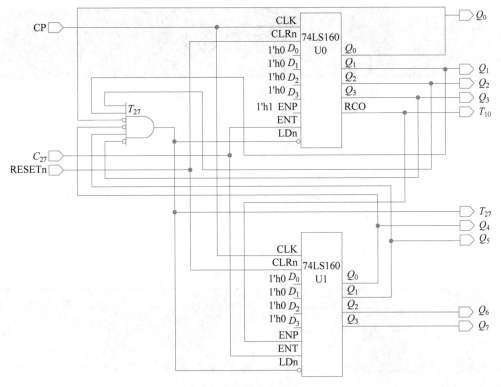

(a) 逻辑电路

```verilog
//用74LS160构成的二十七进制计数器
module count27(
input wire  CP,
input wire  C27,
input wire  RESETn,
output wire [7:0] Q,
output wire T10,
output wire T27 );
//功能定义
assign  T27 = Q[5]&~Q[4]
    &~Q[3]&Q[2]&Q[1]&~Q[0];
//2个74LS160例化
LS160 u0(
    .CLK (CP),
    .CLRn(RESETn),
    .LDn (~T27),
    .ENP (1'b1),
    .ENT (C27),
    .D   (4'b0000),
    .RCO (T10),
    .Q   (Q[3:0]));
LS160 u1(
    .CLK (CP),
    .CLRn(RESETn),
    .LDn (~T27),
    .ENP (T10),
    .ENT (C27),
    .D   (4'b0000),
    .Q   (Q[7:4]));
endmodule
```

(b) Verilog程序

图 8-2-5 二十七进制计数器的逻辑电路

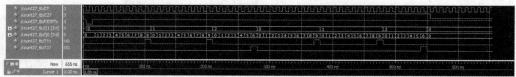

图 8-2-6　二十七进制计数器的 Modelsim 仿真结果

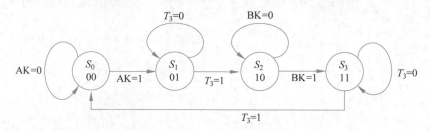

图 8-2-7　交通灯控制系统的控制状态转换图

表 8-2-2　基于逻辑部件的控制器状态转换表

输入				次态 $Q_1^{n+1} Q_0^{n+1}$		输出							
现态	转换条件					主车道			支干道			控制信号	
$Q_1^n Q_0^n$	AK	T_3	BK			AG	AY	AR	BG	BY	BR	C_{27}	C_3
0　0	0	×	×	0	0	1	0	0	0	0	1	1	0
	1	×	×	0	1								
0　1	×	0	×	0	1	0	1	0	0	0	1	0	1
	×	1	×	1	0								
1　0	×	×	0	1	0	0	0	1	1	0	0	1	0
	×	×	1	1	1								
1　1	×	0	×	1	1	0	0	1	0	1	0	0	1
	×	1	×	0	0								

设控制子系统的初始状态为 S_0，此时主道 A 道为绿灯，支道 B 道为红灯。要想脱离该状态转入 A 道黄灯，B 道红灯的 S_1 状态，必须同时满足如下条件：

(1) B 道有车(BS＝1)；

(2) 27s 定时的时间到(T_{27}＝1)，或者 A 道无车(AS＝0)。即 AK＝BS·($T_{27}+\overline{\text{AS}}$)。

在 S_2 状态，此时主道 A 道为红灯，支道 B 道为绿灯。要想脱离该状态转入 B 道黄灯，A 道红灯的 S_3 状态，只需满足如下一种条件：

(3) B 道无车(BS＝0)；

(4) 27s 定时的时间到(T_{27}＝1)。即 BK＝$\overline{\text{BS}}$＋AS·T_{27}。

转换条件 AK 和 BK 可以选用 2 个 4 选 1 数据选择器实现，其中 74153(U0_1)实现 AK，74153(U0_2)实现 BK，见表 8-2-3。

表 8-2-3　用 74153 实现 AK 和 BK

AS	BS	T_{27}	AK		BK	
0	0	0	0	$D_0 = 0$	1	$D_0 = 1$
0	0	1	0		1	
0	1	0	1	$D_1 = 1$	0	$D_1 = 0$
0	1	1	1		0	
1	0	0	0	$D_2 = 0$	1	$D_2 = 1$
1	0	1	0		1	
1	1	0	0	$D_3 = T_{27}$	0	$D_3 = T_{27}$
1	1	1	1		1	

由表 8-2-2 可知，输出交通灯与状态关系见表 8-2-4，可以使用 2 线-4 线译码器 74LS139 和门电路实现。因译码器输出是低电平有效，如果交通灯是高有效，需要加反相器。逻辑表达式如下：

$$AG = \overline{Y_0}, \quad BG = \overline{Y_2}$$

$$AY = \overline{Y_1}, \quad BY = \overline{Y_3}$$

$$AR = \overline{Y_2 \cdot Y_3} = Y_0 \cdot Y_1, \quad BR = \overline{Y_0 \cdot Y_1} = Y_2 \cdot Y_3$$

表 8-2-4　译码器 74LS139 与交通灯信号关系

74LS139						交通灯输出					
B	A	输		出		主 车 道			支 干 道		
Q_1^n	Q_0^n	Y_0	Y_1	Y_2	Y_3	AG	AY	AR	BG	BY	BR
0	0	0	1	1	1	1	0	0	0	0	1
0	1	1	0	1	1	0	1	0	0	0	1
1	0	1	1	0	1	0	0	1	1	0	0
1	1	1	1	1	0	0	0	1	0	1	0

十字路口交通信号灯控制模块的 Verilog 程序如图 8-2-8 所示，逻辑电路如图 8-2-9 所示。

3. 基于逻辑部件的交通灯系统与测试

将控制模块和 2 个定时器模块进行连接，得到实现交通灯控制系统的逻辑图，如图 8-2-10 所示。该电路有 2 个数据信号输入 AS、BS，1 个时钟信号输入 CP，1 个复位信号 RESETn（低电平有效）；6 个输出信号 AR、AY、AG、BR、BY、BG。

图 8-2-11 是交通灯系统的 Verilog 程序，通过 Modelsim 仿真，仿真结果见图 8-2-12，验证系统设计的正确性。

在确认仿真正确后，根据所用的 FPGA 开发板，以及开发板原理图，配置器件引脚。使用集成到 Quartus 集成开发环境中嵌入逻辑分析仪 Signal Tap Logic Analyzer，在完成配置后，下载并运行，得到图 8-2-13 测试结果。

```
//交通信号灯控制器              LS153 U0(
module control(                .S1(AS),
input wire  CP,                .S0(BS),                    //74LS139例化
input wire  RESETn,            .G2(1'b0),                  LS139 U2(
input wire  AS,                .G1(1'b0),                  .G1 (1'b0),
input wire  BS,                .D10(1'b0),                 .A1 (Q0),
input wire  T27,               .D11(1'b1),                 .B1 (Q1),
input wire  T3,                .D12(1'b0),                 .Y13(Y3),
output wire AK,                .D13(T27),                  .Y12(Y2),
output wire BK,                .D20(1'b1),                 .Y11(Y1),
output wire C3,                .D21(1'b0),                 .Y10(Y0)
output wire C27,               .D22(1'b1),                 );
output wire Q1,                .D23(T27),                  //D触发器例化
output wire Q0,                .Y1(AK),                    ffd FF0(
output wire AG,                .Y2(BK));                   .CLR(RESETn),
output wire AY,                LS153 U1(                   .SET(1'b1),
output wire AR,                .S1(Q1),                    .CP(CP),
output wire BG,                .S0(Q0),                    .D(D0),
output wire BY,                .G2(1'b0),                  .Q(Q0)
output wire BR );              .G1(1'b0),                  );
//线网类型和功能定义            .D10(AK),                   ffd FF1(
wire    D0,D1,Y0,Y1,Y2,Y3;     .D11(~T3),                  .CLR(RESETn),
assign  C3  = Q0;              .D12(BK),                   .SET(1'b1),
assign  C27 = ~Q0;             .D13(~T3),                  .CP(CP),
assign  AG = Y0;               .D20(1'b0),                 .D(D1),
assign  AY = Y1;               .D21(T3),                   .Q(Q1)
assign  BG = Y2;               .D22(1'b1),                 );
assign  BY = Y3;               .D23(~T3),                  endmodule
assign  BR = ~(Y3 & Y2);       .Y1(D0),
assign  AR = ~(Y0 & Y1);       .Y2(D1));
```

图 8-2-8 基于逻辑部件的交通灯控制模块 Verilog 程序

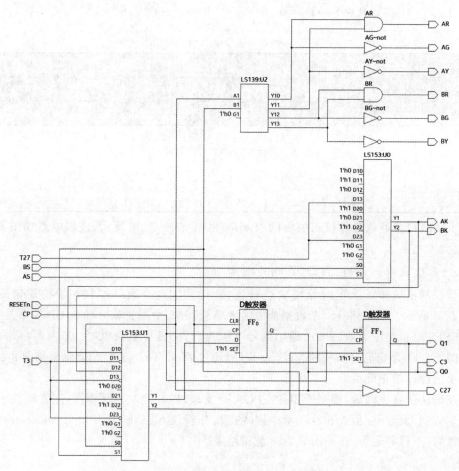

图 8-2-9 基于逻辑部件的交通灯控制模块逻辑图

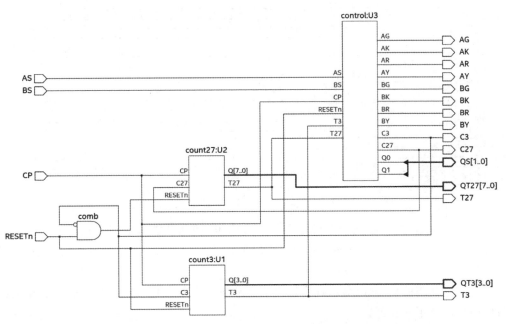

图 8-2-10　基于逻辑部件的交通灯系统的逻辑图

```verilog
//交通信号灯控制系统
module traffic(
input wire  CP,
input wire  RESETn,
input wire  AS,
input wire  BS,
output wire T27,
output wire T3,
output wire C3,
output wire C27,
output wire AG,
output wire AY,
output wire AR,
output wire BG,
output wire BY,
output wire BR,
output wire AK,
output wire BK,
output wire [7:0] QT27,
output wire [3:0] QT3,
output wire [1:0] QS);
```

```verilog
//3s定时器例化
count3 U1(
.CP(CP),
.C3(C3),
.RESETn(RESETn),
.Q  (QT3),
.T3(T3)
);
//27s定时器例化
count27 U2(
.CP(CP),
.C27(C27),
.RESETn(RESETn&~C3),
.Q  (QT27),
.T27(T27)
);
```

```verilog
//控制器例化
control U3(
.CP(CP),
.RESETn(RESETn),
.AS( AS ),
.BS( BS ),
.T3 (T3),
.T27(T27),
.C3 (C3),
.C27(C27),
.AK ( AK ),
.BK ( BK ),
.Q1 ( QS[1]),
.Q0 ( QS[0]),
.AG ( AG ),
.AY ( AY ),
.AR ( AR ),
.BG ( BG ),
.BY ( BY ),
.BR ( BR ));
endmodule
```

图 8-2-11　基于逻辑部件的交通灯系统的 Verilog 程序

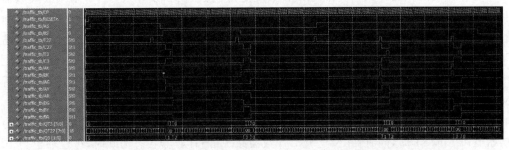

图 8-2-12　交通信号灯控制系统 Modelsim 仿真结果

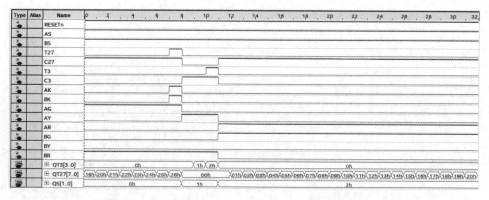

图 8-2-13　交通灯的 Signal Tap Logic Analyzer 测试结果

在图 8-2-13 中,为了便于分析将中间信号输出,例如计数器的控制信号 C_3、C_{27},计数器的进位输出 T_3、T_{27},状态 QS 和状态转换输入信号 AK、BK。观察所有信号,与设计功能一致。

与实际使用的信号灯比较,计数器应该是减法计数器、预置最大数,主道和支道的绿灯时间应该是不一样的。

8.2.4　基于功能描述的系统设计与实现

由基于逻辑部件的交通信号灯控制系统存在的问题,做如下修改:定时器应是减法计数器并预置最大数,主道和支道的绿灯时间是不一样的。主道红、灯绿灯应每隔 30s 变换一次,扣除绿灯转红灯过程中有 3s 黄灯过渡,绿灯实际只亮 27s。支道红灯、绿灯应每隔 20s 变换一次,扣除绿灯转红灯过程中有 3s 黄灯过渡,绿灯实际只亮 17s。增加数码管显示主道和支道红灯、绿灯、黄灯的点亮时间变化。

由功能描述的系统要求,修改的系统结构框图见图 8-2-14,需要三个减法计数器和一个控制器,以及显示输出。

1. 减法计数器的设计与实现

首先设计一个任意进制的减法计数器,逻辑图见图 8-2-15(a)。时钟输入信号 CLK 为 1Hz,高有效的使能输入信号 E,低有效的预置数使能输入信号 LDn,6 位预置数输入信号 PD;6 位计数输出信号 QT,进位输出信号 RCO。

任意进制的减法计数器特点是预置数决定进制数,例如预置数为 16,则减法计数器状态为 $16,15,14,\cdots,0$,为十七进制减法计数器。由交通灯系统功能要求,若仅一个方向有车时,该方向原为绿灯时,继续保持绿灯。当计数器减到 0 时,为了继续保持原状态需要重新预置数。

任意进制的减法计数器 Verilog 程序如图 8-2-15(b)所示,将其例化,并进行 Modelsim 仿真,得到的仿真结果见图 8-2-16。

在图 8-2-16 的任意进制减法计数器仿真结果中,当 LDn=0 时,将预置数 16 设置为初始值;在 $E=1$ 时,同时 CLK 上升沿计数器减 1;当计数器状态为 0 时,进位输出为 1,同时载入预置数的值。

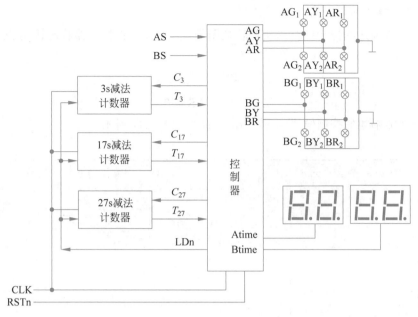

图 8-2-14　基于功能描述的交通灯系统框图

```verilog
//任意进制减法计数器
module count sub (
    input CLK,
    input LDn,
    input E,
    input [5:0] PD,
    output wire [5:0] QT,
    output wire RCO
);
reg [5:0] SQ;
assign RCO = ~SQ[5]&~SQ[4]&~SQ[3]
            &~SQ[2]&~SQ[1]&~SQ[0];
assign QT = SQ;
always @ ( posedge CLK ) begin
if ( !LDn )
  SQ <= PD;
  else begin
    if ( E ) begin
      if ( SQ == 0 )
        SQ <= PD;
        else
        SQ <= SQ - 1;
    end
  end
end
endmodule
```

count_sub:UD

(a) 逻辑电路　　　　　　　　　　　　　(b) Verilog程序

图 8-2-15　减法计数器

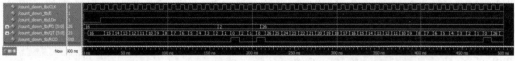

图 8-2-16　任意进制减法计数器的 Modelsim 仿真结果

2. 控制模块的设计与实现

基于功能描述的控制模块的状态转换图仍是图 8-2-7,但控制器状态转换条件和输出是不同的,见表 8-2-5。其中转换条件为

$$AK = BS \cdot (T_{27} + \overline{AS})$$

$$BK = \overline{BS} + AS \cdot T_{17}$$

基于功能描述的控制模块的 Verilog 程序如图 8-2-17 所示。

表 8-2-5 基于功能描述的控制器状态转换表

输 入				次态 $Q_1^{n+1} Q_0^{n+1}$		输 出											
现态	转换条件					主车道			支干道			控制信号					
$Q_1^n Q_0^n$	AK	T_3	BK			AG	AY	AR	BG	BY	BR	C_{27}	LD27n	C_{17}	LD17n	C_3	LD3n
S_0	0	×	×	0	0	1	0	0	0	0	1	1	1	0	×	0	0
0 0	1	×	×	0	1												
S_1	×	0	×	0	1	0	1	0	0	0	1	0	×	0	0	1	1
0 1	×	1	×	1	0												
S_2	×	×	0	1	0	0	0	1	1	0	0	0	×	1	1	0	0
1 0	×	×	1	1	1												
S_3	×	0	×	1	0	0	0	1	0	1	0	0	0	×	×	1	1
1 1	×	1	×	0	0												

3. 基于功能描述的交通灯系统设计与仿真

将控制模块和 3 个定时器模块进行连接得到交通灯系统的框图,如图 8-2-18 所示。在图 8-2-18 中,AS、BS 是高有效的传感器输入信号,CLK 是 1Hz 的时钟输入信号,RSTn 是低有效的复位输入信号;6 位 led 是交通灯输出信号,led[5..0]分别对应 AG、AY、AR、BG、BY、BR;6 位 A_time 和 B_time 分别是主道和支道相应信号灯的时间;2 位 state 是状态机的状态输出信号,是为了便于检查仿真结果给出的。

图 8-2-19 是交通灯系统的 Verilog 程序。

图 8-2-20 是基于功能描述的交通灯系统的 Verilog 仿真程序,仿真结果见图 8-2-21。图 8-2-21(a)是整体仿真结果,其中 6 位 led 是八进制显示,6 位的 A_time 和 B_time 是十进制显示,2 位 state 是十进制显示。观察输入信号 AS 和 BS 的不同取值情况下,状态输出信号。在 AS=1 和 BS=1 时,主道和支道均有车,此时状态输出 state=0。之后支道有车,即 BS 仍为 1,主道无车 AS=0,根据系统功能要求,仍立即转入 state=1,具体计数值见图 8-2-21(b);3s 后转入 state=2。此后,当 AS=1 和 BS=0 时,主道有车和支道无车,输出状态 state 仍立即转为 3,3s 后转入 state=0;之后在 AS=1 和 BS=1 时,仍保持主道为绿灯,持续计数状态,如图 8-2-21(c)所示;此后在 AS=0 和 BS=0 时,仍保持主道为绿灯、持续计数状态。验证了系统设计的正确性。

```
1  //基于功能描述的控制模块
2  module control(
3   input    CLK,  //系统时钟
4   input    RSTn, //系统复位
5   input    AS,  //主道传感器输入，有车为1
6   input    BS, //支道传感器输入，有车为1
7   input    T3, //三进制减法计数器借位
8   input    T17,//十七进制减法计数器借位
9   input    T27,//二十七进制减法计数器借位
10  input    [5:0] SD3, //三进制减法计数值
11  input    [5:0] SD17,//十七进制减法计数值
12  input    [5:0] SD27,//二十七进制减法计数值
13  output   C3,   //三进制使能控制信号
14  output   C17,  //十七进制使能控制信号
15  output   C27,  //二十七进制使能控制信号
16  output   LD3n, //三进制预置数使能信号
17  output   LD17n, //十七进制预置数使能信号
18  output   LD27n, //二十七进制预置数使能信号
19  output   [1:0]  state, //状态
20  output   [5:0]  A_time, //主道计数值
21  output   [5:0]  B_time, //支道计数值
22  output   [5:0]  led  //信号灯
23 );
24 parameter  TIME_LED_Y = 6'd3; //黄灯发光时间
25 parameter [1:0] S0=2'b00, S1=2'b01, S2=2'b10, S3=2'b11;
26 reg [1:0] cur_state,next_state;
27 reg [5:0] control_led,control_A_time,control_B_time;
28 reg  control_C3,control_C17,control_C27;
29 reg control_LD3n,control_LD17n,control_LD27n;
30 wire AK,BK;
31 assign AK = BS&T27 | BS& ~AS;
32 assign BK = ~BS | AS&T17;
33 assign state = cur_state;
34 assign led   = control_led;
35 assign A_time = control_A_time;
36 assign B_time = control_B_time;
37 assign C3    = control_C3;
38 assign C17   = control_C17;
39 assign C27   = control_C27;
40 assign LD3n  = control_LD3n;
41 assign LD17n = control_LD17n;
42 assign LD27n = control_LD27n;
```

(a)

图 8-2-17　基于功能描述的控制模块 Verilog 源程序

```
43   //状态机组合逻辑
44   always @ ( * ) begin
45     case ( cur_state )
46     S0: if( AK ) next_state <= S1;
47         else      next_state <= S0;
48     S1: if( T3 ) next_state <= S2;
49         else      next_state <= S1;
50     S2: if( BK ) next_state <= S3;
51         else      next_state <= S2;
52     S3: if( T3 ) next_state <= S0;
53         else      next_state <= S3;
54     endcase
55   end
56   //状态机的状态寄存器
57   always@ ( posedge CLK or negedge RSTn ) begin
58     if ( !RSTn ) cur_state <= S0;
59       else          cur_state <= next_state;
60   end
61   //状态机输出的组合逻辑
62   always @ ( * ) begin
63   if( ! RSTn ) begin
64     control_led    <= 6'b100100;
65     control_LD27n <= 1'b0;
66     control_C27    <= 1'b1;
67     control_C17    <= 1'b0;
68     control_C3     <= 1'b0;
69   end
70   else begin
71     case ( state )
72      S0:  begin
73         control_C27    <= 1'b1;
74         control_LD27n <= 1'b1;
75         control_C17    <= 1'b0;
76         control_C3     <= 1'b0;
77         control_LD3n  <= 1'b0;
78         control_A_time <= SD27;
79         control_B_time <= SD27 + TIME_LED_Y;
80         control_led    <= 6'b100010;
81      end
```

(b)

图 8-2-17 （续）

```
82    S1:  begin
83      control_C27    <= 1'b0;
84      control_C17    <= 1'b0;
85      control_LD17n  <= 1'b0;
86      control_C3     <= 1'b1;
87      control_LD3n   <= 1'b1;
88      control_A_time <= SD3;
89      control_B_time <= SD3;
90      control_led    <= 6'b100001;
91    end
92    S2:  begin
93      control_C27    <= 1'b0;
94      control_C17    <= 1'b1;
95      control_LD17n  <= 1'b1;
96      control_C3     <= 1'b0;
97      control_LD3n   <= 1'b0;
98      control_A_time <= SD17 + TIME_LED_Y;
99      control_B_time <= SD17;
100     control_led    <= 6'b010100;
101   end
102   S3:  begin
103     control_C27    <= 1'b0;
104     control_LD27n  <= 1'b0;
105     control_C17    <= 1'b0;
106     control_C3     <= 1'b1;
107     control_LD3n   <= 1'b1;
108     control_A_time <= SD3;
109     control_B_time <= SD3;
110     control_led    <= 6'b001100;
111   end
112   default: begin
113     control_LD27n  <= 1'b0;
114     control_C27    <= 1'b0;
115     control_C17    <= 1'b0;
116     control_C3     <= 1'b0;
117     control_led    <=6'b100100;
118   end
119   endcase
120  end
121 end
122 endmodule
```

(c)

图 8-2-17 （续）

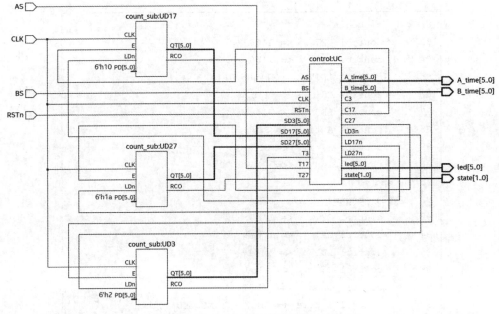

图 8-2-18　基于功能描述的交通灯系统框图

```
//基于功能描述交通灯系统
module traffic(
    input   CLK, //系统时钟
    input   RSTn, //系统复位
    input   AS, //主道传感器
    input   BS, //指导传感器
    output  [1:0]  state, //状态
    output  [5:0]  led,    //信号灯
    output  [5:0]  A_time, //主道时间
    output  [5:0]  B_time //支道时间
);
parameter  TIME_LED_Y = 6'd3;  //黄灯时间
parameter  TIME_LED_AG = 6'd27; //主道绿灯时间
parameter  TIME_LED_BG = 6'd17; //支道绿灯时间
wire    T3,T17,T27;
wire    C3,C17,C27;
wire  [5:0] SD3,SD17,SD27;
wire   LD3n,LD17n,LD27n;
//控制器例化
control UC(
.CLK    (CLK),
.RSTn   (RSTn),
.AS     ( AS ),
.BS     ( BS ),
.T3     (T3),
.T17    (T17),
.T27    (T27),
.SD3    (SD3),
.SD17   (SD17),
.SD27   (SD27),
.C3     (C3),
.C17    (C17),
.C27    (C27),
.LD3n   ( LD3n ),
.LD17n  ( LD17n ),
.LD27n  ( LD27n ),
.state  ( state ),
.A_time ( A_time ),
.B_time ( B_time ),
.led    ( led )
);
count_sub UD3(
.CLK ( CLK ),
.LDn ( LD3n ),
.E   ( C3 ),
.PD ( TIME_LED_Y -1'b1),
.QT  ( SD3 ),
.RCO ( T3 )
);
count_sub UD17(
.CLK ( CLK ),
.LDn ( LD17n ),
.E   ( C17 ),
.PD ( TIME_LED_BG -1'b1),
.QT ( SD17 ),
.RCO ( T17 )
);
count_sub UD27(
.CLK ( CLK ),
.LDn ( LD27n ),
.E   ( C27 ),
.PD ( TIME_LED_AG -1'b1),
.QT ( SD27 ),
.RCO ( T27 )
endmodule
```

图 8-2-19　基于功能描述的交通灯系统的 Verilog 程序

```
`timescale 1 ns/100 ps
module traffic_tb();
reg AS;
reg BS;
reg CLK;
reg RSTn;
wire [5:0] A_time;
wire [5:0] B_time;
wire [5:0] led;
wire [1:0] state;
traffic DUT (
    .CLK(CLK),
    .RSTn(RSTn),
    .AS(AS),
    .BS(BS),
    .state(state),
    .A_time(A_time),
    .B_time(B_time),
    .led(led));
initial begin
    #1000 $stop;
end
```

```
initial begin
    RSTn = 1'b0;
    RSTn = #10 1'b1;
end
initial begin
    AS = 1'b1;
    AS = #140 1'b0;
    AS = #90  1'b1;
    AS = #220 1'b0;
    AS = #320 1'b1;
end
initial begin
    BS = 1'b1;
    BS = #230 1'b0;
    BS = #110 1'b1;
    BS = #110 1'b0;
    BS = #240 1'b1;
end
always begin
    CLK = 1'b0;
    CLK = #5 1'b1;
    #5;
end
endmodule
```

图 8-2-20　基于功能描述的交通灯系统的 Verilog 仿真程序

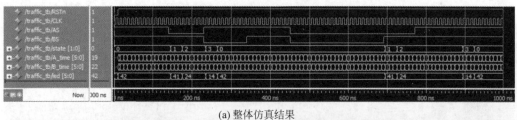

(a) 整体仿真结果

(b) 局部放大1

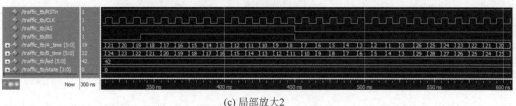

(c) 局部放大2

图 8-2-21　基于功能描述的交通灯系统 ModelSim 仿真结果

　　在确认仿真正确后，根据所用的 FPGA 开发板，以及开发板原理图，配置器件引脚，一定要配置输入信号的引脚，输出信号引脚可以不配置。这里使用集成到 Quartus 集成开发环境中的嵌入逻辑分析仪 Signal Tap Logic Analyzer，在完成配置后，下载并运行，得到图 8-2-22 所示的测试结果。

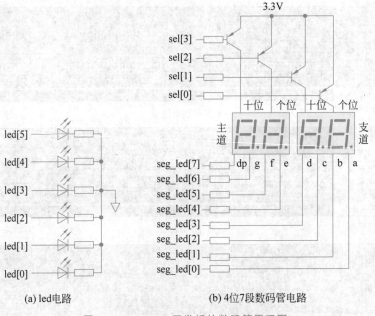

图 8-2-22　基于功能描述的交通灯系统 Signal Tap Logic Analyzer 测试结果

4. 基于功能描述的 FPGA 开发板交通灯系统的设计与调试

交通灯系统是以秒为单位计时的,FPGA 开发板时钟输入信号是 50MHz,通过分频器产生频率为 1Hz、周期为 1s 的时钟输出信号。

交通灯信号的显示可以用 FPGA 开发板的 led 发光二极管,见图 8-2-23(a),当驱动信号为高电平时,点亮发光二极管。信号灯剩余时间用 4 位 7 段数码管显示,这里选用共阳数码管,见图 8-2-23(b);位驱动信号为低电平时,相应的数码管可被点亮;要显示的数值取决于 7 位段信号,段信号是低电平有效。4 位数码管的段码连接在一起,要在 4 位数码管显示不同的数字,任何时刻只能有一个数码管显示、其余不显示,即 4 位的位驱动信号仅 1 位低电平。4 个数码管轮流显示需要的数字,只要刷新频率足够快,最好大于 100Hz,人眼看起来,4 个数码管就同时显示需要的数字。

（a）led电路　　　　（b）4位7段数码管电路

图 8-2-23　FPGA 开发板的数码管原理图

为了实现 FPGA 开发板下载调试,需要修改图 8-2-14,增加 1Hz 时钟模块和 4 位 7 段数码管动态显示模块,见图 8-2-24。

添加了 2 个模块的 FPGA 开发板交通灯系统的 RTL 视图,见图 8-2-25。信号灯由控制器 6 位 led 输出信号驱动,高 3 位 led[5:3] 从高到低分别驱动主道的绿、黄、红三个 LED 灯,低 3 位 led[2:0] 分别驱动支道的绿、黄、红三个 LED 灯。

1Hz 时钟发生器模块的 Verilog 程序见图 8-2-26。输入时钟是 50MHz,输出是 1Hz

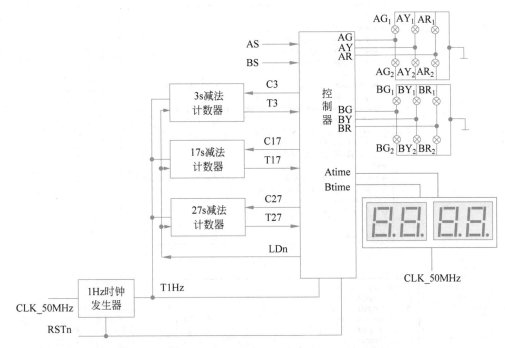

图 8-2-24 基于功能描述的 FPGA 开发板交通灯系统框图

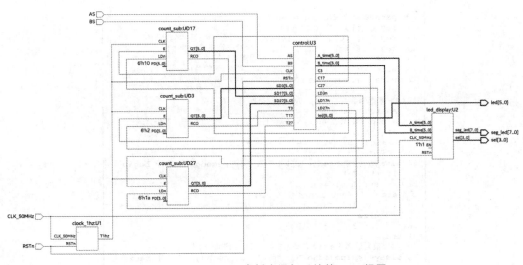

图 8-2-25 FPGA 开发板交通灯系统的 RTL 视图

时钟；若占空比为 50%，高电平和低电平的计数值均为 25000000。

4 位 7 段数码管动态显示模块的 Verilog 程序见图 8-2-27。这里 4 位 7 段数码管动态显示的刷新速度是 1000Hz，也就是 1ms。在图 8-2-27(a) 中的 23～31 行，是一个计数器，产生周期为 1ms 时钟。4 位数码管的 4 个位码对应 4 个状态，每 1ms 切换一次状态，见图 8-2-27(a) 中的 32～40 行。4 位数码管的动态显示输出见图 8-2-27 中的 41～75 行。要显示的十进制数值由共阳数码管译码器给出段码输出，见图 8-2-27(b) 的 76～95 行。

```
//50MHz时钟转1Hz
module clock_1hz(
  input wire CLK_50MHz,
  input wire RSTn,
  output reg T1hz
);
  parameter TIME_1Hz = 25'd25000000; //分频计数值
  reg [24:0] conut;
always @( posedge CLK_50MHz or negedge RSTn ) begin
    if ( ! RSTn ) conut <= 25'd0;
    else if ( conut < TIME_1Hz )
        conut <= conut + 1;
        else conut <= 25'd0;
end
always @ ( posedge CLK_50MHz or negedge RSTn ) begin
    if ( ! RSTn ) T1hz <= 0;
    else if( conut == 25'd0 )
        T1hz <= ~ T1hz;
end
endmodule
```

图 8-2-26　1Hz 时钟发生器模块的 Verilog 程序

```
1  module led_display (
2      input  CLK_50MHz, //系统时钟
3      input  RSTn,      //系统复位
4      input [5:0] A_time,    //主道数码管数值
5      input [5:0] B_time,    //支道数码管数值
6      input EN,              //模块使能信号:高有效
7      output reg [3:0] sel,     //数码管位选信号
8      output reg [7:0] seg_led  //数码管段选信号
9  );
10 parameter CNT_ms = 50_000; //1ms分频计数值
11 reg  [15:0]  cnt_1ms;    //计数1ms的计数器
12 reg  [1:0]  seg_state;   //用于切换要点亮数码管
13 reg  [3:0]  num;         //数码管要显示的数据
14 wire [3:0]  data_A1;  //主道数码管的十位
15 wire [3:0]  data_A0;  //主道数码管的各位
16 wire [3:0]  data_B1;  //支道数码管的十位
17 wire [3:0]  data_B0;  //支道数码管的各位
18 //取模得到数据的十位，取余得到数据的个位
19 assign  data_A1  = A_time / 10;
20 assign  data_A0  = A_time % 10;
21 assign  data_B1  = B_time / 10;
22 assign  data_B0  = B_time % 10;
23 //计数1ms
24 always @ (posedge CLK_50MHz or negedge RSTn) begin
25 if (!RSTn)
26     cnt_1ms <= 15'b0;
27 else if (cnt_1ms < CNT_ms)
28     cnt_1ms <= cnt_1ms + 1'b1;
29     else
30     cnt_1ms <= 15'b0;
31 end
32 //4位数码管对应4个状态动态扫描:每1ms切换一次转态
33 always @ (posedge CLK_50MHz or negedge RSTn) begin
34    if (!RSTn)
35        seg_state <= 2'd0;
36    else if (cnt_1ms == CNT_ms - 1'b1)
37        seg_state <= seg_state + 1'b1;
38    else
39        seg_state <= seg_state;
40 end
41 //数码管动态显示输出
42 always @ ( * ) begin
43 if(!RSTn) begin
44    sel <= 4'b1111;
45    num <= 4'b0;
46 end
```

(a)

图 8-2-27　4 位 7 段数码管动态显示模块的 Verilog 程序

```
47  else if ( EN ) begin
48  case (seg_state)
49    3'd0: begin  //主道数码管的十位
50      sel <= 4'b0111;
51      num <= data_A1;
52    end
53    3'd1: begin  //主道数码管的个位
54      sel <= 4'b1011;
55      num <= data_A0;
56    end
57    3'd2: begin  //支道数码管的十位
58      sel <= 4'b1101;
59      num <= data_B1;
60    end
61    3'd3: begin  //支道数码管的个位
62      sel <= 4'b1110;
63      num  <= data_B0;
64    end
65    default: begin
66      sel <= 4'b1111;
67      num <= 4'b0;
68    end
69  endcase
70  end
71  else begin
72    sel <= 4'b1111;
73    num <= 4'b0;
74  end
75  end
76//共阳数码管译码器
77  always @ ( * ) begin
78  if ( !RSTn )
79    seg_led <= 8'b0;
80  else begin
81    case (num)
82      4'd0: seg_led <= 8'b1100_0000;
83      4'd1: seg_led <= 8'b1111_1001;
84      4'd2: seg_led <= 8'b1010_0100;
85      4'd3: seg_led <= 8'b1011_0000;
86      4'd4: seg_led <= 8'b1001_1001;
87      4'd5: seg_led <= 8'b1001_0010;
88      4'd6: seg_led <= 8'b1000_0010;
89      4'd7: seg_led <= 8'b1111_1000;
90      4'd8: seg_led <= 8'b1000_0000;
91      4'd9: seg_led <= 8'b1001_0000;
92      default: seg_led <= 8'b1100_0000;
93    endcase
94  end
95  end
96  endmodule
```

(b)

图 8-2-27 （续）

8.3 模型计算机设计

8.3.1 模型计算机系统功能

模型计算机功能框图如图 8-3-1 所示，要完成两个立即数相加或相减，并将结果送入累加器。为了简单起见，模型计算机以 4 条指令为例，具体如下：

(1) LD A,6；A←6 把 6 送入累加器 A,操作码是 10110110。

(2) ADD A,7；A←A＋7 把 A 中 6 与 7 相加,结果 13 送入累加器 A,操作码是 11000110。

(3) SUB A,5；A←A－5 把 A 中 13 与 5 相减,结果 8 送入累加器 A,操作码是 11010110。

(4) HALT；运算完毕,停机,操作码是 11100110。

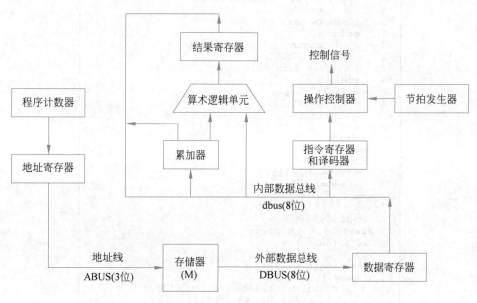

图 8-3-1　模型计算机功能框图

总线结构是单总线,数据总线位数 8 位、地址总线最少是 3 位。存储器容量最少是 7×8 位。运算器是单累加器内容与内部总线数据进行运算,实现加法或减法操作。

8.3.2　基于逻辑部件的系统设计

根据模型计算机框图,可以将模型计算机系统划分成一些逻辑功能部件,各个功能部件用地址总线和数据总线连接在一起,构成简易的模型计算机。

1. 程序存储器

计算机是按照事先编写的程序进行运算的,首先将编写好的程序写入存储器,计算机在运行过程中对存储器进行读或写操作,本简易模型计算机仅对存储器进行读操作,用 ROM 实现,存储 4 条指令,其中操作码 4 字节,操作数 3 字节,需要 7 个存储单元(每个存储单元是 1 字节),只需要 3 条地址线。存储器的 Verilog 程序如图 8-3-2 所示,存储器中的内容见表 8-3-1,存储器的 Modelsim 仿真结果如图 8-3-3 所示。

```
module rom(
input wire CE,
input wire [2:0] addr,
output reg [7:0] data );
//ROM功能定义
always @ ( CE or addr ) begin
if ( CE ) data <= 8'bzzzz_zzzz;
else case ( addr )
0:    data <= 8'b1011_0110;
1:    data <= 8'b0000_0110;
2:    data <= 8'b1100_0110;
3:    data <= 8'b0000_0111;
4:    data <= 8'b1101_0110;
5:    data <= 8'b0000_0101;
6:    data <= 8'b1110_0110;
default: data <= 8'bzzzz_zzzz;
endcase
end
endmodule
```

图 8-3-2　存储器的 Verilog 程序

图 8-3-3　存储器的 Modelsim 仿真结果

表 8-3-1　存储器的存储内容

地　　址	指令或数据	说　　明
000	10110110	LD 的操作码
001	00000110	操作数 6
010	11000110	ADD 的操作码
011	00000111	操作数 7
100	11010110	SUB 的操作码
101	00000101	操作数 5
110	11100110	HALT 的操作码

2. 程序计数器

程序计数器(PC)的作用是确定下一条指令的地址。在模型计算机中,选用 16 进制计数器 74LS161 作为程序计数器。由于模型计算机只有 7 字节的机器码,所以程序计数器的输出只使用 3 位。当 IPC＝0 时,计数器保持原状态;当 IPC＝1 时,计数器处于计数状态,当时钟信号 CLK 上升沿到来时,做加 1 运算。图 8-3-4 是程序计数器的 Verilog 程序,RTL 原理图见图 8-3-5,程序计数器的 Modelsim 仿真结果如图 8-3-6 所示。

3. 地址寄存器

地址寄存器(MAR)用来保存要访问的存储器单元的地址,由于存储器与 CPU 之间

```
module PC(
input wire  CLK,
input wire  IPC,
input wire  CLRn,
output wire [2:0] Q
);
wire [3:0] Q161;
assign Q = Q161[2:0];
LS161 u0(
.CLK (CLK),
.CLRn(CLRn),
.LDn (1'b1),
.D   (4'b0000),
.ENP (IPC),
.ENT (IPC),
.Q   (Q161));
endmodule
```

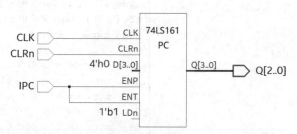

图 8-3-4　程序计数器的 Verilog 程序　　　　　图 8-3-5　程序计数器的 RTL 原理图

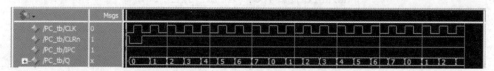

图 8-3-6　程序计数器的 Modelsim 仿真结果

存在操作速度上的差别,所以必须使用地址寄存器来保存地址信息,直到存储器的读或者写操作完成为止。

在模型计算机中,因为存储器只使用了 7 个存储单元,可用 3 个 D 触发器实现,图 8-3-7 中选用 74LS377(8 位 D 触发器),仅使用了其中的 3 位 D 触发器。当 IMARn = 0 时,且时钟信号 CLK 上升沿将地址存入,并将 MAR 直接输出到存储器 ROM 的地址线上。地址寄存器 MAR 的 Modelsim 仿真结果如图 8-3-8 所示。

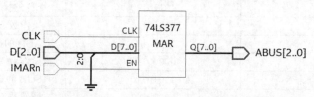

图 8-3-7　地址寄存器的 RTL 原理图

图 8-3-8　地址寄存器的 Modelsim 仿真结果

4. 数据寄存器

数据寄存器(DR)是用来暂时存放由存储器读出的一条指令或数据。图 8-3-9 是数据寄存器的 Verilog 程序。

由于模型计算机是 8 位,在图 8-3-10 中选用 74LS373 作数据寄存器,它是 8 个 D 锁存器,并有三态输出功能,可以直接与总线相连。当 IDR = 1 时,且时钟信号 CLK 上升沿到来时,将被选中的存储单元中的数据存入 DR。当 EDR＝1 时,DR 输出呈高阻态;当 EDR＝0 时,DR 将所存数据送到数据总线。数据寄存器 DR 的 Modelsim 仿真结果如图 8-3-11 所示。

```
module DR(
input wire  CLK,
input wire  EDR,
input wire  IDR,
input wire  [7:0] DBUS,
output wire [7:0]dbus);
wire LE;
assign LE = CLK & IDR;
LS373 u0(
.LE   (LE ),
.OEn  (EDR),
.D    ( DBUS ),
.Q    ( dbus ));
endmodule
```

图 8-3-9　数字寄存器的 Verilog 程序

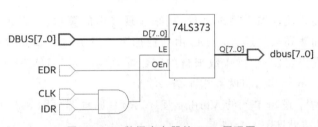

图 8-3-10　数据寄存器的 RTL 原理图

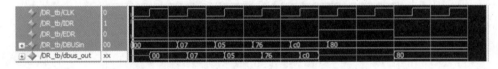

图 8-3-11　数据寄存器的 Modelsim 仿真结果

5. 累加器

累加器(A)是一个通用寄存器,当算术逻辑单元(ALU)执行算术或逻辑运算时,为 ALU 提供一个运算数据。图 8-3-12 是累加器的 Verilog 程序。

由于模型计算机是 8 位,在图 8-2-13 中选用 74LS377 作累加器,它是 8 位 D 触发器。当 IAn＝0 时,且时钟信号 CLK 上升沿将总线上的 8 位数据存入,74LS377 的输出接 ALU 的一组输入。为了将累加器的输出接内部数据总线,用三态门 74LS244 连接内部数据总线,控制信号为 EAn;当 EAn＝0 时,三态门 74LS244 打开,数据输出;当 EAn＝1 时,三态门 74LS244 输出为高阻态。累加器 A 的 Modelsim 仿真结果如图 8-3-14 所示。

```
module ACC(
input CLK,
input IAn,
input EAn,
input [7:0] DinA,
output [7:0] QA,
output [7:0] Dout);
LS377 u3(
.CLK ( CLK ),
.EN  ( IAn ),
.D   ( DinA ),
.Q   ( QA ));
LS244 u4(
.GAn ( EAn ),
.GBn ( EAn ),
.A   ( QA[3:0] ),
.B   ( QA[7:4] ),
.YA  ( Dout[3:0]),
.YB  ( Dout[7:4]));
endmodule
```

图 8-3-12　累加器的 Verilog 程序

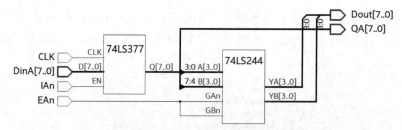

图 8-3-13　累加器的 RTL 原理图

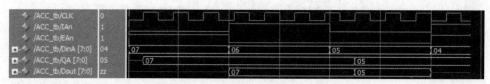

图 8-3-14　累加器的 Modelsim 仿真结果

6. 算术逻辑单元

算术逻辑单元是数据加工处理部件,用来实现基本的算术、逻辑运算功能。由于模型计算机仅完成加法和减法运算,ALU 由 8 位加运算模块、8 位减运算模块组成。一个操作数由累加器提供,另一个操作数来自内部数据总线。当 ISUMn＝0 时,将两数相加结果输出;当 ISUBn＝0 时,将两数相减结果输出。

图 8-3-15 是算术逻辑单元的 Verilog 程序,RTL 原理图见图 8-3-16,算术逻辑单元的 Modelsim 仿真结果见图 8-3-17。

```verilog
module ALU(
input ISUMn, //Addition
input ISUBn, //Subtraction
input [7:0] DinA,
input [7:0] Din,
output reg [7:0] Dout );
wire [7:0] Dout_add, Dout_sub;
always @ ( * ) begin
    if ( ISUMn == 0 ) Dout <= Dout_add;
    else if ( ISUBn == 0 ) Dout <= Dout_sub;
        else Dout <= 8'h00;
    end
//adder
adder u1 (
.a( DinA ),
.b( Din ),
.sum( Dout_add ));
//subtractor
subtractor u2 (
.a( DinA ),
.b( Din ),
.diff( Dout_sub ));
endmodule
```

图 8-3-15　算术逻辑单元的 Verilog 程序

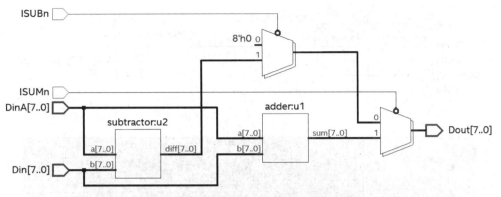

图 8-3-16　算术逻辑单元的 RTL 原理图

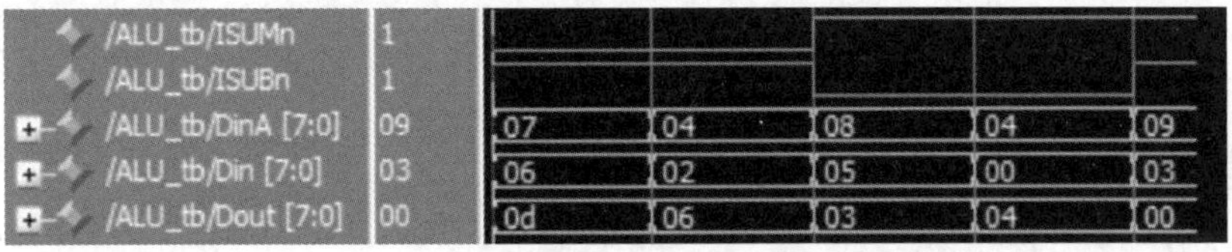

图 8-3-17　算术逻辑单元的 Modelsim 仿真结果

7. 结果寄存器

结果寄存器(SR)是用来存放 ALU 输出数据。图 8-3-18 是结果寄存器的 Verilog 程序。

在图 8-3-19 中选用 74LS377 做结果寄存器，用 74LS244 的三态输出功能与总线相连。当 ESRn＝1 时，SR 输出呈高阻态；当 ESRn＝0 时，SR 将所存数据送到数据总线。结果寄存器的 Modelsim 仿真结果如图 8-3-20 所示。

```verilog
module SR(
input CLK,
input ISUMn,
input ISUBn,
input ESRn,
input [7:0] Dsrin,
output [7:0] Dout);
wire [7:0] Dsrout;
LS377 u1(
.CLK ( CLK),
.EN (ISUMn&ISUBn),
.D ( Dsrin ),
.Q ( Dsrout ));
LS244 u2(
.GAn ( ESRn ),
.GBn ( ESRn ),
.A ( Dsrout[3:0]),
.B ( Dsrout[7:4]),
.YA ( Dout[3:0]),
.YB ( Dout[7:4]));
endmodule
```

图 8-3-18　结果寄存器的 Verilog 程序

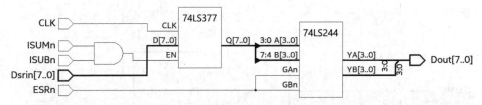

图 8-3-19 结果寄存器的 RTL 原理图

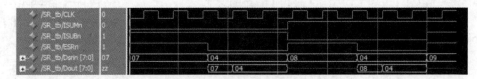

图 8-3-20 结果寄存器的 Modelsim 仿真结果

8. 指令寄存器和指令译码器

指令寄存器(IR)用来保存当前正在执行的一条指令。当执行一条指令时,先把它从存储器中取到数据寄存器中,再传送到指令寄存器。如果 IR 中存储的是操作码,就送入指令译码器,译码器将操作码译成相应的操作指令。

当 IIRn=0 时,且时钟信号 CLK 上升沿到来时,将指令操作码存入 IR,并经门电路译码,输出 LD、ADD、SUB、HALT 操作命令。例如,当指令操作码为 10110110 时,译码器输出为 LD=1。

指令寄存器和指令译码器的 Verilog 程序见图 8-3-21,图 8-3-22 是实现指令寄存和译码功能的 RTL 原理图,图 8-3-23 是指令寄存器和译码器的 Modelsim 仿真结果。

```verilog
module IR(
input wire  CLK,
input wire  IIRn,
input wire  [7:0] Din,
output wire LD,
output wire ADD,
output wire SUB,
output wire HALT);
wire Q7,Q6,Q5,Q4,Q3,Q2,Q1,Q0;
assign LD   = Q7&~Q6& Q5& Q4&~Q3&Q2&Q1&~Q0;
assign ADD  = Q7& Q6&~Q5&~Q4&~Q3&Q2&Q1&~Q0;
assign SUB  = Q7& Q6&~Q5& Q4&~Q3&Q2&Q1&~Q0;
assign HALT =  Q7& Q6& Q5&~Q4&~Q3&Q2&Q1&~Q0;
LS377ir u0(
.CLK (CLK),
.EN  (IIRn),
.D   (Din),
.Q7  (Q7),
.Q6  (Q6),
.Q5  (Q5),
.Q4  (Q4),
.Q3  (Q3),
.Q2  (Q2),
.Q1  (Q1),
.Q0  (Q0));
endmodule
```

图 8-3-21 指令寄存器和指令译码器的 Verilog 程序

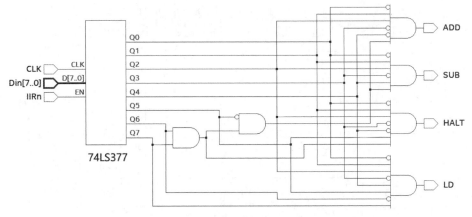

图 8-3-22　指令寄存器和指令译码器的 RTL 原理图

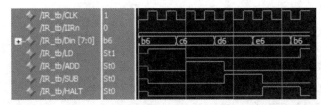

图 8-3-23　指令寄存器和译码器的 Modelsim 仿真结果

9. 节拍发生器

节拍发生器用于产生 $T_0 \sim T_7$ 八个节拍脉冲信号,以便控制模型计算机按固定节拍有序地工作。节拍发生器逻辑图如图 8-3-24 所示,它是由 8 个 D 触发器构成的环形移位寄存器,产生的波形如图 8-3-25 所示。构成节拍发生器的关键是 D 触发器 FF0 初始值为 1,其余 D 触发器的初始值为 0。

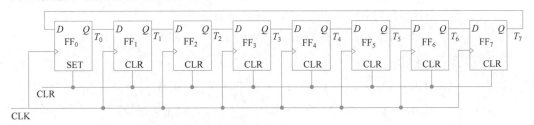

图 8-3-24　节拍发生器逻辑图

10. 操作控制器

操作控制器是根据指令操作码和时序信号产生各种操作控制信号,以便正确地建立数据通路,完成取指令和执行指令的控制操作。

在模型计算机中,操作控制器的任务是按照时间节拍 $T_0 \sim T_7$,并根据指令译码器输出的各个指令的不同操作要求,向各个功能部件发出一系列有序的控制命令。模型计算机中控制信号共有 10 个,操作控制器的各控制命令与节拍脉冲信号、指令操作命令之间的关系如表 8-3-2 所示,得到控制信号以及表达式如下:

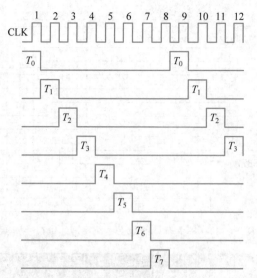

图 8-3-25 节拍发生器脉冲波形图

(1) 程序计数器的计数控制信号 IPC,见式(8-3-1);

(2) 地址寄存器的寄存命令信号 IMARn,见式(8-3-2);

(3) 数据寄存器的寄存命令信号 IDR,见式(8-3-3);

(4) 数据寄存器的输出控制信号 EDR,见式(8-3-4);

(5) 累加器的输入命令信号 IAn,见式(8-3-5);

(6) 累加器的输出控制信号 EAn,见式(8-3-6);

(7) 算术逻辑单元的加法运算控制信号 ISUMn,见式(8-3-7);

(8) 算术逻辑单元的减法运算控制信号 ISUBn,见式(8-3-8);

(9) 算术逻辑单元的输出控制信号 ESRn,见式(8-3-9);

(10) 指令寄存器的寄存命令信号 IIRn,见式(8-3-10)。

$$IPC = T_2 + T_5 \cdot LD + T_5 \cdot ADD + T_5 \cdot SUB \tag{8-3-1}$$

$$IMARn = \overline{T_0 + T_3 \cdot LD + T_3 \cdot ADD + T_3 \cdot SUB} \tag{8-3-2}$$

$$IDR = T_1 + T_4 \cdot LD + T_4 \cdot ADD + T_4 \cdot SUB \tag{8-3-3}$$

$$EDR = T_6 \cdot ADD + T_6 \cdot SUB + T_7 \cdot ADD + T_7 \cdot SUB \tag{8-3-4}$$

$$IAn = \overline{T_6 \cdot LD + T_6 \cdot ADD + T_6 \cdot SUB} \tag{8-3-5}$$

$$EAn = \overline{T_7 \cdot ADD + T_7 \cdot SUB} \tag{8-3-6}$$

$$ISUMn = \overline{T_5 \cdot ADD} \tag{8-3-7}$$

$$ISUBn = \overline{T_5 \cdot SUB} \tag{8-3-8}$$

$$ESRn = \overline{T_6 \cdot ADD + T_6 \cdot SUB} \tag{8-3-9}$$

$$IIRn = \overline{T_2} \tag{8-3-10}$$

表 8-3-2 节拍与指令控制信号关系

	LD A.6	ADD A.7	SUB A.5	HALT
T_0	(PC)→MAR→ABUS IMARn=0	(PC)→MAR→ABUS IMARn=0	(PC)→MAR→ABUS IMARn=0	(PC)→MAR→ABUS IMARn=0
T_1	DBUS→DR IDR=1	DBUS→DR IDR=1	DBUS→DR IDR=1	DBUS→DR IDR=1
T_2	(PC)+1→PC IPC=1 (DR)→IR IIRn=0 LD=1	(PC)+1→PC IPC=1 (DR)→IR IIRn=0 ADD=1	(PC)+1→PC IPC=1 (DR)→IR IIRn=0 SUB=1	(PC)+1→PC IPC=1 (DR)→IR IIRn=0 HALT=1
T_3	(PC)→MAR→ABUS IMARn=0	(PC)→MAR→ABUS IMARn=0	(PC)→MAR→ABUS IMARn=0	null
T_4	DBUS→DR IDR=1	DBUS→DR IDR=1	DBUS→DR IDR=1	
T_5	(PC)+1→PC IPC=1	(PC)+1→PC IPC=1 A+7→SR ISUMn=0	(PC)+1→PC IPC=1 A−5→SR ISUBn=0	
T_6	dbus→A IAn=0	SR→dbus ESRn=0 dbus→A IAn=0 EDR=1	SR→dbus ESRn=0 dbus→A IAn=0 EDR=1	
T_7	null	A→dbus EAn=0 EDR=1	A→dbus EAn=0 EDR=1	

操作控制器的 Verilog 程序见图 8-3-26，图 8-3-27 是操作控制器的 RTL 原理图，图 8-3-28 是操作控制器的 Modelsim 仿真结果。

```verilog
module control(
input wire  LD,
input wire  ADD,
input wire  SUB,
input wire  T0,T1,T2,T3,T4,T5,T6,T7,
output wire IMARn,
output wire IIRn,
output wire IAn,
output wire IDR,
output wire IPC,
output wire ISUMn,
output wire ISUBn,
output wire EAn,
output wire ESRn,
output wire EDR );
assign  IPC = T2 | T5&LD | T5&ADD | T5&SUB;
assign  IMARn = ~(T0|T3&LD|T3&ADD | T3&SUB);
assign  IDR = T1 | T4&LD | T4&ADD | T4&SUB;
assign  EDR = T6&ADD|T7&ADD|T6&SUB| T7&SUB;
assign  IAn = ~(T6&LD | T6&ADD | T6&SUB);
assign  EAn = ~( T7&ADD | T7&SUB );
assign  ISUMn = ~( T5&ADD );
assign  ISUBn = ~( T5&SUB );
assign  ESRn = ~( T6&ADD | T6&SUB );
assign  IIRn  = ~T2;
endmodule
```

图 8-3-26　操作控制器的 Verilog 程序

8.3.3　基于逻辑部件的模型计算机实现

根据各个功能部件功能以及控制信号的作用，将各个模块连接起来，就得到 8 位模型计算机模块框图，如图 8-3-29 所示。

模型计算机的 Verilog 程序见图 8-3-30，图 8-3-31 是模型计算机的 RTL 原理图，图 8-3-32 是模型计算机的 Modelsim 仿真结果。

模型计算机 4 条指令的工作过程如下：

（1）上电复位（CLRn＝0）后，程序计数器 PC 清零，即 PC 状态是 000；节拍发生器产生 T_0 节拍，即 $T_0＝1$；在 T_0 节拍内，IMARn＝0，将 PC 内容送入 MAR，使存储器的地址线为 000，由存储器读出指令操作码 10110110，并送到 DR 的输入端（数据在外部数据总线上）。第一个 CLK 的下降沿到达时，T_0 节拍结束，开始 T_1 节拍。

（2）在 $T_1＝1$ 节拍期间，IDR＝1，在第二个 CLK 上升沿到来时，将指令操作码 10110110 送入 DR，并直接送到内部数据总线上。第二个 CLK 的下降沿到达时，T_1 节拍结束，开始 T_2 节拍。

（3）在 $T_2＝1$ 节拍期间，IIRn＝0，IPC＝1。当 IPC＝1 时，且在第三个 CLK 上升沿到来时，PC 执行 PC＋1 操作，即 PC 内容由 000 变成 001。由于 IIRn＝0，第三个 CLK 的上升沿到来时，内部数据总线上的操作码存入指令寄存器 IR，并进行译码，译码输出为 LD＝1，表明下一步应取操作数。在第三个 CLK 的下降沿到达时，T_2 节拍结束，开始 T_3 节拍。

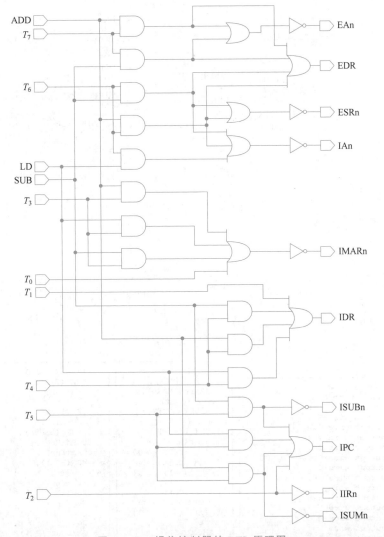

图 8-3-27　操作控制器的 RTL 原理图

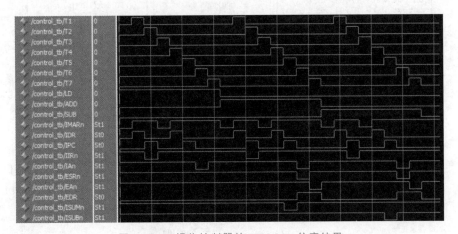

图 8-3-28　操作控制器的 Modelsim 仿真结果

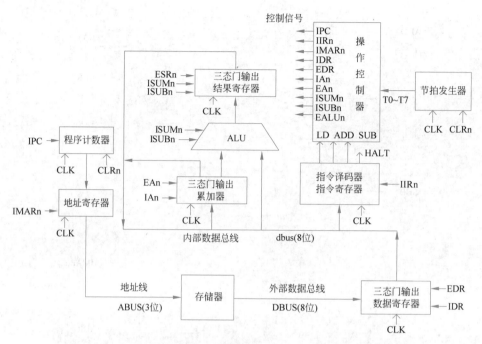

图 8-3-29　模型计算机的模块框图

```
module CPU8(
input wire CLK,
input wire CLRn,
output wire T0,
output wire T1,
output wire T2,
output wire T3,
output wire T4,
output wire T5,
output wire T6,
output wire T7,
output wire HALT,
output wire SUB,
output wire ADD,
output wire LD,
output wire [2:0] Q_PC,
output wire [2:0] ABUS,
output wire [7:0] DBUS_rom,
output wire [7:0] Dout_ACC,
output wire [7:0] dbus_DR
);
wire EDR;
wire IDR;
wire IPC;
wire IMARn;
wire IAn;
wire EAn;
wire ESRn;
wire ISUMn;
wire ISUBn;
wire IIRn;
wire [7:0] Dsrin;
PC u1(
  .CLK(CLK),
  .IPC(IPC),
  .CLRn(CLRn),
  .Q(Q_PC));
```

```
MAR u2(
  .CLK    (CLK),
  .IMARn(IMARn),
  .D   (Q_PC),
  .ABUS(ABUS));
rom u3(
  .CE( 1'b0 ),
  .addr(ABUS),
  .data(DBUS_rom));
DR u4(
  .CLK(CLK),
  .EDR(EDR),
  .IDR(IDR),
  .Din (DBUS_rom),
  .Dout (dbus_DR));
pulse u5(
  .CLK(CLK),
  .CLRn(CLRn),
  .T0(T0),
  .T1(T1),
  .T2(T2),
  .T3(T3),
  .T4(T4),
  .T5(T5),
  .T6(T6),
  .T7(T7));
control u6(
  .LD(LD),
  .ADD(ADD),
  .SUB(SUB),
  .T0(T0),
  .T1(T1),
  .T2(T2),
  .T3(T3),
  .T4(T4),
  .T5(T5),
  .T6(T6),
  .T7(T7),
```

```
  .IMARn(IMARn),
  .IIRn(IIRn),
  .IAn(IAn),
  .IDR(IDR),
  .IPC(IPC),
  .ISUMn(ISUMn),
  .ISUBn(ISUBn),
  .ESRn(ESRn),
  .EAn(EAn),
  .EDR(EDR));
ACC u7(
  .CLK(CLK),
  .IAn(IAn),
  .EAn(EAn),
  .DinA(dbus_DR),
  .Dout(dbus_DR),
  .QA(Dout_ACC));
ALU u8(
  .ISUMn(ISUMn),
  .ISUBn(ISUBn),
  .Din (dbus_DR),
  .DinA(Dout_ACC),
  .Dout(Dsrin));
SR u9(
  .CLK    (CLK),
  .ISUMn (ISUMn),
  .ISUBn (ISUBn),
  .ESRn (ESRn),
  .Dsrin (Dsrin),
  .Dout  (dbus_DR));
IR u10(
  .CLK (CLK),
  .IIRn(IIRn),
  .Din(dbus_DR),
  .LD(LD),
  .ADD(ADD),
  .SUB(SUB),
  .HALT(HALT));
endmodule
```

图 8-3-30　模型计算机的 Verilog 程序

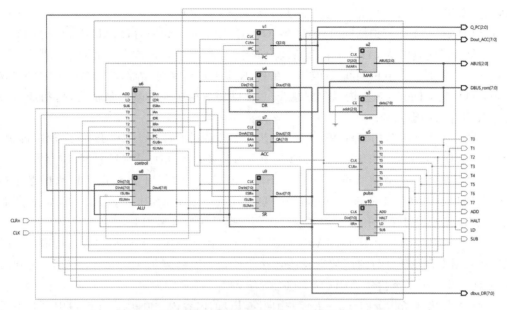

图 8-3-31　模型计算机的 RTL 原理图

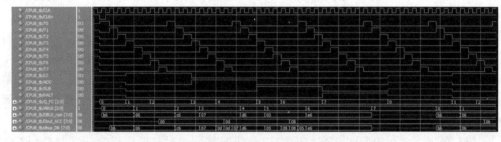

图 8-3-32　模型计算机 Modelsim 仿真结果

（4）在 $T_3=1$ 节拍期间，因为 LD＝1，所以 IMARn＝0，在第四个 CLK 上升沿到来时，MAR 将 PC 的 001 存入，存储器的地址线为 001。由存储器读出操作数 00000110，该数在外部数据总线上。在第四个 CLK 的下降沿到达时，T_3 节拍结束，开始 T_4 节拍。

（5）在 $T_4=1$ 节拍期间，IDR＝1，在第五个 CLK 上升沿到来时，外部数据总线上的操作数送入 DR，并送入内部数据总线。在第五个 CLK 的下降沿到达时，T_4 节拍结束，开始 T_5 节拍。

（6）在 $T_5=1$ 节拍期间，IPC＝1，在第六个 CLK 上升沿到来时，PC 执行 PC＋1 操作，即 PC 内容由 001 变成 010。在第六个 CLK 的下降沿到达时，T_5 节拍结束，开始 T_6 节拍。

（7）在 $T_6=1$ 节拍期间，IAn＝0，在第七个 CLK 上升沿到来时，内部数据总线上的操作数 00000110 送入累加器。在第七个 CLK 的下降沿到达时，T_6 节拍结束，开始 T_7 节拍。

（8）在 $T_7=1$ 节拍期间，各个逻辑功能部件保持原状态，第一条指令 LD A，6 执行完毕。在第八个 CLK 的下降沿到达时，T_7 节拍结束，开始第 2 条指令的 T_0 节拍。

（9）在第 2 条指令的 $T_0 \sim T_2$ 节拍期间，PC 的内容为 010，取出存储器中第 2 条指令的操作码 11000110，经译码后为 ADD＝1，即执行加法操作。在 T_2 期间 PC 执行

PC+1操作,PC内容为011。此取指过程与(1)～(3)相同。

(10) 在$T_3=1$节拍期间,IMARn=0,在CLK上升沿到来时,MAR将PC的011存入,存储器的地址线为011。由存储器读出操作数00000111,该数在外部数据总线上。

(11) 在$T_4=1$节拍期间,IDR=1,在CLK上升沿到来时,外部数据总线上的操作数00000111送入DR,并送入内部数据总线。ALU完成两个操作数的加法运算,相加结果在SR寄存器的输入端。

(12) 在$T_5=1$节拍期间,IPC=1,在CLK上升沿到来时,PC执行PC+1操作,即PC内容由011变成100。ISUMn=0,在CLK上升沿到来时,将相加结果送入SR寄存器。

(13) 在$T_6=1$节拍期间,IAn=0,ESRn=0,EDR=1。由于EDR=1,数据寄存器DR的输出呈高阻态,DR断开与内部数据总线连接。由于ESRn=0,IAn=0,则在CLK上升沿到来时,将SR寄存器的内容通过内部数据总线送入累加器。

(14) 在$T_7=1$节拍期间,EAn=0,EDR=1。由于EDR=1,数据寄存器的输出呈高阻态,数据寄存器断开与内部数据总线连接。EAn=0,将累加器的相加结果13送到内部数据总线。第2条指令ADD A,7执行完毕。

(15) 在第3条指令的$T_0～T_2$节拍期间,PC的内容为100,取出存储器中第3条指令的操作码11010110,经译码后为SUB=1,即执行减法操作。在T_2期间PC执行PC+1操作,PC内容为101。此取指过程与(1)～(3)相同。

(16) 在$T_3=1$节拍期间,IMARn=0,在CLK上升沿到来时,MAR将PC的101存入,存储器的地址线为101。由存储器读出操作数00000101,该数在外部数据总线上。

(17) 在$T_4=1$节拍期间,IDR=1,在CLK上升沿到来时,外部数据总线上的操作数00000101送入DR,并送入内部数据总线。ALU完成两个操作数的减法运算,相减结果08在SR寄存器的输入端。

(18) 在$T_5=1$节拍期间,IPC=1,在CLK上升沿到来时,PC执行PC+1操作,即PC内容由101变成110。ISUBn=0,在CLK上升沿到来时,将相减结果08送入SR寄存器。

(19) 在$T_6=1$节拍期间,IAn=0,ESRn=0,EDR=1。由于EDR=1,数据寄存器DR的输出呈高阻态,DR断开与内部数据总线连接。由于ESRn=0,IAn=0,则在CLK上升沿到来时,将SR寄存器的内容通过内部数据总线送入累加器。

(20) 在$T_7=1$节拍期间,EAn=0,EDR=1。由于EDR=1,数据寄存器的输出呈高阻态,数据寄存器断开与内部数据总线连接。EAn=0,将累加器的相加结果送到内部数据总线。第3条指令SUB A,5执行完毕。

(21) 在第4条指令的$T_0～T_2$节拍期间,PC的内容为110,取出存储器中第4条指令的操作码11100110,经译码后为HALT=1,即停止操作。

习题

8-1 试设计一个4位频率计,可以测量1～9999Hz的信号频率,并将被测信号的频率在4个数码管上显示出来。

8-2 用FPGA蜂鸣器构成一个乐曲演奏电路,其《梁祝》简谱如图8-P-1所示。

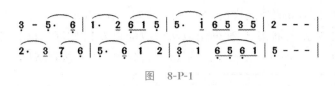

图 8-P-1

8-3 试设计一个汽车尾灯控制系统,要求实现如下功能:

(1) 汽车尾部左右 2 侧各有 2 只尾灯,用作汽车行驶状态的方向指示标志;

(2) 当汽车正常行驶时,尾灯全部熄灭;

(3) 当汽车向左或右转弯时,相应侧的 2 只尾灯交替闪烁,每个灯亮 1s,每个周期为 2s;

(4) 紧急刹车时,4 只尾灯全部闪亮,闪烁频率为 2Hz。

8-4 试设计一个彩灯控制器。彩灯共 20 只,排成圆形,要求彩灯按如下规则变化:

(1) 在第 1 个 1min 内,彩灯顺时针方向运行,且每秒只有 1 只彩灯发光;

(2) 在第 2 个 1min 内,彩灯逆时针方向运行,且每秒只有 1 只彩灯发光;

(3) 在第 3 个 1min 内,彩灯顺时针方向运行,且每秒只有 2 只彩灯发光;

(4) 在第 4 个 1min 内,彩灯逆时针方向运行,且每秒只有 2 只彩灯发光。

8-5 试设计一个洗衣机控制器,控制洗衣机的电机按照图 8-P-2 要求运转。

图 8-P-2

8-6 试用 FPGA 开发板设计一个数字电子钟,编写 Verilog 程序,用 ModelSim 进行仿真,并下载测试。开发板的时钟频率为 50MHz,其原理框图如图 8-P-3 所示。秒信号分频器实现,译码显示电路将"时""分""秒"计数器的输出状态经七段显示译码器译码,通过六位 LED 七段显示器显示出来。整点报时电路是根据计时系统的输出状态产生一个脉冲信号,用蜂鸣器报时。校时电路是用来对"时""分""秒"显示数字进行校对调整的。

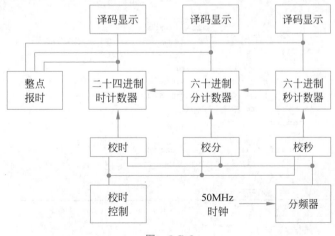

图 8-P-3

8-7　按照 8.2.4 节的功能描述,编写的交通灯系统 Verilog 程序如图 8-P-4 所示,该程序未进行模块划分,将状态、3 种进制减法计数器以及信号灯和信号灯时间等一起实现。通过运行图 8-P-5 的 ModelSim 仿真程序,得到图 8-P-6 仿真结果。

```verilog
module traffic(
    input   CLK,  //系统时钟
    input   RSTn, //系统复位
    input   AS,   //主道传感器
    input   BS,   //支道传感器
    output  reg [1:0]  state,  //状态
    output  reg [5:0]  led,    //信号灯
    output  reg [5:0]  A_time, //主道数码管显示时间
    output  reg [5:0]  B_time  //支道数码管显示时间
);
parameter  TIME_LED_Y  = 3;   //黄灯发光的时间
parameter  TIME_LED_AG = 27;  //主道绿灯发光的时间
parameter  TIME_LED_BG = 17;  //支道绿灯发光的时间
reg  [5:0]  time_cnt;  //产生数码管显示时间的计数器
//信号灯的4个状态,数码管显示的时间
always @ ( posedge CLK or negedge RSTn ) begin
    if( !RSTn ) begin
        state <= 2'b00;//复位设置状态0及主道显示时间
        led <= 6'b100100;
        time_cnt <= TIME_LED_AG;
    end
    else begin
        case ( state )
        2'b00:  begin
            if ( BS & ~AS ) begin
                time_cnt <= TIME_LED_Y;
                state <= 2'b01;
                end
            else if (time_cnt > 1) begin
                    time_cnt <= time_cnt - 1'b1;
                    state <= state;
                    end
                else if (BS == 1) begin
                    time_cnt <= TIME_LED_Y;
                    state <= 2'b01;
                    end
                    else begin
                        time_cnt <= TIME_LED_AG;
                        state <= 2'b00;
                        end
            A_time <= time_cnt - 1'b1;
            B_time <= time_cnt + TIME_LED_Y - 1'b1;
            led <= 6'b100010;
        end
        2'b01:  begin
            if (time_cnt > 1)begin
                time_cnt <= time_cnt - 1'b1;
                state <= state;
                end
```

(a)

图　8-P-4

```
            else begin
                time_cnt <= TIME_LED_BG;
                state <= 2'b10;
                end
            A_time <= time_cnt  - 1'b1;
            B_time <= time_cnt  - 1'b1;
            led <= 6'b100001;
        end
    2'b10:  begin
        if ( BS == 0 ) begin
            time_cnt <= TIME_LED_Y;
            state <= 2'b11;
            end
        else if (time_cnt > 1)begin
            time_cnt <= time_cnt - 1'b1;
            state <= state;
            end
            else if (AS == 1)  begin
                time_cnt <= TIME_LED_Y;
                state <= 2'b11;
                end
                else begin
                    time_cnt <= TIME_LED_BG;
                    state <= 2'b10;
                    end
            A_time <= time_cnt + TIME_LED_Y - 1'b1;
            B_time <= time_cnt  - 1'b1;
            led <= 6'b010100;
          end
    2'b11:  begin
        if (time_cnt > 1)begin
            time_cnt <= time_cnt - 1'b1;
            state <= state;
        end
        else begin
            time_cnt <= TIME_LED_AG;
            state <= 2'b00;
            end
        A_time <= time_cnt  - 1'b1;
        B_time <= time_cnt  - 1'b1;
        led <= 6'b001100;
    end
    default: begin
        state <= 2'b00;
        time_cnt <= TIME_LED_AG;
        led<=6'b100100;
    end
    endcase
  end
end
endmodule
```

(b)

图 8-P-4 （续）

试问：

（1）图 8-P-6 的仿真结果是否正确？如果不正确，问题在哪里？

（2）如何修改图 8-P-4 的 Verilog 程序，得到正确的仿真结果？

```verilog
`timescale 1ns/100ps
module traffic_tb();
reg AS;
reg BS;
reg CLK;
reg RSTn;
wire [5:0] A_time;
wire [5:0] B_time;
wire [5:0] led;
wire [1:0] state;
traffic DUT (
    .RSTn(RSTn),
    .CLK(CLK),
    .AS(AS),
    .BS(BS),
    .state(state),
    .A_time(A_time),
    .B_time(B_time),
    .led(led)
);
initial begin
    #600 $stop;
end
```

```verilog
initial begin
    RSTn = 1'b0;
    RSTn = #12 1'b1;
end
always
begin
    CLK = 1'b0;
    CLK = #5 1'b1;
    #5;
end
initial begin
    AS = 1'b1;
    AS = #80 1'b0;
    AS = #80 1'b1;
    AS = #80 1'b0;
    AS = #160 1'b1;
end
initial begin
    BS = 1'b1;
    BS = #160 1'b0;
    BS = #140 1'b1;
end
endmodule
```

图　8-P-5

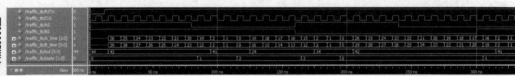

图　8-P-6

参 考 文 献

[1] 李景宏,王永军,等.数字逻辑与数字系统[M].6 版.北京：电子工业出版社,2022.

[2] 李晶皎,李景宏,杜玉远.逻辑与数字系统设计[M].北京：清华大学出版社,2008.

[3] 康华光,张林.电子技术基础数字部分[M].7 版.北京：高等教育出版社,2021.

[4] 阎石,王红.数字电子技术基础[M].6 版.北京：高等教育出版社,2016

[5] 王金明.数字系统设计与 Verilog HDL[M].8 版.北京：电子工业出版社,2021.

[6] 王金明.数字系统设计与 Verilog HDL[M].Vivado 版.北京：电子工业出版社,2020.

[7] 白中英,朱正东.数字逻辑[M].7 版.立体化教材.北京：科学出版社,2022.

[8] 白中英,戴志涛.计算机组成原理[M].6 版.立体化教材.北京：科学出版社,2022.

[9] 李景华,杜玉远.Verilog HDL 语言及数字系统设计[M].北京：国防工业出版社,2012.

[10] 夏宇闻,韩彬.Verilog 数字系统设计教程[M].4 版.北京：北京航空航天大学出版社,2017.

[11] 江国强,覃琴.数字逻辑电路基础[M].2 版.北京：电子工业出版社,2017.

[12] 江国强,覃琴.EDA 技术与应用[M].5 版.北京：电子工业出版社,2021.

[13] 赵倩,叶波,林丽萍,等.Verilog 数字系统设计与 FPGA 应用[M].2 版.北京：清华大学出版社,2022.

[14] 斯蒂芬·布朗.数字逻辑基础与 Verilog 设计[M].吴建辉,黄成,等译.原书第 3 版.北京：机械工业出版社,2016.

[15] 莫里斯·马诺,迈克尔·D.奇莱蒂.数字设计-Verilog HDL、VHDL 和 SystemVerilog 实现[M].尹廷辉,薛红,倪雪,译.6 版.北京：电子工业出版社,2022.

[16] 沙玛.先进半导体存储器-结构设计与应用[M].曾莹,译.北京：电子工业出版社,2005.

[17] 哈斯凯尔,汉纳.FPGA 数字逻辑设计教程-Verilog[M].郑利浩,王荃,陈华锋,译.北京：电子工业出版社,2010.

[18] 韦克利.数字设计原理与实践[M].林生,译.原书第 3 版.北京：机械工业出版社,2003.

[19] 李哲英.电子技术及其应用基础(数字部分)[M].2 版.北京：高等教育出版社,2009.